"十四五"职业教育国家规划教材

"十四五"职业教育河南省规划教材

化工制图

第三版

蔡庄红　赵扬　主编

化学工业出版社

·北京·

内 容 简 介

本教材全面贯彻党的教育方针，落实立德树人根本任务，在教材中有机融入党的二十大精神。教材采用项目式结构，打破传统化工制图教材的结构体系，按照化工技术类专业培养目标和专业特点，结合化工总控工职业标准编写。内容选择上以必需、够用为原则，突出化工特色，着重培养学生的学习能力和学习兴趣。

本教材共分六个项目，主要内容包括学习制图的基础知识、识读化工设备图、识读与绘制工艺流程图、识读与绘制化工车间设备布置图、识读与绘制管道布置图、AutoCAD在化工制图中的应用等，涵盖了化工制图的相关知识点。在编排体例上，采用项目、课题和活动的结构体系，每个项目由若干课题组成，每个课题设若干个活动，各个活动与辅助习题集结合，采用边学边做的教学模式，培养学生团队合作能力、现代信息技术应用能力等，以达到"学中做、做中学"的目标。

本教材可供高等职业院校化工技术类及相关专业师生使用，也可供相关工程技术人员参考。

图书在版编目（CIP）数据

化工制图/蔡庄红，赵扬主编．—3版．—北京：化学工业出版社，2022.1（2025.1重印）
ISBN 978-7-122-40720-7

Ⅰ.①化… Ⅱ.①蔡… ②赵… Ⅲ.①化工机械-机械制图-高等职业教育-教材 Ⅳ.①TQ050.2

中国版本图书馆CIP数据核字（2022）第019257号

责任编辑：提 岩 窦 臻　　　　　　　　　　文字编辑：王海燕
责任校对：王鹏飞　　　　　　　　　　　　　装帧设计：王晓宇

出版发行：化学工业出版社（北京市东城区青年湖南街13号　邮政编码100011）
印　　装：高教社（天津）印务有限公司
787mm×1092mm　1/16　印张16　插页2　字数364千字　2025年1月北京第3版第7次印刷

购书咨询：010-64518888　　　　　　　　　　售后服务：010-64518899
网　　址：http://www.cip.com.cn
凡购买本书，如有缺损质量问题，本社销售中心负责调换。

定　价：49.80元　　　　　　　　　　　　　　　　　　　　版权所有　违者必究

前言

化工制图课程是高职化工类及相近专业必修的一门核心课程，本教材自2009年出版以来，被众多高职院校选用，受到广大读者的好评。2019年修订的第二版被评为"十三五"职业教育国家规划教材。2022年修订的第三版被评为"十四五"职业教育河南省规划教材、"十四五"职业教育国家规划教材。

随着职业教育"三教"改革和适应"互联网+"时代下的教学需要，我们在原编写团队的基础上，进一步组建了由多所高职院校的一线教师、大型化工企业高级工程师组成的校企"双元"教材开发团队，在第二版的基础上，对教材内容进行持续修订与完善。

多年的教学实践表明，本教材中的项目教学编写形式能够较好地满足各类专业的教学需求，故本次修订对原有的项目、课题、活动的编排方式保持不变。

本次修订充分落实党的二十大报告中关于"实施科教兴国战略""着力推动高质量发展""加快发展方式绿色转型"等要求，对新标准、新知识、新技术等进行了更新和补充。本版教材主要修订和完善以下三方面内容：

（1）完善学习目标　重新规划、整合三维目标，对每个项目的知识目标、技能目标进行优化与完善，在素质目标中融入思政元素，如培养爱岗敬业的职业精神，精益求精、追求卓越的工匠精神，总览全局的流程意识等内容。在传授知识的同时，强化立德树人，将对职业道德和人文素养的培养贯穿教学全过程。

（2）修订知识内容　将读图需要用到的最新标准引入教材中，对相关知识内容进行了修订。

（3）新增数字化资源　强化知识的信息化呈现，建设了配套的动画、微课等，以二维码形式融入教材，便于学生理解相关内容和进行拓展学习。具体包括：增加项目简介微课，在学习每个项目前可通过微课熟悉项目信息；增加制图、读图中涉及的相关标准，便于阅读和查找相关数据、信息等；增加部分设备和常用零部件的彩图，使学生能更清晰、直观地了解设备和零部件的外观及结构。

为了深入贯彻党的二十大精神，落实立德树人根本任务，本教材在重印时继续不断完善，有机融入工匠精神、绿色发展、文化自信等理念，弘扬爱国情怀，树立民族自信，培养学生的职业精神和职业素养。

此外，本教材配套建设了全国高等院校化工类及相关专业数字化教学项目在线课程——化工制图与CAD，可供广大师生进行线上、线下结合的教学和学习。

本教材由河南应用技术职业学院蔡庄红、赵扬担任主编，河南省煤气（集团）有限责任公司鲁军担任副主编。具体编写分工如下：项目一由河南应用技术职业学院茹巧荣编写，项目二由鲁军、河南应用技术职业学院赵丹丹编写，项目三由蔡庄红编写，项目四由河南应用技术职业学院贺素姣编写，项目五由陕西工业职业技术学院纪惠军编写，项目六由赵扬编写。全书由蔡庄红统稿。河南开祥精细化工有限公司李建立高级工程师担任主审，并认真审阅了全书，提出了许多宝贵的意见。在此，对所有提供过帮助的同仁们一并表示衷心的感谢！

编写过程中，编者还参考了有关专著和文献资料，在此也向所有作者致以谢意！

由于编者水平所限，书中不妥、不足之处在所难免，敬请广大读者不吝赐教！

编　者

第一版前言

本书是在全国化工高等职业教育教学指导委员会化工技术类专业委员会组织下，按照化工技术类专业培养目标和专业特点，结合化工总控工职业标准而编写的。主要适用于高职高专化工技术类各专业，也可作为职大、电大等相近专业的教材或参考用书。

本教材主要有以下特点。

1. 适合采用项目教学法。在编写体例上采用项目、课题、活动的编排结构，涵盖了化工技术类专业对化工制图的基本要求，知识内容由项目、课题引出，在各个活动过程中学习化工制图的基本知识，符合职业教育的基本规律。

2. 知识选择以实用为基本原则。结合企业对化工技术类专业学生的要求，与化工生产实践紧密结合，在内容选择上突出化工特色，三视图和装配图相关内容以够用为度；强化化工工艺流程图、管道布置图和化工车间设备布置图的内容，使学生学会识读常见化工设备图，突出专业特色；结合AutoCAD在化工企业中的广泛应用，本教材在编写时注重实用原则。

3. 注重能力培养。本教材设计的学习形式多种多样，注重学生能力的培养，如团队合作能力、分工合作能力、现代信息技术的应用能力等，在各个活动中穿插练习，采用边学边做的形式达到"学中做、做中学"的目标。

本书由蔡庄红和贺召平担任主编。项目一由梁红娥编写，项目二和项目四由焦其帅、许红霞编写，项目三由蔡庄红编写，项目五由贺召平编写，项目六由赵扬编写。全书由蔡庄红统稿。湖南化工职业技术学院王绍良教授担任主审，河南煤业化工集团煤气化公司义马气化厂张爱民担任副主审，河南煤业化工集团煤气化公司义马气化厂陈丽参与了审稿，他们对书稿提出了宝贵意见，在此深表谢意。

编写本书参考了有关专著与其他文献资料，在此，向有关作者表示感谢。

由于编者水平有限，书中不妥之处在所难免，敬请读者批评指正，不吝赐教。

编 者
2009年6月

第二版前言

随着《化工工艺设计施工图内容和深度统一规定》(HG/T 20519—2009)及其他一系列国家标准、行业标准的颁布与实施，为了适应目前职业教育的发展对"化工制图"课程的要求，编者对《化工制图》教材进行了修订。在第一版的基础上，《化工制图》第二版引入了近年颁布的一系列新的国家标准、行业标准。

本次修订主要以《化工工艺设计施工图内容和深度统一规定》(HG/T 20519—2009)为依据，对原教材中涉及的有关图纸和内容进行了修订，对涉及的其他标准也全部采用最新标准。本次修订增加了典型化工设备零部件的识读、删除了轴测图的识读与绘制，以全国化工生产技术技能大赛精馏实训装置为例，在教材和习题集中把精馏实训装置方块图、方案流程图、带控制点工艺流程图贯穿其中，在AutoCAD 2016化工工艺流程图的绘制中详细展示了精馏实训装置带控制点工艺流程图的绘制过程。为了使教师更好地检验学生的学习效果，本版教材配套了习题集，使学生在学习过程中及学习后能及时进行训练，也方便教师批改与掌握学生的学习情况。

本教材主要有以下特点。

1. 采用项目教学法。在编写体例上采用项目、课题、活动的编排结构，涵盖了化工技术类专业对化工制图的基本要求，知识内容由项目任务引出，在各个活动过程中学习化工制图的基础知识，符合职业教育的基本规律。

2. 知识选择以实用、够用为基本原则。结合企业对化工技术类专业学生的要求，在内容选择上突出化工特色，三视图和装配图相关内容以够用为度；强化化工工艺流程图、管道布置图和化工车间设备布置图的内容，力求学生能识读常见化工设备图，突出专业特色；结合了AutoCAD在化工企业中的广泛应用，在编写时注重实用原则。

3. 注重能力培养。本教材设计的学习形式多种多样，注重学生能力的培养，如团队合作能力、分工合作能力、现代信息技术的应用能力等，在各个活动中采用边学边做的形式达到"学中做、做中学"的目标。

本教材由河南应用技术职业学院蔡庄红、赵扬担任主编，河南省煤气（集团）有限责任公司鲁军担任副主编。具体编写分工如下：项目一由河南应用技术职业学院茹巧荣编写，项目二由鲁军、河南应用技术职业学院赵丹丹编写，项目三由蔡庄红编写，项目四由河南应用技术职业学院贺素姣编写，项目五由陕西工业职业技术学院纪惠军编写，项目六由赵扬编写。全书由蔡庄红统稿。河南能源化工集团煤气化公司张爱民认真审阅了本书，并提出了许多宝贵的意见。在此，对所有帮助过我们的同仁一并表示衷心的感谢！

编写过程中参考了有关专著与其他文献资料，在此，向有关作者表示感谢。

由于编者水平有限，书中不妥之处在所难免，敬请读者批评指正，不吝赐教。

编 者
2019年8月

目录

项目一　学习制图的基础知识 —————————————————— 001
[学习目标]

课题一　学习制图的基本知识 ·· 002
- 活动一　认识制图的基本规定 ·· 002
- 活动二　认识常用化工制图的工具 ·· 007
- 活动三　认识常用几何作图的方法 ·· 009

课题二　学习制图的投影基础 ·· 010
- 活动一　学习正投影法的概念 ·· 010
- 活动二　学习物体三视图的画法 ··· 011
- 活动三　认识其他的图样画法 ·· 015

课题三　识读与绘制组合体 ··· 022
- 活动一　学习组合体视图的画图方法 ·· 022
- 活动二　识读组合体视图 ··· 026
- 活动三　学习制图中的尺寸标注 ··· 027

项目二　识读化工设备图 ———————————————————— 030
[学习目标]

课题一　认识化工设备图 ··· 031
- 活动一　认识化工设备图的内容和特点 ··· 031
- 活动二　认识化工设备图的表达方法 ·· 034
- 活动三　认识化工设备的简化画法 ·· 036

课题二　识读化工设备常用零部件 ··· 040
- 活动一　识读化工设备的标准化通用零部件 ·· 040
- 活动二　识读典型化工设备常用零部件 ··· 055

课题三　学习识读化工设备图的方法 ·· 065
- 活动一　认识化工设备图识读的基本要求 ··· 065
- 活动二　认识化工设备图识读的方法及步骤 ·· 065
- 活动三　识读化工设备图的各种基本要素 ··· 066
- 活动四　识读典型化工设备图 ·· 074

项目三　识读与绘制工艺流程图 ————————————————— 077
[学习目标]

课题一　认识化工工艺流程图应遵循的规定 ··· 078
- 活动一　认识化工工艺流程图的一般规定 ··· 078
- 活动二　认识工艺流程图中的设备图例 ··· 079
- 活动三　认识工艺流程图上管道、管件、阀门和管道附件图例 ··················· 084
- 活动四　认识工艺流程图上常用物料的代号 ·· 087
- 活动五　认识工艺流程图隔热、保温防火和隔声代号 ································ 088

课题二　绘制与识读流程框图 ·· 089

活动一	认识流程框图	089
活动二	绘制流程框图	090
活动三	识读流程框图	091

课题三　绘制与识读方案流程图

活动一	认识方案流程图	092
活动二	绘制方案流程图	092
活动三	识读方案流程图	094

课题四　绘制与识读物料流程图

活动一	认识物料流程图	094
活动二	绘制物料流程图	095
活动三	识读物料流程图	096

课题五　认识管道及仪表流程图的基本内容

活动一	认识管道及仪表流程图	097
活动二	认识工艺管道及仪表流程图的图示方法	097
活动三	认识工艺管道及仪表流程图的标注	099
活动四	认识辅助物料、公用物料管道及仪表流程图	103
活动五	认识首页图	107

课题六　识读与绘制管道及仪表流程图

活动一	认识管道及仪表流程图的识读步骤	107
活动二	识读管道及仪表流程图	108
活动三	绘制管道及仪表流程图	110

项目四　识读与绘制化工车间设备布置图 —— 115

[学习目标]

课题一　认识建筑制图

活动一	认识建筑制图国家标准	116
活动二	认识建筑制图的基本内容	121

课题二　认识设备布置图

活动一	认识设备布置图的作用和内容	122
活动二	认识设备布置图的图示特点	124
活动三	认识设备布置图的标注	127
活动四	认识典型设备的标注	133
活动五	认识设备安装图及管口方位图	134

课题三　识读与绘制设备布置图

活动一	认识设备布置图的步骤	137
活动二	识读设备布置图	137
活动三	绘制设备布置图	139

项目五　识读与绘制管道布置图 —— 143

[学习目标]

课题一　认识管道布置图的内容和作用 143

	活动一	认识管道布置图的内容	144
	活动二	认识管道布置图的作用	144
课题二	学习管道及附件的画法		146
	活动一	认识管道布置图的一般规定	146
	活动二	学习建筑物和设备的画法	146
	活动三	学习管道的画法	147
	活动四	学习常用管件、阀门和控制点的画法	150
	活动五	认识管架编号及管架的表示法	152
课题三	认识管道布置图的表达方法		154
	活动一	认识管道布置图的视图	154
	活动二	认识管道布置图的标注	155
	活动三	认识管口表和标题栏	157
课题四	识读与绘制管道布置图		158
	活动一	识读管道布置图	158
	活动二	管道布置图识读实例	161
	活动三	绘制管道布置图	162

项目六　AutoCAD在化工制图中的应用 —— 169

[学习目标]

课题一　AutoCAD的基础知识 —— 169
- 活动一　认识AutoCAD软件 —— 169
- 活动二　认识工作界面 —— 170
- 活动三　AutoCAD 2016绘图前的准备工作 —— 176
- 活动四　AutoCAD 2016文件的操作 —— 180
- 活动五　AutoCAD 2016图层设置 —— 184
- 活动六　AutoCAD 2016文字设置 —— 187
- 活动七　AutoCAD 2016坐标输入 —— 190

课题二　AutoCAD的操作 —— 190
- 活动一　学习绘图命令的使用 —— 190
- 活动二　学习使用图形编辑功能 —— 199
- 活动三　学习绘图的标注 —— 210
- 活动四　上机练习标注 —— 221

课题三　AutoCAD 2016绘制工艺流程图实例 —— 221
- 活动一　绘图前的准备 —— 221
- 活动二　绘制工艺流程图 —— 223

附录一　设备布置图上用的图例 —— 228
附录二　管道布置图上的管子、管件、阀门及管道特殊件图例 —— 230
参考文献 —— 240

二维码资源目录

序号	编码	资源名称		资源类型	页码
1	M1-1	项目简介		微课	002
2	M1-2	图纸幅面	第一选择	动画	003
			尺寸关系	动画	
3	M1-3	GB/T 14689—2008		PDF	003
4	M1-4	GB/T 10609.1—2008		PDF	005
5	M1-5	GB/T 14690—93		PDF	005
6	M1-6	GB/T 14691—93		PDF	006
7	M1-7	GB/T 17450—1998		PDF	006
8	M1-8	圆弧连接的作图方法	连接两已知圆弧:混合连接	动画	009
			连接两已知直线:一般情况	动画	
			连接两已知直线:直角情况下的简化画法	动画	
			连接直线和圆弧:与圆弧外连接	动画	
			连接直线和圆弧:与圆弧内连接	动画	
			连接两已知圆弧:外连接	动画	
			连接两已知圆弧:内连接	动画	
9	M1-9	"四心法"画椭圆		动画	010
10	M1-10	中心投影法		动画	010
11	M1-11	平行投影法		动画	011
12	M1-12	直线的投影		动画	011
13	M1-13	平面的投影		动画	011
14	M1-14	三视图的形成		动画	012
15	M1-15	三视图的作图步骤		动画	013
16	M1-16	正六棱柱的三视图		动画	014
17	M1-17	圆柱的三视图		动画	015
18	M1-18	基本视图		动画	016
19	M1-19	局部视图		动画	017
20	M1-20	斜视图		动画	018
21	M1-21	剖视图		动画	018
22	M1-22	半剖视图		动画	019
23	M1-23	局部剖视图		动画	020
24	M1-24	移出断面图		动画	020
25	M1-25	画在视图中断处的移出断面图		动画	021
26	M1-26	重合断面图	重合断面图(a)	动画	021
			重合断面图(b)	动画	
			重合断面图(c)	动画	
27	M1-27	局部放大图		动画	021
28	M1-28	表面平齐		动画	023

续表

序号	编码	资源名称		资源类型	页码
29	M1-29	表面不平齐		动画	023
30	M1-30	平面与圆柱相切		动画	023
31	M1-31	平面与圆柱相交		动画	024
32	M1-32	两等径圆柱正交	两等径圆柱正交(a)	动画	025
			两等径圆柱正交(b)	动画	
33	M1-33	两回转体共轴相贯	两回转体共轴相贯(a)	动画	025
			两回转体共轴相贯(b)	动画	
			两回转体共轴相贯(c)	动画	
34	M1-34	叠加型组合体的画法		动画	025
35	M1-35	挖切型组合体的画法		动画	026
36	M1-36	综合型组合体的画法		动画	026
37	M2-1	项目简介		微课	030
38	M2-2	常见化工设备	塔	动画	032
			反应釜	动画	
			换热器	动画	
			容器	动画	
			常见化工设备实物图	图片	
39	M2-3	多次旋转的表达方法		动画	034
40	M2-4	列管式换热器的单线示意画法		动画	036
41	M2-5	管法兰的简化画法		动画	037
42	M2-6	螺栓孔和螺栓连接的简化画法		动画	037
43	M2-7	GB/T 9019—2015		PDF	041
44	M2-8	GB/T 25198—2023		PDF	042
45	M2-9	封头实物图		图片	042
46	M2-10	鞍式支座实物图		图片	043
47	M2-11	NB/T 47065.1—2018		PDF	043
48	M2-12	NB/T 47065.2—2018		PDF	044
49	M2-13	腿式支座实物图		图片	044
50	M2-14	耳式支座实物图		图片	045
51	M2-15	NB/T 47065.3—2018		PDF	045
52	M2-16	支承式支座实物图		图片	045
53	M2-17	NB/T 47065.4—2018		PDF	046
54	M2-18	NB/T 47065.5—2018		PDF	046
55	M2-19	法兰实物图		图片	046
56	M2-20	HG/T 20592~20635—2009		PDF	048
57	M2-21	HG/T 20615—2009		PDF	048
58	M2-22	GB/T 9124.1—2019		PDF	048
59	M2-23	GB/T 9124.2—2019		PDF	048

续表

序号	编码	资源名称	资源类型	页码
60	M2-24	NB/T 47020～47027—2012	PDF	049
61	M2-25	手孔实物图	图片	049
62	M2-26	人孔实物图	图片	050
63	M2-27	HG/T 21514～21535—2014	PDF	050
64	M2-28	HG/T 21594～21604—2014	PDF	050
65	M2-29	视镜实物图	图片	052
66	M2-30	NB/T 47017—2011	PDF	052
67	M2-31	HG 21590—1995	PDF	053
68	M2-32	液面计实物图	图片	054
69	M2-33	补强圈实物图	图片	055
70	M2-34	NB/T 11025—2022	PDF	055
71	M2-35	反应釜实物图	图片	055
72	M2-36	搅拌器实物图	图片	056
73	M2-37	HG/T 3796.1～3796.12—2005	PDF	056
74	M2-38	HG/T 2051.1～2051.4—2019	PDF	056
75	M2-39	填料箱密封实物图	图片	057
76	M2-40	HG 21537—92	PDF	057
77	M2-41	GB/T 33509—2017	PDF	058
78	M2-42	机械密封实物图	图片	058
79	M2-43	换热器	动画	059
80	M2-44	换热器实物图	图片	059
81	M2-45	GB/T 151—2014	PDF	059
82	M2-46	换热器管板实物图	图片	059
83	M2-47	折流板实物图	图片	060
84	M2-48	换热器膨胀节实物图	图片	060
85	M2-49	GB/T 16749—2018	PDF	060
86	M2-50	换热管实物图	图片	062
87	M2-51	NB/T 47041—2014	PDF	062
88	M2-52	栅板实物图	图片	063
89	M2-53	塔盘实物图	图片	063
90	M2-54	NB/T 10557—2021	PDF	063
91	M2-55	浮阀实物图	图片	064
92	M2-56	泡帽实物图	图片	064
93	M2-57	SH/T 3098—2011	PDF	064
94	M2-58	裙座实物图	图片	064
95	M3-1	项目简介	微课	078
96	M3-2	HG/T 20519.1—2009	PDF	078

续表

序号	编码	资源名称		资源类型	页码
97	M3-3	HG/T 20519.2—2009		PDF	079
98	M3-4	填料塔		动画	081
99	M3-5	板式塔		动画	081
100	M3-6	塔内件	泡帽塔塔板	动画	081
			筛板塔塔板	动画	
			升气管	动画	
			液体分布器	动画	
			液体再分布器	动画	
			气体再分布器	动画	
			除沫层	动画	
101	M3-7	固定床反应器		动画	081
102	M3-8	流化床反应器		动画	081
103	M3-9	搅拌式反应釜		动画	081
104	M3-10	固定管板式列管换热器	工作原理(卧式)	动画	082
			工作原理(立式)	动画	
			内部结构	动画	
105	M3-11	U形管式换热器	工作原理	动画	082
			内部结构	动画	
106	M3-12	浮头式列管换热器	工作原理	动画	082
			内部结构	动画	
107	M3-13	泵	B型离心泵	动画	082
			IS型离心泵	动画	
			离心泵工作原理	动画	
			水环真空泵工作原理	动画	
			螺杆泵	动画	
			单级往复泵工作原理	动画	
			多级往复泵工作原理	动画	
			隔膜泵工作状态	动画	
			喷射泵工作原理	动画	
			齿轮泵	动画	
			旋涡泵	动画	
108	M3-14	往复泵		动画	082
109	M3-15	离心式压缩机		动画	082
110	M3-16	旋风分离器		动画	083
111	M3-17	闸阀		动画	085
112	M3-18	截止阀		动画	085
113	M3-19	球阀		动画	085
114	M3-20	旋塞阀		动画	085
115	M3-21	隔膜阀		动画	085
116	M3-22	止回阀		动画	085

续表

序号	编码	资源名称		资源类型	页码
117	M3-23	蝶阀		动画	085
118	M3-24	疏水阀		动画	086
119	M3-25	爆破片		图片	086
120	M3-26	Y型过滤器		图片	086
121	M3-27	T型过滤器		图片	086
122	M3-28	篮式过滤器		图片	086
123	M3-29	膨胀节		图片	086
124	M3-30	同心异径管		图片	086
125	M3-31	偏心异径管		图片	087
126	M3-32	圆形盲板		图片	087
127	M3-33	8字盲板		图片	087
128	M3-34	洗眼器		图片	087
129	M3-35	HG/T 20505—2014		PDF	098
130	M3-36	孔板流量计		动画	098
131	M3-37	转子流量计		动画	098
132	M3-38	组合阀实物图		图片	099
133	M4-1	项目简介		微课	115
134	M4-2	GB/T 50001—2017		PDF	116
135	M4-3	GB/T 50104—2010		PDF	116
136	M4-4	GB/T 50105—2010		PDF	116
137	M4-5	GB/T 50106—2010		PDF	116
138	M4-6	GB/T 50786—2012		PDF	116
139	M4-7	HG/T 20519.3—2009		PDF	124
140	M4-8	厂区布局实例		视频	126
141	M4-9	车间设备布置立面图		动画	129
142	M4-10	车间平面布置图		动画	130
143	M4-11	卧式设备定位尺寸标注		动画	131
144	M4-12	卧式容器局部剖视图		动画	131
145	M4-13	动设备定位尺寸标注		动画	131
146	M4-14	立式设备定位尺寸标注		动画	131
147	M4-15	卧式设备标高		动画	131
148	M4-16	换热器局部剖视图		动画	131
149	M4-17	以支撑点进行标高		动画	132
150	M4-18	反应器局部剖视图		动画	132
151	M4-19	泵的标高		动画	132
152	M4-20	管口方位图		动画	136
153	M5-1	项目简介		动画	143
154	M5-2	HG/T 20519.4—2009		动画	146
155	M5-3	管道的单线和双线表示方法		动画	147
156	M5-4	三通连接方式的三视图	M5-4-1 单线三视图	动画	148
			M5-4-2 双线三视图	动画	

续表

序号	编码	资源名称		资源类型	页码
157	M5-5	管道转弯的表示方法	M5-5-1 向下弯折90º角	动画	149
			M5-5-2 向上弯折90º角	动画	
			M5-5-3 大于90º角弯折	动画	
158	M5-6	管道交叉的表示方法	M5-6-1 被遮挡管道断开的画法	动画	149
			M5-6-2 上面管道断开的画法	动画	
159	M5-7	管道重叠的表示方法	M5-7-1 两管道投影重叠画法	动画	149
			M5-7-2 多条管道投影重叠画法(一)	动画	
			M5-7-3 管道转折后投影重叠的画法	动画	
			M5-7-4 多条管道投影重叠画法(二)	动画	
160	M5-8	异径管的表示方法	M5-8-1 同心异径管	动画	150
			M5-8-2 偏心异径管	动画	
161	M5-9	阀门手轮方向的表示方法	M5-9-1 方向向下	动画	151
			M5-9-2 方向向右	动画	
			M5-9-3 方向向上	动画	
162	M6-1	项目简介		微课	169
163	M6-2	认识工作界面		微课	170
164	M6-3	绘图前的准备工作		微课	176
165	M6-4	文件的操作		微课	180
166	M6-5	图层设置		微课	184
167	M6-6	文字设置		微课	187
168	M6-7	坐标输入		微课	190
169	M6-8	绘图命令的使用(一)		微课	190
170	M6-9	绘图命令的使用(二)		微课	193
171	M6-10	图形编辑(一)		微课	199
172	M6-11	图形编辑(二)		微课	204
173	M6-12	设置标注样式		微课	211
174	M6-13	尺寸标注(一)		微课	215
175	M6-14	尺寸标注(二)		微课	217

项目一
学习制图的基础知识

 学习目标

知识目标
1. 掌握图纸幅面、图框、标题栏、比例、字体、图线、图纸在制图中的规定。
2. 认识常用的作图工具。
3. 掌握常用几何作图的方法。
4. 知道正投影的概念，掌握正投影的基本性质。
5. 认识三面投影体系，熟悉三视图的形成和三视图的投影规律。
6. 掌握基本三视图的作图方法及步骤。
7. 知道其他的图样画法，了解其适用场合。
8. 掌握表面平齐、不平齐、表面相切、表面相交等组合体表达方式的特点。
9. 了解读图的基本要领。
10. 掌握组合体读图的基本方法。
11. 认识组合体视图尺寸的种类。
12. 掌握组合体视图的尺寸标注方法。

技能目标
1. 会查阅制图的有关标准。
2. 能用尺规作图法进行常用的圆弧连接。
3. 能规范书写长仿宋体或正楷体字。
4. 能绘制与识读物体的三视图。
5. 能准确运用三视图的投影规律。
6. 能分析其他图样画法适用的场合。
7. 能绘制简单的组合体三视图。
8. 能对组合体三视图进行尺寸标注。

素质目标
1. 树立遵标准、守规范、重基础的学习理念。
2. 培养严谨、认真、探索、创新的职业精神。
3. 培养爱岗敬业、精益求精的工匠精神。
4. 培养换位思考、全面分析的人生态度。
5. 培养勇于探索、不畏困难的勇气。

项目简介

在现代工业生产中,无论是机器、设备的制造、安装,还是工艺流程的设计、施工,都离不开工程图样。图样是表达、研究和技术交流的一种工具。制图是工程技术人员表达设计思想、进行工程技术交流、指导生产等必备的基本技能。本项目主要介绍绘制和识读工程图样必须掌握的基础知识。而化工工程图样又有其特殊性,根据化工行业的特点,有一些特殊规定,具体情况将在后续项目中陆续体现。

课题一　学习制图的基本知识

活动一　认识制图的基本规定

根据投影原理、标准或有关规定,表示工程对象,并有必要技术说明的图,称为图样。图样是工程界重要的技术资料,为了适应生产的需要和便于技术思想的交流,图样的内容、格式和表示方法等都有统一的规定,由国家制定和发布实施,这些规定是每个工程技术人员必须认真学习、熟练掌握、严格遵守的。

1. 图纸幅面

为了使图纸幅面整齐统一,便于装订和保管,根据国家标准《技术制图　图纸幅面和格式》(GB/T 14689—2008)规定(国家标准简称"国标",用"GB"表示,国标代号"GB/T 14689—2008"表示推荐性国家标准,标准批准序号为14689,2008年颁布)图纸应优先采用表1-1中所规定的基本幅面,必要时,也允许采用表1-2、表1-3中规定的加长幅面,这些幅面的尺寸由基本幅面的短边成整倍数增加后得出,如图1-1所示。

表1-1　图纸幅面(第一选择)　　　　　　　　　　　　　　　　单位:mm

幅面代号	尺寸 $B\times L$	幅面代号	尺寸 $B\times L$	幅面代号	尺寸 $B\times L$
A0	841×1189	A2	420×594	A4	210×297
A1	594×841	A3	297×420		

表1-2　图纸幅面(第二选择)　　　　　　　　　　　　　　　　单位:mm

幅面代号	尺寸 $B\times L$	幅面代号	尺寸 $B\times L$	幅面代号	尺寸 $B\times L$
A3×3	420×891	A4×3	297×630	A4×5	297×1051
A3×4	420×1189	A4×4	297×841		

表1-3　图纸幅面(第三选择)　　　　　　　　　　　　　　　　单位:mm

幅面代号	尺寸 $B\times L$	幅面代号	尺寸 $B\times L$	幅面代号	尺寸 $B\times L$
A0×2	1189×1682	A2×4	594×1682	A4×6	297×1261
A0×3	1189×2523	A2×5	594×2102	A4×7	297×1471
A1×3	841×1783	A3×5	420×1486	A4×8	297×1682
A1×4	841×2378	A3×6	420×1783	A4×9	297×1892
A2×3	594×1261	A3×7	420×2080		

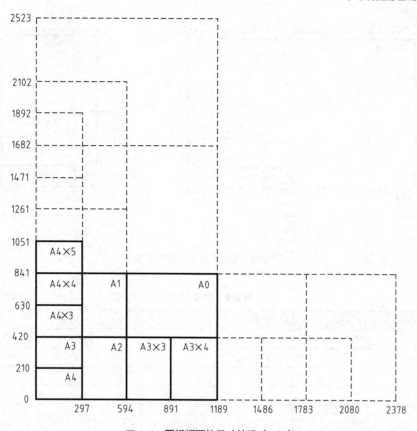

图1-1　图纸幅面的尺寸关系（mm）

图纸幅面

GB/T 14689—2008

2. 图框

图框用粗实线画出，分为不留装订边和留有装订边两种格式，如图1-2和图1-3所示，有关尺寸见表1-4，但同一项目的图样只能采用一种格式。

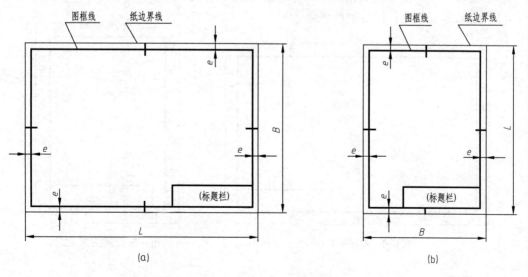

图1-2　不留装订边的图框格式

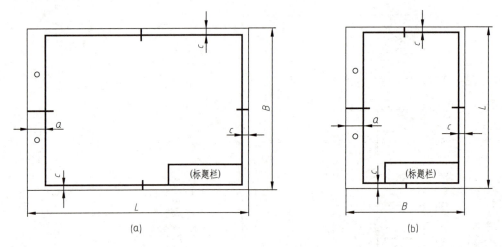

图1-3　留有装订边的图框格式

表1-4　图框尺寸　　　　　　　　　　　　　　　　　　　　　　单位：mm

幅面代号	A0	A1	A2	A3	A4
$B×L$	841×1189	594×841	420×594	297×420	210×297
e	20	20	10	10	10
c	10	10	10	5	5
a	25	25	25	25	25

加长幅面的图框尺寸，按比所选用的基本幅面大一号的图框尺寸确定。例如A2×3的图框尺寸，按A1的图框尺寸确定，即e为20mm，c为10mm。

有时为了方便图样复制和缩微摄影时定位，可在各号图纸各边长的中点处画出对中符号。对中符号用粗实线绘制，长度从图纸边界开始伸入图框内约5mm，当对中符号伸入标题栏范围时，则伸入标题栏部分省略不画（见图1-2、图1-3）。

必要时，可以用细实线在图框周边内画出分区，如图1-4、图1-5所示，分区数目按图样的复杂程度确定，但必须取偶数。

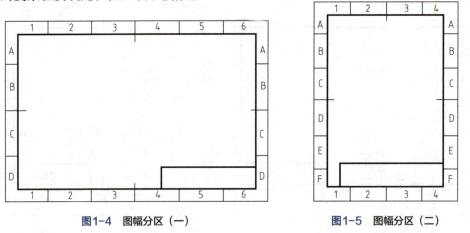

图1-4　图幅分区（一）　　　　　图1-5　图幅分区（二）

3. 标题栏

每张图纸都必须画出标题栏，其位置在图纸右下角。化工制图中设备图样的标题栏与机械制图的大致相同。标题栏的格式仍采用国家标准《技术制图 标题栏》（GB/T 10609.1—2008）中的规定格式，用于说明设备的名称及设计等内容，如图1-6所示。

GB/T 10609.1—2008

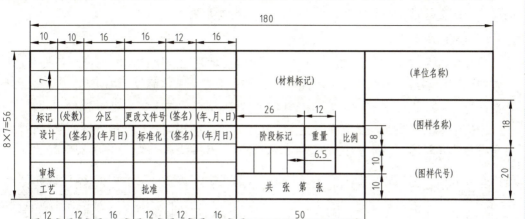

图1-6 标题栏格式示例（单位：mm）

化工工艺流程图的标题栏与机械制图中的标题栏有所不同，原化工部的标准对工艺流程图的标题栏的规定如图1-7所示。

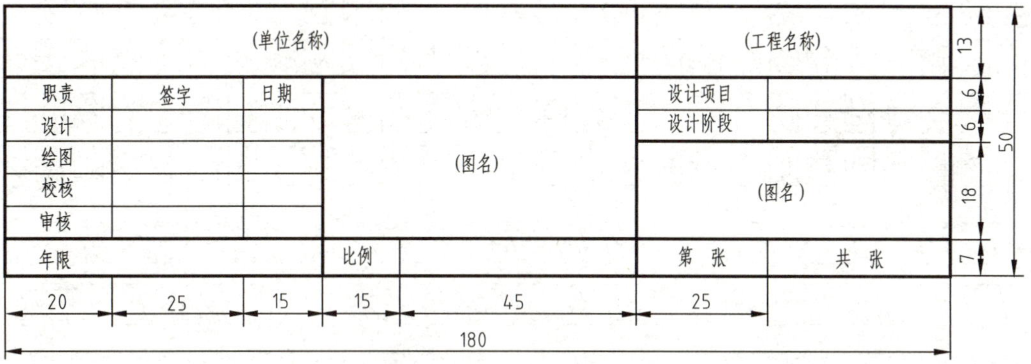

图1-7 化工工艺流程图标题栏示例（单位：mm）

4. 比例

在化工制图中，图样比例仍采用国家标准GB/T 14690—93《技术制图 比例》的规定。比例是指图形与其实物相应要素的线性尺寸之比。绘制图样时，应根据图样的用途

GB/T 14690—93

表1-5 比例系列

种类	优先选用的比例	允许选用的比例
原值比例	1:1	
放大比例	2:1 5:1 1×10^n:1 2×10^n:1 5×10^n:1	2.5:1 4:1 2.5×10^n:1 4×10^n:1
缩小比例	1:2 1:5 1:10 1:2×10^n 1:5×10^n 1:1×10^n	1:1.5 1:2.5 1:3 1:4 1:6 1:1.5×10^n 1:2.5×10^n 1:3×10^n 1:4×10^n 1:6×10^n

注：n为正整数。

与所绘图形的复杂程度，从表1-5规定的系列中选用适当的比例。

比例一般应标注在标题栏中的比例栏内。注意：不论采用何种比例，图形中所标注的尺寸数值必须是实物的实际大小，与图形的比例无关。

5. 字体

图样中的字体同样采用GB/T 14691—93《技术制图 字体》的规定。各类字体必须做到：字体端正、笔画清楚、间隔均匀、排列整齐。字体高度（用h表示）的公称尺寸系列为：1.8、2.5、3.5、5、7、10、14、20八种字号，其字宽一般为$h/\sqrt{2}$。

长仿宋体的书写要领是：横平竖直，注意起落，结构匀称，填满方格。字母和数字可写成直体和斜体。斜体字字头向右倾斜，与水平基准线成75°，如图1-8所示。

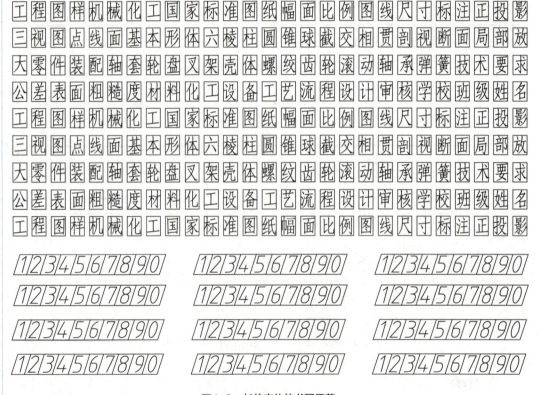

图1-8 长仿宋体的书写示范

根据《化工工艺设计施工图内容和深度统一规定》（HG/T 20519—2009）第1部分（一般要求），汉字宜采用长仿宋体或者正楷体（签名除外），并要以国家正式公布的简化字为标准，不得任意简化、杜撰。

6. 图线

图样中所采用的各种形式的线，称为图线。在化工制图中的图线仍采用国家标准GB/T 17450—1998《技术制图 图线》规定的各种图线。图线分为粗、细两种，粗线宽度b为0.5~2mm，细线宽度约为$b/3$。绘图时根据清晰、醒目、图形大小和复杂程度选择宽度。但在同一图样中，同类图线的宽度和类型应一致。常用图线的基本线形及其主要应用见表1-6。

表1-6 常用线形及主要应用

名称	图线	线宽	主要用途
粗实线	——————	b	可见的轮廓线和过渡线
粗点画线	— · — · — · —	b	有特殊要求的线或表面的表示线
细实线	——————	$b/3$	尺寸线及尺寸界线,剖面线,重合剖面的轮廓线,螺纹的牙底线及齿轮的齿根线,引出线,分界线及范围线等
波浪线	～～～～	$b/3$	断裂处的边界线,视图和剖视图的分界线
细点画线	— · — · —	$b/3$	轴线,对称中心线,轨迹线,节圆及节线
双点画线	— · · — · · —	$b/3$	相邻辅助零件的轮廓线,极限位置的轮廓线,假想投影轮廓线,中断线等
虚线	- - - - -	$b/3$	不可见轮廓线及过渡线
双折线	⌐⌐⌐⌐	$b/3$	断裂处的边界线

图线宽度和图线组别见表1-7,在图样中采用粗细两种线宽,图线宽度和图线组别的选择应根据图样的类型、尺寸、比例和微缩复制的要求确定。

表1-7 图线宽度和图线组别

线型组别	0.25	0.35	**0.5**	**0.7**	1	1.4	2
粗线宽度/mm	0.25	0.35	**0.5**	**0.7**	1	1.4	2
细线宽度/mm	0.13	0.13	**0.25**	**0.35**	0.5	0.7	1

注：粗体字为优先采用的图线组别。

同一图样中同类图线的宽度应基本一致。虚线、点画线及双点画线的线段长度的间隔应各自大致相等。两条平行线（包括剖面线）之间的距离不得小于0.7mm。

点画线和双点画线两端应超出轮廓线3~5mm；在绘制圆的对称中心线时，圆心应当是线段的交点，如图1-9所示。较短的点画线和双点画线用细实线代替。

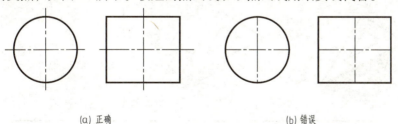

(a) 正确　　　　　　　　　　(b) 错误

图1-9 点画线的画法

活动二 认识常用化工制图的工具

1. 图板、丁字尺、三角尺

图板是固定图纸用的矩形木板，一般用胶合板制成，板面要求平整光滑，左侧为导向边，必须平直。使用时应保持图板的整洁完好。

丁字尺由尺头和尺身构成，主要用来画水平线。

三角尺一副两块，分为45°和30°（60°），用于画垂直线和倾斜线。使用丁字尺和三角尺画线的基本方法见表1-8。

表1-8 使用丁字尺和三角尺画线的基本方法

分类	图示	说明
水平线画法	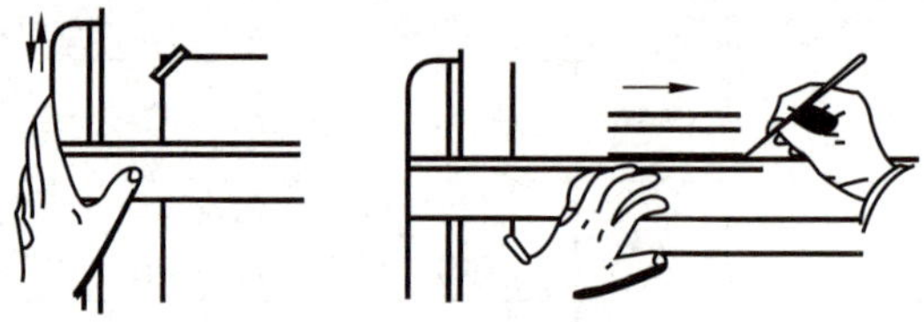	①图样上的所有水平线用丁字尺直接画出 ②绘图时，左手扶尺头，保证其内侧贴紧图板导边，首先上下推动到画线位置[见图(a)]。然后左手右移压住尺身上侧自左向右画水平线[见图(b)]
垂直线画法	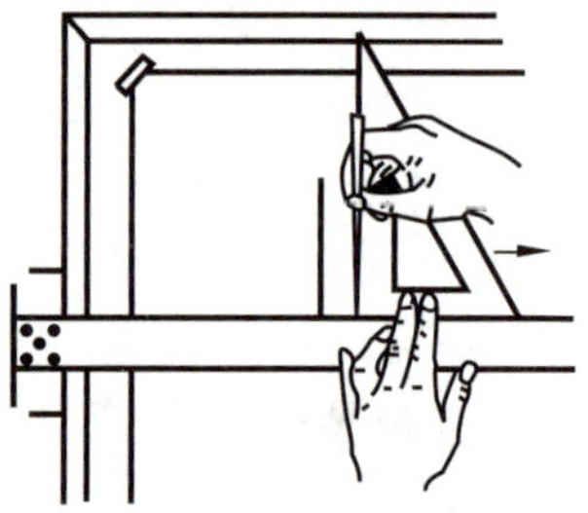	①垂直线用三角尺和丁字尺配合画出 ②画垂直线时，左手扶丁字尺尺头上下移动至合适位置，右手使三角尺一直角边靠紧丁字尺工作边左右移动至画线位置。然后用左手同时按住三角尺和丁字尺，右手持笔沿三角尺的另一直角边自下而上画线
特殊角度直线的画法	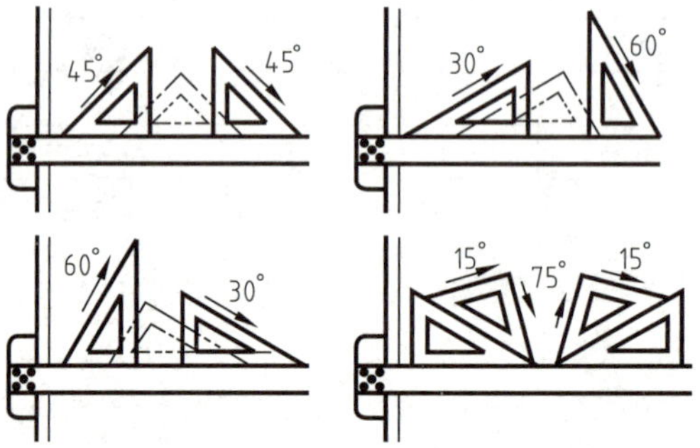	①三角尺与丁字尺配合，可画出30°、45°、60°，以及15°、75°等任意15°整数倍角的特殊角度直线 ②画线方向如图中箭头所示
平行、垂直线的画法	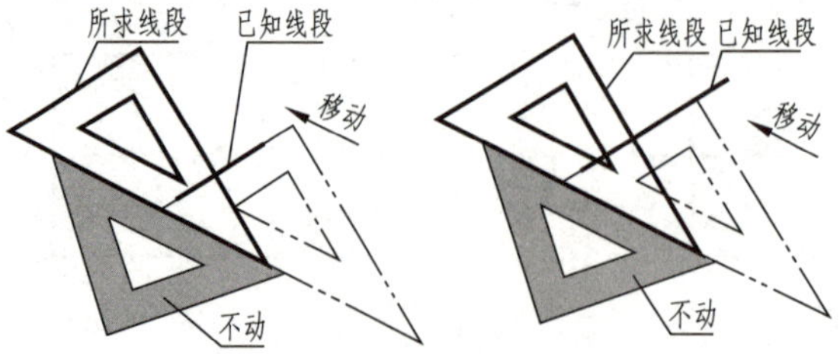	两块三角尺配合使用，可以画出任意方向的平行线和垂直线

2. 圆规、分规

圆规主要用来画圆或圆弧；分规的两脚均为钢针，用来量取尺寸和等分线段。

3. 铅笔

铅笔分硬、中、软三种。"H"表示硬性铅笔，H前面的数字越大，表示铅芯越硬（淡）。"B"表示软性铅笔，B前的数字越大，表示铅芯越软（黑）。绘制图样时，底稿适用H或2H铅笔，并削成圆锥形；加粗图线用2B或B铅笔，并削成扁平形。

活动三　认识常用几何作图的方法

1. 圆弧连接的画法

用一圆弧光滑地连接相邻两线段的作图方法，称为圆弧连接。在绘制机件的图形时，经常遇到圆弧连接。

画圆弧连接有三个步骤：
① 求圆心（即连接圆弧的圆心）。
② 找切点。
③ 画圆弧。

圆弧连接有多种类型，作图方法大同小异，见表1-9。

表1-9　圆弧连接的作图方法

类别		已知条件（被连接线段和连接弧半径）	作图步骤		
			①求连接弧圆心	②求连接点（切点）	③画连接弧
连接两已知直线	一般情况				
	直角情况下的简化画法				
连接直线和圆弧	与圆弧外连接				
	与圆弧内连接				
连接两已知圆弧	外连接				
	内连接				
	混合连接				

圆弧连接的作图方法

2. 椭圆的近似画法

椭圆是一种常见的非圆曲线。已知椭圆长、短轴时，可采用"四心法"近似作图。"四心法"画椭圆的步骤如图1-10所示。

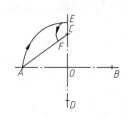
(a) 画出长短轴AB、CD，连接AC，以O为圆心，OA为半径画弧交短轴于E点。再以C为圆心，CE为半径画弧交AC于F点。

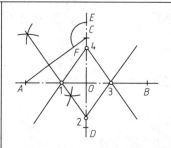
(b) 作AF的垂直平分线分别交长、短轴于1、2点，对称地求出3、4点，此四点即为所求的四圆心。再连接并延长21、23、43、41，以确定四段圆弧的切点

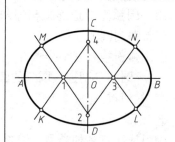
(c) 分别以2、4为圆心，2C、4D为半径画弧 MN、KL；再以1、3为圆心，1A、3B为半径画弧 KM、NL，完成椭圆

图1-10　"四心法"画椭圆

课题二　学习制图的投影基础

活动一　学习正投影法的概念

投射线通过物体向选定的面投射，并在该面上得到图形（影像）的方法，称为投影法。得到的图形称为投影，得到投影的面称为投影面。

1. 中心投影法

所有投射线从同一投影中心出发的投影方法，称为中心投影法。按中心投影法作出的投影称为中心投影。如图1-11所示，设S为投影中心，△ABC在投影面H上的中心投影为△abc。

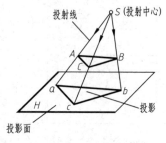

图1-11　中心投影法

用中心投影法得到的物体投影大小与物体的位置有关。在投影中心与投影面不变的情况下，当△ABC靠近或远离投影面时，它的投影△abc就会变大或变小，且一般不能

反映△ABC的实际大小。这种投影法主要用于绘制建筑物的透视图。因此，在一般的工程图样中，不采用中心投影法。

2. 平行投影法

平行投影法是投射线相互平行的投影方法。当投射线垂直于投影面时，称正投影法，当投射线倾斜于投影面时，称斜投影法，如图1-12所示。

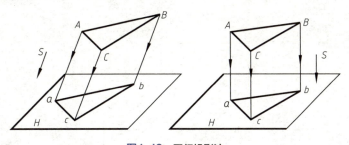

图1-12　平行投影法

正投影法能真实地反映物体的形状和大小，度量性好，作图简便，因此，它是绘制工程图样主要使用的投影法。直线的投影和平面的投影分别如图1-13和图1-14所示。

正投影的基本性质：

① 真实性。当直线或平面平行于投影面时，投影反映实形。

② 积聚性。当直线或平面垂直于投影面时，直线的投影积聚成点，平面的投影积聚成一条线。

③ 类似性。当直线或平面倾斜于投影面时，直线的投影变短，平面的投影为原形的类似形。

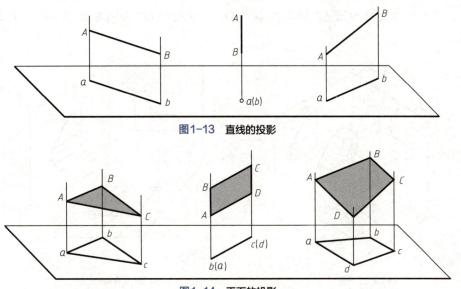

图1-13　直线的投影

图1-14　平面的投影

活动二　学习物体三视图的画法

根据正投影法绘制的物体的图形称为视图。

一般情况，一个视图不能完整地反映三维形体的空间形状，故将物体置于三面投影体系中，可得到物体的三视图。

1. 三面投影体系

三面投影体系由三个互相垂直的投影面所组成，正面用 V 表示；水平面用 H 表示；侧面用 W 表示。相互垂直的投影面之间的交线，称为投影轴，分别为 OX 轴、OY 轴、OZ 轴，如图 1-15 所示。

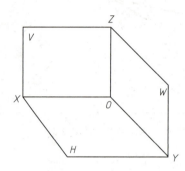

图 1-15 三面投影体系

2. 三视图的形成

将物体置于三面投影体系中，按正投影法分别向三个投影面投影，得到物体的三视图。

① 主视图：从前向后投影在 V 面的投影。
② 俯视图：从上向下投影在 H 面的投影。
③ 左视图：从左向右投影在 W 面的投影。

为了在同一张图纸上画出三个视图，需将三个投影面展开到同一图面上，展开方式规定：V 面不动，H 面绕 OX 轴向下旋转 90°，W 面绕 OZ 轴向右旋转 90°，如图 1-16 所示。

三视图的形成

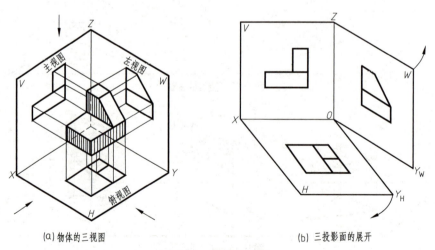

(a) 物体的三视图　　(b) 三投影面的展开

图 1-16 三视图的形成

3. 三视图的投影规律

(1) 位置关系　以主视图为准，俯视图在正下方，左视图在正右方，必须按照这一位置关系来配置。

（2）尺寸关系　物体有长、宽、高三个方向的尺寸，主视图反映长和高，俯视图反映长和宽，左视图反映宽和高；三视图之间的尺寸关系符合"三等"规律，即"长对正、高平齐、宽相等"，不仅针对形体的总体尺寸，形体上的每一几何元素，也要符合"三等"规律。如图1-17所示。

（3）方位关系　物体有上、下、左、右、前、后六个方位。在三视图中，主视图反映物体的上、下和左、右，俯视图反映物体的左、右和前、后，左视图反映物体的上、下和前、后，如图1-18所示。

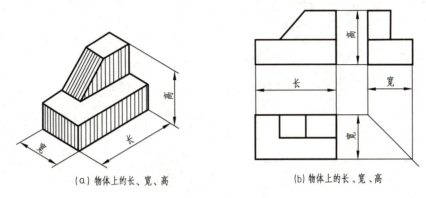

（a）物体上的长、宽、高　　　　（b）物体上的长、宽、高

图1-17　三视图之间的对应关系

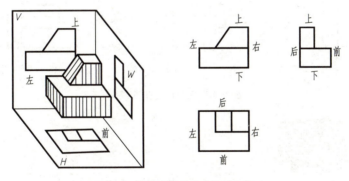

图1-18　视图和物体的方位对应关系

4. 三视图的作图方法与步骤

根据物体（或轴测图）画三视图时，首先应分析物体的形状，将物体的位置摆正，使其主要表面与投影面平行，选择反映物体形状特征最明显的方向作为主视图的投影方向，再确定图纸幅面和绘图比例；作图时，一般先画出三个视图的作图基准线，再从主视图入手，根据"长对正、高平齐、宽相等"的投影规律，依次画出各部分的视图，具体步骤如图1-19所示。

棱柱有六个侧棱面，前后棱面为正平面，它们的正面投影反映实形，水平投影及侧面投影重影为一条直线。图1-20为正六棱柱的三视图。作投影图时，先画出正六棱柱的水平投影正六边形，再根据其他投影规律画出其他的两个投影。

圆柱的轴线垂直于H面，其上下底圆为水平面，水平投影反映实形，其正面和侧面投影重影为一直线。而圆柱面则用曲面投影的转向轮廓线表示。圆柱投影图的绘制，先

三视图的作图步骤

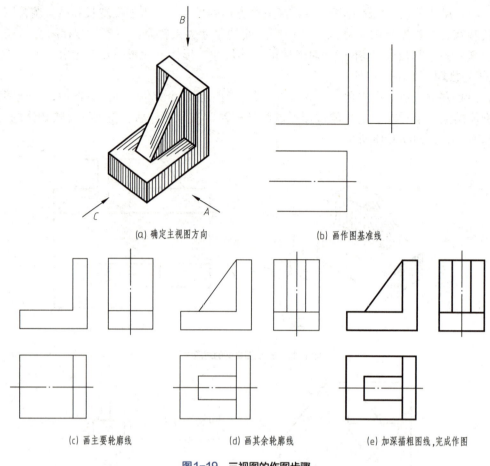

(a) 确定主视图方向　　(b) 画作图基准线

(c) 画主要轮廓线　　(d) 画其余轮廓线　　(e) 加深描粗图线，完成作图

图1-19　三视图的作图步骤

正六棱柱的三视图

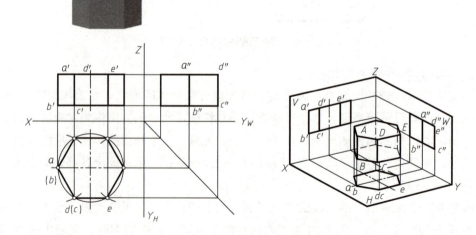

图1-20　正六棱柱的三视图

绘出圆柱的对称线、回转轴线；再绘出圆柱的顶面和底面；最后画出正面转向轮廓线和侧面转向轮廓线。如图1-21所示。

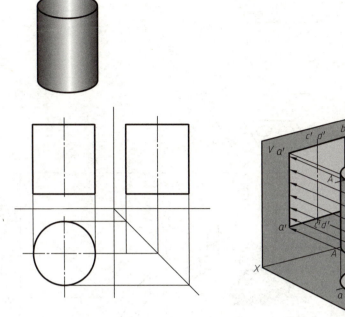
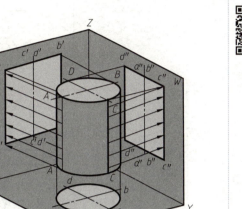

圆柱的三视图

图1-21 圆柱的三视图

活动三　认识其他的图样画法

前面已经介绍了物体三视图的画法，但在生产实际中，对形状、结构比较复杂的机件，仅采用主、俯、左三个视图，难以将它们的内、外形状完整清晰地表达出来。为此，国家标准《技术制图》《机械制图》中规定了一系列的图样画法。

1. 基本视图

三视图可以表达机件三个方向的形状，而一个物体共有六个方向，在原来三个投影面的基础上，再增加三个投影面，构成一个正六面体。以六个面作为基本投影面，将机件向六个基本投影面投射所得的视图称为基本视图；除原来的主视图、俯视图、左视图外，又增加了三个：

① 仰视图：由下向上投射；
② 后视图：由后向前投射；
③ 右视图：由右向左投射。

六个视图之间仍然存在"长对正、高平齐、宽相等"的投影关系，六个视图的位置按基本视图配置如图1-22、图1-23所示，不需标注视图名称。

2. 向视图

向视图是视图的另一种表现形式。基本视图必须按照规定的位置配置，而向视图是可以自由配置的视图。在实际绘图中，如果难以将六个基本视图按规定位置配置，可采用向视图的形式。

向视图必须标注，通常在其上方标注大写字母，并在相应视图附近用箭头指明投射方向，并标注相同字母，如图1-24所示。

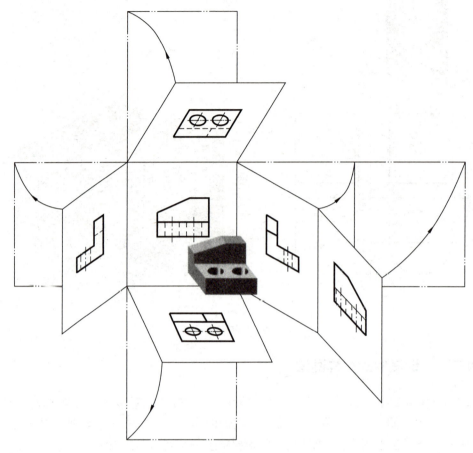

图1-22 六个基本投影面的展开方法

基本视图

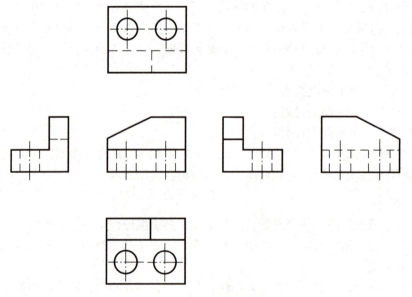

图1-23 六个基本视图的配置

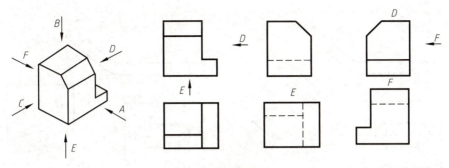

图1-24　向视图的配置和标注

3. 局部视图

将机件的某一部分向基本投影面投射所得的视图称为局部视图。如图1-25所示的机件，主视图和俯视图没有把圆筒上左侧凸台和右侧拱形槽的形状表达清楚，若为此画出左视图和右视图，则大部分表达内容是重复的，因此，可将凸台及开槽处的局部结构分别向基本投影面投射，即得两个局部视图。

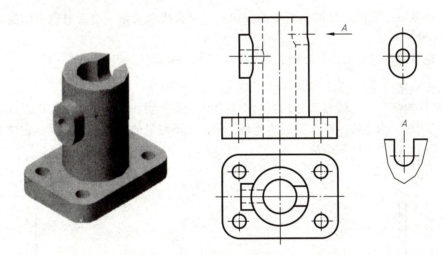

图1-25　局部视图的画法和标注

局部视图

画局部视图时应注意以下几点：

① 局部视图断裂处的边界线应以波浪线表示。

② 当局部视图表示的局部结构完整，且外形轮廓为封闭图形时，可省略波浪线。

③ 画局部视图时，一般应在局部视图的上方标注字母，在相应的视图附近用箭头指明投射方向并注上相同字母。

④ 当局部视图按基本视图的位置配置，中间没有其他图形隔开时，可省略标注。

4. 斜视图

当机件中某些结构倾斜，基本视图不能反映实形，为了能清晰地将这部分倾斜结构的实形表达出来，可增加一个仅平行于倾斜结构的平面作为新投影面，将倾斜结构向新投影面投射，就可得到反映实形的视图。这种将机件向不平行于任何基本投影面的平面投射所得的视图称为斜视图，如图1-26所示。

斜视图

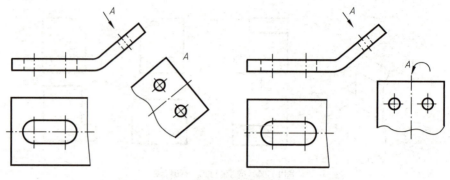

图1-26　斜视图的画法和标注

画斜视图应注意以下几点：

① 斜视图主要用来表达机件上倾斜部分的实形，所以其余部分不必全部画出，而是用波浪线断开。当所表示的结构是完整的，且外形轮廓线封闭时，波浪线可省略。

② 必须在视图上方标注大写字母，在相应视图的附近用箭头指明投射方向，并注上相同字母。

③ 斜视图一般配置在箭头所指的方向，且符合投影关系，必要时也可以配置在其他适当位置。

④ 也可以将斜视图旋转后配置在适当的位置。并标注旋转符号"⌒"。

5. 剖视图

当机件内部结构比较复杂时，视图中就会出现很多虚线，这给画图、读图及标注尺寸增加了困难，为了将内部结构表达清楚，使原来不可见的部分变为可见，虚线变为实线，可采用规定的剖视图画法。

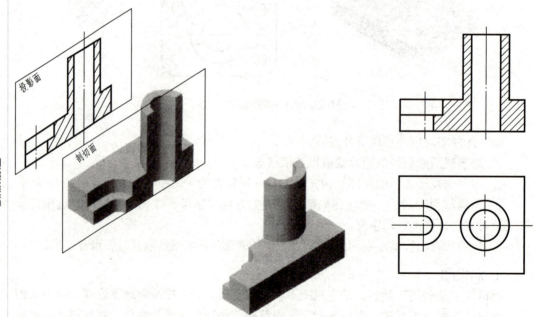

剖视图

图1-27　机件的剖视图表达

所谓剖视图就是假想用剖切面剖开机件,把处在观察者和剖切面之间的部分移去,将其余部分向投影面投射所得的图形,简称剖视。

为了分清机件的实体部分与空体部分,国标规定被剖切到的实体部分应画上剖面符号,金属材料的剖面符号为与水平线成45°的细实线,同一机件剖面线的方向相同,间隔均匀。如图1-27所示。

画剖视图应注意的问题:

① 剖切平面是假想的,视图画成剖视图后,其他视图不受影响。

② 剖切平面位置的选择,应通过相应内部结构的轴线或对称平面,可以是平面或曲面,也可以是多个面的组合,应用最多的是采用与基本投影面平行的平面作为剖切面。

③ 剖切后剩余部分,应全部向投影面进行投射,可见轮廓线用粗实线画出,剖面线用细实线画出,不可见的虚线凡是在其他视图中已经表达清楚的结构可省略不画。

剖视图的分类:按剖切平面剖开机件的范围不同,剖视图可分为全剖视图、半剖视图和局部剖视图三种。

(1) 全剖视图　用剖切面完全剖开机件所得的剖视图。

主要用于表达机件整体的内部形状。剖切面包括单一剖切面,几个相交的剖切面,几个平行的剖切面等。

(2) 半剖视图　当机件具有对称平面时,向垂直于对称平面的投影面上投射所得的图形,可以对称中心线为界,一半画成剖视图,另一半画成视图,这种组合的图形称为半剖视图。适用于内、外形状均需表达的对称机件或基本对称机件,如图1-28所示。

半剖视图

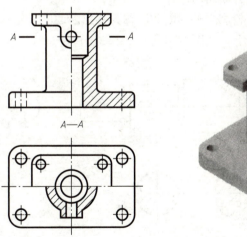

图1-28　半剖视图

(3) 局部剖视图　用剖切面局部地剖开机件所得的剖视图称为局部剖视图,是一种内外形状兼顾的剖视图,它不受机件是否对称的限制,剖切位置和剖切范围可根据表达需要确定,是一种比较灵活且应用广泛的表达方法,如图1-29所示。

局部剖视图用波浪线(或双折线)表示机件实体断裂面的投影,不能超出图形。

剖视图需要标注,一般在剖视图的上方用大写字母标出剖视图的名称"$X—X$"。在相应视图上用剖切符号(粗短画,长度约为$6d$,d为粗实线宽度,如图1-28中$A—A$。)

局部剖视图

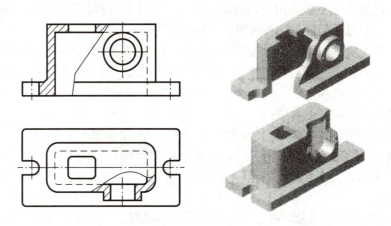

图1-29　局部剖视图

表示剖切位置，用箭头表示投影方向，并标注相同的字母。当剖视图按照投影关系配置，中间又没有其他图形隔开时，可省略箭头。当单一剖切平面通过机件的对称面或基本对称面，且剖视图按投影关系配置，中间又没有其他视图隔开时，不必标注。

6. 断面图

假想用剖切面将机件的某处切断，仅画出该剖切面与机件接触部分的图形称为断面图。断面图图形简洁，重点突出，常用来表达轴上的键槽、销孔等结构，以及表达机件的肋、轮辐、型材、杆件的断面形状。

断面图分为移出断面图和重合断面图。

（1）移出断面图　画在视图轮廓之外的断面图称为移出断面图。轮廓线用粗实线绘制，通常配置在剖切线的延长线上，如图1-30所示。

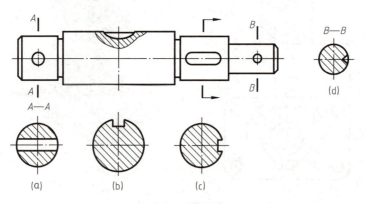

图1-30　移出断面图

移出断面图

移出断面图一般需要用剖切符号表示剖切位置，用箭头表示投射方向，并注上大写字母，在断面图上方用相同字母注出相应名称"$X—X$"。配置在剖切符号延长线上的移出断面图，可省略字母。当移出断面图关于剖切线对称或按投影关系配置时可省略箭头，对称的移出断面图画在剖切线的延长线上时，只需用细点画线画出剖切线表示剖切位置，如图1-30所示。配置在视图中断处的对称移出断面图不必标注，如图1-31所示。

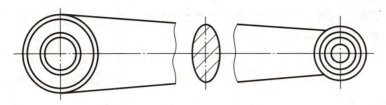

图1-31　画在视图中断处的移出断面图

画移出断面图时应注意：当剖切平面通过回转面形成的孔或凹坑的轴线时，则这些结构按剖视图要求绘制，如图1-30（a）和（d）所示，图中应将孔（或坑）口画成封闭。

（2）重合断面图　画在视图轮廓线内的断面图称为重合断面图。轮廓线用细实线绘制。当视图中的轮廓线与重合断面的图形重叠时，视图中的轮廓线仍应画出，不可间断，如图1-32所示。

配置在剖切符号上的不对称重合断面应标注符号和箭头，如图1-32（a）所示，对称重合断面不必标注，如图1-32（b）、（c）所示。

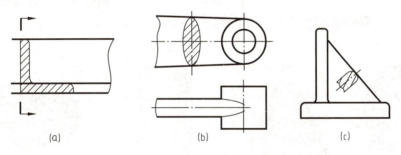

图1-32　重合断面图

7. 局部放大图

机件上的细小结构，在视图中表达不够清晰，或又不便于进行尺寸标注时，可用比原图放大的比例画出，所得的图形称为局部放大图。如图1-33所示。

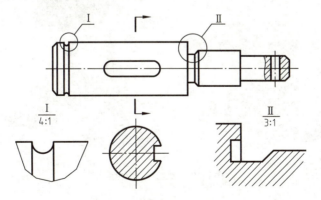

图1-33　局部放大图

局部放大图可根据需要画成视图、剖视图、断面图等。应尽量配置在被放大部位的附近。局部放大图必须标注，先用细实线圈出被放大部位，然后在局部放大图的上方注出所采用的比例。如同一机件上有几个被放大部位时，用罗马数字进行编号，并在局部放大图上方注明相应的编号。

总之，机件的结构多种多样，表达它的方法种类也很多，在实际应用中，应该根据机件的结构特点，选择最合适的表达方法，以能够最完整、最清晰、最简洁地表示出机件的所有结构为原则。

课题三　识读与绘制组合体

由平面围成的立体称为平面立体，如棱柱、棱锥等，常见平面基本体如图1-34所示。由曲面或者平面和曲面围成的立体称为曲面立体，常见曲面基本体如圆柱、圆锥、圆球等，如图1-35所示。平面立体和曲面立体统称基本体，由两个或两个以上的基本形体经过组合而得到的物体，称为组合体。如图1-36所示的支承座。

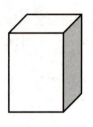

图1-34　常见平面基本体

图1-35　常见曲面基本体

图1-36　组合体（支承座）

活动一　学习组合体视图的画图方法

画组合体三视图时，可先想象将组合体分解成若干个基本几何体，然后按其相对位置逐个画出各基本体的投影,综合起来,即得到整个组合体的视图。

画组合体的三视图,一定要搞清相邻两形体间的连接形式,以便于分析并正确画出连接处两形体分界线的投影,做到不多线、不漏线,这往往是正确画出组合体三视图的关键所在。组合体中相邻表面间的连接关系,可分为平齐或不平齐、相切、相交等。

1. 表面平齐或不平齐

当两基本形体的表面平齐时,两形体之间不应该画线,如图1-37所示;当两形体的表面不平齐时,两形体之间应有线隔开,如图1-38所示。

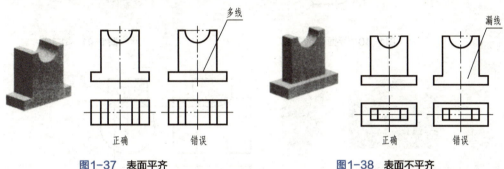

图1-37 表面平齐　　　　　　　　图1-38 表面不平齐

2. 表面相切

当两基本形体的表面相切时,在相切处两表面光滑过渡,不存在分界轮廓线。如图1-39所示。

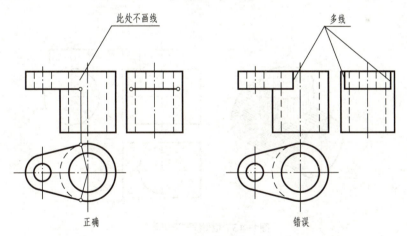

图1-39 平面与圆柱相切

3. 表面相交

当平面与圆柱相交时,如图1-40所示,此时,不是相切而是相交,交线为直线。

两形体相邻表面相交时产生的交线称为相贯线。实际零件上经常会遇到两圆柱正交相贯,如图1-41所示,不难看出,其相贯线是一条封闭的空间曲线,是两个圆柱的共有线。画相贯线视图时,可以采用描点法:找到相贯线上最前点、最后点、最左点和最右点等特殊点,再找几个一般点,用光滑曲线连接起来。如图1-42所示。

两圆柱轴线垂直相交的相贯线还可以采用近似画法:以相交两圆柱中较大圆柱的半

径为半径画弧即得。如图 1-43 所示。

平面与圆柱相交

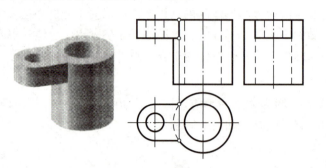

图 1-40　平面与圆柱相交

图 1-41　相贯线

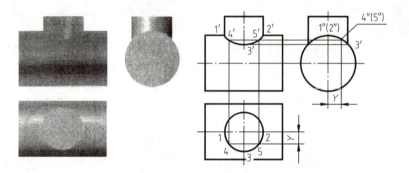

图 1-42　两圆柱正交

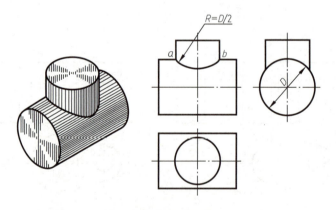

图 1-43　相贯线的近似画法

两回转体相贯时，其相贯线一般为空间曲线，在特殊情况下，也可能是平面曲线或直线，如以下两种情况：

（1）等径相贯　两等径圆柱正交，相贯线变为椭圆，其正面投影积聚为直线。如图 1-44 所示。

（2）共轴相贯　当两个相交的回转体具有公共轴线时，其相贯线为圆，正面投影积聚成直线。如图 1-45 所示。

组合体三视图的画法可根据组合体的组合形式，有以下三种基本方法。

① 叠加法。对基本形体进行分析后，按照形体的主次和相对位置，逐个画出每一

部分形体的三视图，叠加起来即可。如图1-46所示。

② 挖切法。有些形体是在原基本体的基础上经过切割而得到的，对于这样的形体，可以先把切割前的基本形体画出，然后逐一分析，画出被切割的部分。如图1-47所示。

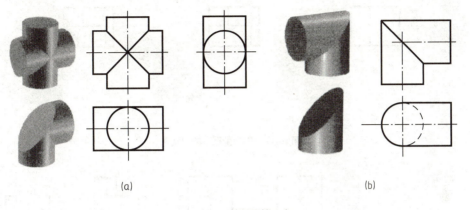

图1-44　两等径圆柱正交

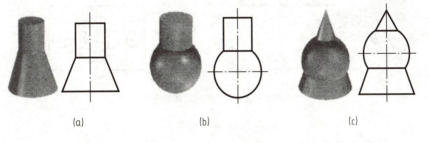

图1-45　两回转体共轴相贯

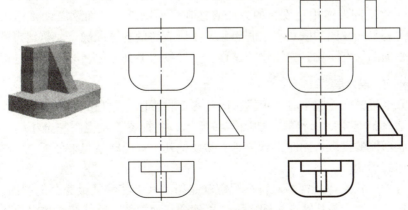

图1-46　叠加型组合体的画法

③ 综合法。多数组合体的组合形式是既有叠加又有挖切，对于这种综合型组合体，可以先按叠加型组合体的方法画出各基本形体的投影，再按挖切型的方法对各基本形体进行挖切。如图1-48所示。

挖切型组合体的画法

图1-47 挖切型组合体的画法

综合型组合体的画法

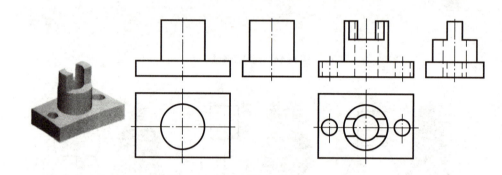

图1-48 综合型组合体的画法

活动二 识读组合体视图

学习制图的主要任务就是培养绘图和读图两方面的能力，两者相辅相成，互相促进。绘图是将空间形体用正投影的方法表达在平面图纸上；而读图则是运用正投影原理，通过对各平面视图的联系和空间想象，使所表达的物体准确、完整地再现出来的过程，它是平面图形空间化、立体化的过程，是抽象图形具体化、形象化的过程。

1. 读图的基本要领

（1）几个视图联系起来看　正投影图是多面投影图，单独的一个不加任何标注的视图是不能表达清楚空间形状的，如图1-49所示，主视图、左视图完全相同，但它们却是不同形状形体的投影。因此，看图时必须要把几个视图联系起来分析，才能正确地想象出该形体的形状。

（2）要善于找到特征视图　特征视图就是指反映形状特征最充分的视图。读图时，只要抓住特征视图，并从特征视图入手，再配合其他视图，就能较快地将物体的形状想象出来。如图1-49所示，俯视图是它的特征视图。

由于组合体的组成方式不同，物体的形状特征及相对位置并非总是集中在一个视图上，有时是分散在各个视图上，读图时要分别抓住反映该部分形状特征的视图，综合想象其形状。

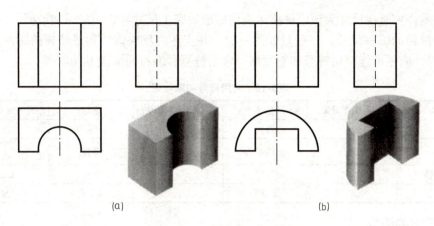

图1-49 几个视图联系起来分析

（3）正确分析视图中线框的含义　视图上的每一个封闭线框，一般表示物体上一个面的投影，它有可能是平面、曲面或平面和曲面的组合投影。看图时要判断某一线框属于哪种情况，必须找到该线框在各个视图中的相应投影，然后将几个投影联系起来进行分析。如图1-50所示的线框S，找到它的三个投影S、S′、S″，发现左视图上的S″积聚为一直线，说明线框S是一个侧垂面的投影。

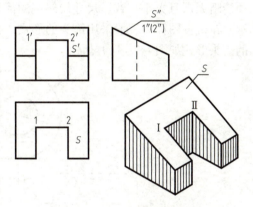

图1-50 视图中封闭线框含义的分析

2. 读图的基本方法

（1）形体分析法　先从反映物体形状特征的视图入手，对照其他视图，初步分析出该物体是由哪些基本形体以及通过什么连接关系形成的，然后按投影特性逐个找出各基本体在其他视图中的投影，以确定各基本体的形状和它们之间的相对位置，最后综合想象出物体的总体形状。

（2）线面分析法　当物体被多个平面切割，物体的形状不规则或一些局部结构比较复杂，单用形体分析法显得不够时，需进一步用线面分析法进行分析，先确定物体的基本形状，再确定各被切面的空间位置和几何形状，最后综合想象出物体的整体形状。

活动三　学习制图中的尺寸标注

1. 制图中常用的尺寸标注

尺寸是图样的重要内容之一，是加工零件，装配、安装设备和管道的直接依据。标注尺寸一定要清晰完整、正确合理。

尺寸标注的基本规则：

① 机件的真实大小应以图样上所注的尺寸数值为依据，与图形的大小及绘图的准确度无关。

② 图样中的尺寸以mm为单位，不需标注单位符号（或名称），如采用其他单位，则必须注明相应的计量单位代号或名称。

③ 图样中所注尺寸为该图样所示机件的最后完工尺寸，否则应另加说明。

④ 机件的每一尺寸，一般只标注一次，并应注在反映该结构最清晰的图形上。标注尺寸时，应尽可能使用符号和缩写词，常用符号和缩写词见表1-10。

表1-10 常用符号和缩写词

名称	符号或缩写词	名称	符号或缩写词	名称	符号或缩写词
直径	ϕ	弧长	⌒	45°倒角	c
半径	R	均布	EQS	深度	↓
球直径	$S\phi$	厚度	t	沉孔	⊔
球半径	SR	正方形	□	埋头孔	V

2. 尺寸的组成

图样上的尺寸包括尺寸线、尺寸界线、尺寸线终端和尺寸数字四个要素，如图1-51所示。线性尺寸的尺寸数字一般注写在尺寸线的上方，也允许注写在尺寸线的中断处，须清晰无误且大小一致。尺寸线终端的箭头及斜线尺寸画法分别如图1-52（a）、（b）所示。在机械图样中一般采用箭头的形式，在土建图样中使用细斜线的形式。不符合规范的箭头形式如图1-52（c）所示。

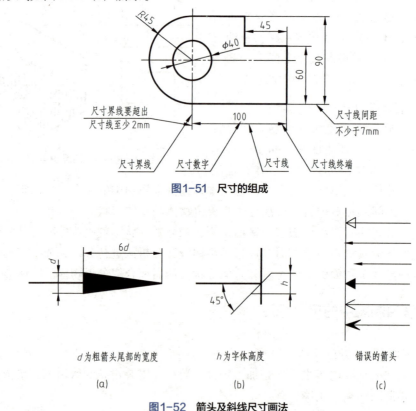

图1-51 尺寸的组成

图1-52 箭头及斜线尺寸画法
(a) d 为粗箭头尾部的宽度
(b) h 为字体高度
(c) 错误的箭头

3. 组合体视图的尺寸标注

形体的三视图，只能表达形体的结构和形状，而其真实大小和各组成部分的相对位置，则要通过图样上的尺寸标注来表达。标注尺寸的基本要求是：正确、完整、清晰。应把组成形体各部分的大小及相对位置的尺寸，"不遗漏、不重复"地标注在视图上。

标注尺寸时，需要先选取尺寸基准，就是标注尺寸的起始点。组合体有长、宽、高三个方向的尺寸，每个方向至少都要选择一个尺寸基准，一般常选择组合体的对称平面、底面、重要端面以及回转体轴线等作为尺寸基准。

尺寸的种类分为以下三种。

（1）定形尺寸 确定组合体各组成部分形状大小的尺寸称为定形尺寸。如图1-53所示，确定直立空心圆柱大小的定形尺寸为外径$\phi72$mm、内径$\phi40$mm、高度80mm三个尺寸。确定底板大小的定形尺寸有$R22$mm、$\phi22$mm、80mm、$\phi72$mm、20mm等。

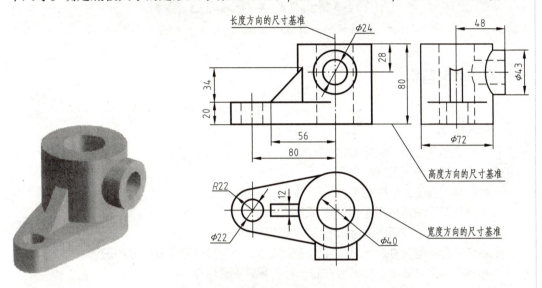

图1-53　支架的尺寸标注

（2）定位尺寸 确定组合体各组成部分之间相对位置的尺寸称为定位尺寸。如图1-53所示，直立空心圆柱与底板、肋板之间在左、右方向的定位尺寸80mm和56mm，水平空心圆柱与直立空心圆柱在上、下方向的定位尺寸28mm等。

（3）总体尺寸 确定组合体外形总长、总宽、总高的尺寸称为总体尺寸。一般情况下，总体尺寸应直接注出，但当组合体的端部为回转面结构时，通常注出回转面的圆心或轴线的定位尺寸，而总体尺寸由此定位尺寸和相关的直径（或半径）间接计算得到。如图1-53所示，支架的总高80mm直接注出，而总长、总宽没有直接注出。

项目二
识读化工设备图

 学习目标

知识目标
1. 了解完整化工设备图所包括的图样。
2. 熟悉化工设备图包括的内容。
3. 熟悉化工设备的结构特点。
4. 熟悉化工设备图常用零部件的阅读方法。
5. 熟练掌握化工设备图的阅读方法和阅读步骤。
6. 熟练掌握特征尺寸、安装尺寸、装配尺寸、外形尺寸等主要尺寸的识读。
7. 熟练阅读技术要求、技术特性表,并了解其主要内容。

技能目标
1. 能分析给定图纸基本视图的配置方式。
2. 能准确运用多次旋转、局部结构、断开、分层等表达方式。
3. 能读懂化工设备常用的简化画法。
4. 能读懂化工设备图中常用零部件的规格、参考标准等信息。
5. 能结合相关标准,独立识读化工设备图中常用的零部件。
6. 能在教师的引导下,认识化工设备图中相关的内容。
7. 能独立完成相关化工设备图的识读。

素质目标
1. 培养严谨细致的学习态度。
2. 培养巧妙运用不同图形表达方式分析问题的习惯。
3. 培养工程素质,体验标准化零部件带来的方便。
4. 培养规范标注零部件的习惯。
5. 培养善于有针对性地抓住事物的关键信息的习惯。

项目简介

在化工生产中,用来表示化工设备结构、技术要求等的图样称为化工设备图,它是设备设计、制造、安装、调试、使用和维修等方面的重要技术文件,也是进行技术交流、完成设备改造的重要工具。快速、准确地识读和理解化工设备图是完成上述工作的首要条件。因此,从事化工设计、制造、安装、维修和管理的人员必须具备识读化工设备图的能力。

为了适应石油化工、轻化工、精细化工、医药化工等化学工业的快速发展，专家和技术人员根据设计和制造的需要，结合化工设备的结构特点，逐步制定和完善了一套化工制图规范，形成了我国的绘图体系和相关标准，并增加了一些规定画法和简化画法。因此，既遵循国家标准又掌握行业标准，才能正确地识读和绘制化工设备图。

化工设备是指在化工生产过程中的合成、分离、干燥、结晶、过滤、吸收、澄清等生产单元使用的装置和设备。典型的化工设备有反应釜、塔器、换热器、贮罐等。

课题一 认识化工设备图

活动一 认识化工设备图的内容和特点

1. 化工设备图包括的图样

一套完整的化工设备图通常包括以下图样：

（1）零件图 表达标准零部件之外的每一零件的结构形状、尺寸大小以及技术要求等。

（2）部件装配图 表达由若干零件组成的非标准部件的结构形状、装配关系、必要的尺寸、加工要求、检验要求等，如设备的密封装置。

（3）设备装配图 表达一台设备的结构、形状、技术特性、各部件之间的相互关系以及必要的尺寸、制造要求及检验要求等。

（4）总装配图（总图） 表示一台复杂设备或表示相关联的一组设备的主要结构特征、装配连接关系、尺寸、技术特性等内容的图样。

当设备装配图能体现总图的内容时，通常可以不画总图。

2. 化工设备图的作用和内容

（1）化工设备图的作用 一般的机械制造依据零件图加工零件，装配图则用于装配和安装。绝大部分化工设备的制造工艺主要是用钢板卷制、开孔及焊接等，通常可直接根据化工设备图进行制造。因此，化工设备图的作用是用来指导设备的制造、装配、安装、检验以及使用和维修等。

（2）化工设备图的内容 认真观察图2-1（见书后插页的大图），总结图中所示的化工设备——液氨贮罐图中包括的基本内容。

一般情况下，化工设备图通常包括以下内容：

① 标题栏。用来填写该设备的名称、主要规格、作图比例、图样编号等内容。

② 零部件编号及明细栏。组成该设备的所有零部件必须按顺时针或逆时针方向依次编号，并在明细栏内填写每一项编号零部件的名称、规格、材料、数量、重量以及有关图号等内容。

③ 管口符号及管口表。设备上所有管口均需注出管口符号，并在管口表中列出各管口的有关数据和用途等。

④ 技术特性表。技术特性表中应列出设备的主要工艺特性，如操作压力、操作温度、设计压力、设计温度、物料名称、容器类别、腐蚀裕量、焊接接头系数等。

⑤ 技术要求。用文字说明设备在制造、检验、安装、运输等方面的特殊要求。

⑥ 一组视图。用来表达设备的结构形状、各零部件之间的装配连接关系，视图是图样的主要内容。

⑦ 必要尺寸。图上注写表示设备的总体大小、规格、装配和安装等尺寸数据，为制造、装配、安装、检验等提供依据。

⑧ 其他。如图纸目录、修改表、选用表、设备总量、特殊材料重量、压力容器设计许可证章等。

3. 化工设备的结构特点

化工设备种类较多，常见的化工设备有机械搅拌釜、换热器、容器、塔器等（见图2-2）。

常见化工设备

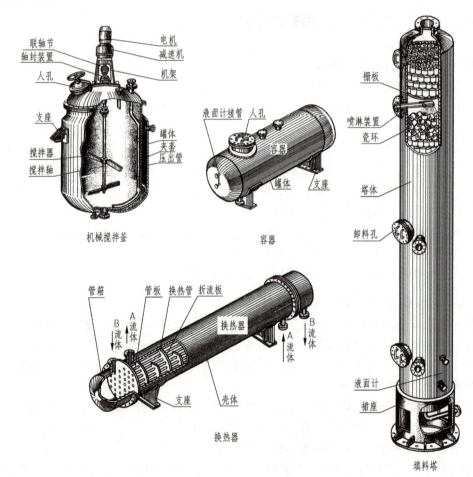

图2-2 常见化工设备图

这些设备虽然结构、尺寸及安装方式不同，但各类设备的基本形状，采用的主要部件都有以下共同特点。

① 设备的主体结构形状大部分以回转壳体为主。为了满足承压的要求和制造的方便，化工设备的壳体通常采用回转壳体，如圆筒形壳体、椭圆形壳体、碟形壳体、圆锥形壳体等，这类壳体都是回转壳体。

② 设备的主体和局部结构尺寸相差悬殊。设备的总体尺寸与某些部件或细部的尺寸相差悬殊，如筒体的直径、长度与壁厚，接管与焊缝，这类尺寸有时相差几十倍甚至几百倍。

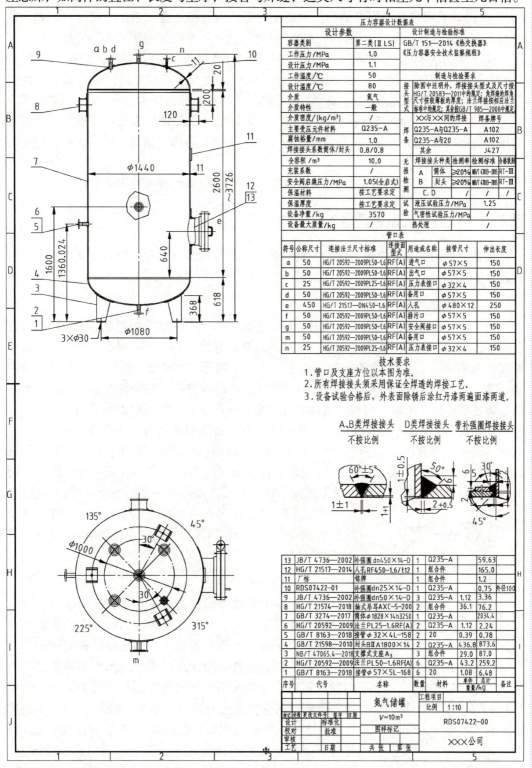

图2-3 氮气储罐图纸

③ 壳体上有较多的开孔和接管。根据工艺过程的要求，设备上有较多的开孔和接管，如进（出）料管、压力表接管、温度计接管、液位计接管、人孔、排污管等。

④ 设备采用较多的焊接结构。设备上各部件的连接，通常采用焊接结构，如筒体与封头、筒体与各种接管、筒体与支座、接管与法兰等部位的连接都采用焊接结构。

⑤ 广泛采用标准化零部件。化工设备中的常用零部件，有很强的通用性，因为用量较大，同时为了便于加工，较多的零部件已经标准化，国家相关部门制定了相应的标准，如压力容器的封头、支座、法兰、补强圈、人（手）孔、视镜、液面计、填料箱等。

⑥ 对密封结构要求较高。化工设备经常拆卸的地方需设计成可拆性连接，若设备的压力较高或真空度较高，或设备中的物料具有易燃、易爆、剧毒、强腐蚀性，则连接面有较高的密封要求。

由于化工设备存在上述结构特点，化工设备图必须规定特殊的表达方法。

活动二　认识化工设备图的表达方法

化工设备图是按正投影方法绘制的，但由于其结构特点，化工设备图又有其特殊的表达方法。

1. 基本视图的配置

由于化工设备的结构大多为回转壳体，因此在图纸上一般采用两个基本视图表达设备的主体结构。主视图采用全剖视图，表达设备的总体结构，另一视图根据设备的结构及安装位置确定。立式设备一般采用主、俯两个视图，如图2-3所示；卧式设备采用主、左（右）两个视图，如图2-1所示；当设备较高或较长，其俯视图或左（右）视图按投影位置安排不下时，可将俯视图或左（右）视图安排在图纸幅面的其他空白处，但应注明视图名称，也可绘制在另一张图纸上，此时需在两张图纸上注明视图的关系。

当设备所需的视图较多时，允许将部分视图分别画在数张图纸上，但主要视图及该设备的明细栏、技术要求、技术特性表和管口表等内容均应安排在第一张图纸上。同时，应在每张图纸的附注中说明视图间的相互关系。如在第一张图纸上写明：左视图、A向视图及$B—B$剖面图见××-××（上述视图、剖面图所在图号）图纸；而在第二张图纸上写明：主视图见××-××（主视图所在图号）图纸等字样。

2. 多次旋转表达法

化工设备上有较多接管，为了在主视图上表示接管与壳体的连接关系，表示接管在壳体的圆周方向及高度方向的位置，可采用多次旋转表达法。多次旋转即假想将设备周向分布的接管及其他附件按《机械制图》国家标准中规定的旋转法，分别按不同方向旋转到与正投影面平行的位置，得到反映它们实形的视图。如图2-4所示，人孔b是按逆时针方向（从俯视图看）假想旋转45°、液面计（a_1、a_2）是按顺时针方向旋转30°、法兰c是按逆时针方向旋转30°之后，在主视图上画出的。采用多次旋转的表达方法时，一般不作标注。但这些结构的轴向方位要以管口方位图

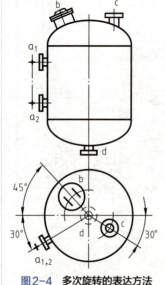

图2-4　多次旋转的表达方法

（或俯、左视图）为准。注意：多次旋转不能出现重叠现象，如无法避免，则需要用其他剖视图来表达。

为了避免混乱，在不同的视图中同一接管或附件应用相同的小写英文字母编号。图中规格、用途相同的接管或附件可共用同一字母，用阿拉伯数字作脚标，以示个数。

3.局部结构的表达方法

化工设备的某些细部结构，其尺寸与总体结构尺寸相比相差悬殊，如设备壁厚、接管、焊缝，这些部位按图样比例绘制，很难表达出其详细结构。因此，化工设备图中对细部结构可采用夸大画法或局部放大图。

（1）夸大画法　化工设备图的总体比例缩小后，设备和管道的壁厚、垫片、管法兰等细部很难在图样中表达清楚，通常缩小成单线条，为了阅读方便，在不改变这些结构实际尺寸又不致引起误解的前提下，在图样中可以作适当的夸大，即画成双线条。夸大画法在化工设备图中经常用到。如图2-5所示，图中尺寸 ϕ1200mm 与 6mm 的比例关系明显不是 200 倍，这就是夸大画法。

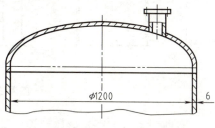

图2-5　夸大画法

（2）局部放大图　对于设备上某些细小的结构，按总体尺寸所选定的绘图比例无法表达清楚时，可采用局部放大的画法，按比例放大把局部部位绘制成局部视图、剖视图或剖面图。在局部放大图中，剖切部位应标注清楚；放大的比例尽可能选择推荐值，也可以自选，但都要标注；不按比例绘制时，可标注"不按比例"，标注的内容包括局部放大图的编号（罗马数字）、比例。如图2-6（a）所示为裙座的局部放大图。焊接结构的局部放大图又称节点图，如图2-6（b）所示。

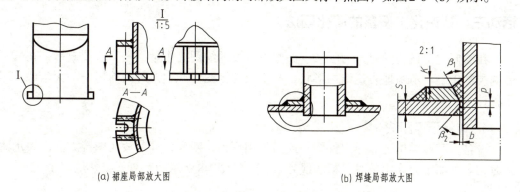

(a) 裙座局部放大图　　　　　　(b) 焊缝局部放大图

图2-6　局部放大图

4. 整体、断开和分段（层）的表达方法

为了表达设备的完整形状、有关结构的相对位置和尺寸，可采用设备整体的示意画法，即按比例用单线（粗实线）画出设备外形和必要的设备内件，并标注设备的总体尺寸、各管口的标高尺寸及主要零部件的定位尺寸，如图2-7（a）所示。

对于某些形体较高或较长的设备，如塔、换热器等，为了采用较大比例清楚地表达设备结构，又合理地利用图纸，可用断开画法，即用双点画线将设备中重复出现的结构或相同结构断开，除去相同部分，使图形缩短，简化绘图，如图2-7（b），采用断开画法后，可把内部结构表示得更清楚。

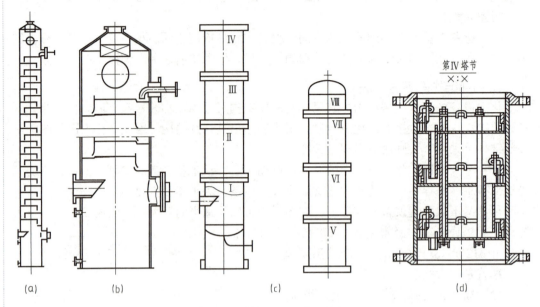

图2-7 整体、断开及分层画法

有些设备（如塔）形体较长，又不适于用断开画法。为了合理地选用比例和充分利用图纸，可把整个设备分成若干段（层）画出，如图2-7（c）所示。对于较高的塔设备，如果使用了断开画法，其内部结构仍然未表达清楚时，则可将某塔节（层）用局部放大图的方法表达，如图2-7（d）所示。

活动三　认识化工设备的简化画法

在绘制化工设备图时，为了减少一些不必要的绘图工作量，提高绘图效率，在既不影响视图正确、清晰地表达结构形状，又不致使读图者产生误解的前提下，大量地采用了各种简化画法。

1. 单线示意画法

设备上某些结构已有零部件图，或另外用剖视、断面、局部放大图等方法已表示清楚时，装配图上允许用单线（粗实线）表示。如图2-8所示的列管式换热器。

列管式换热器的单线示意画法

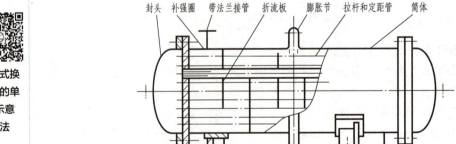

图2-8　列管式换热器的单线示意画法

2. 管法兰的简化画法

化工设备图中，不论法兰的连接面是什么形式（平面、凹凸面、榫槽面），在装配图中管法兰均可采用图2-9所示的简化画法。

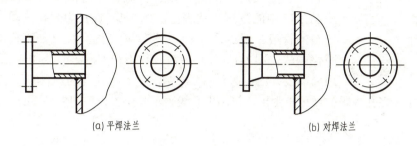

图2-9 管法兰的简化画法

3. 重复结构的简化画法

（1）螺栓孔和螺栓连接的简化画法　螺栓孔可用中心线和轴线表示，而圆孔的投影则可省略不画，如图2-10（a）所示。装配图中的螺栓连接可用符号"×"（粗实线）表示，若数量较多，且均匀分布时，可以只画出几个符号表示其分布方位，如图2-10（b）所示。在明细栏中应注写其名称、标准号、数量及材料。

（2）填充物的表示方法　当设备中装有同一规格的材料和同一堆放方法的填充物时，在剖视图中，可用交叉的细实线表示，同时注写规格和堆放方法；对装有不同规格的材料或不同堆放方法的填充物，必须分层表示，并分别注明填充物的规格和堆放方法，如图2-11所示。必要时可用局部剖视图表达其细部结构。

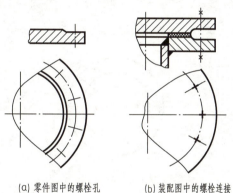

图2-10 螺栓孔和螺栓连接的简化画法

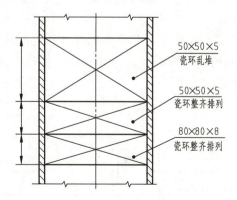

图2-11 填充物的表示方法

（3）管束的表示方法　当设备中有密集的管子，且按一定的规律排列或成管束时，

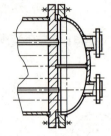

图2-12 管束的表示方法

在装配图中可只画出其中一根或几根管子,其余管子均用中心线表示,如图2-12所示。

(4) 管板、折流板的画法 按一定规律排列并且孔径相同的孔板,如换热器中的管板、折流板、塔器中的塔板等,可以按图2-13中的方法简化表达。图2-13(a)为圆孔按同心圆均匀分布的管板;图2-13(b)为要求不高的孔板(如筛板塔盘)的简化画法;图2-13(c)为对孔数不作要求,只要画出钻孔范围,用局部放大图表达孔的分布情况,并标注孔径及孔间距定位尺寸;在剖视图中,多孔板眼的线可不画出,仅用中心线表示其位置,如图2-13(d)所示。

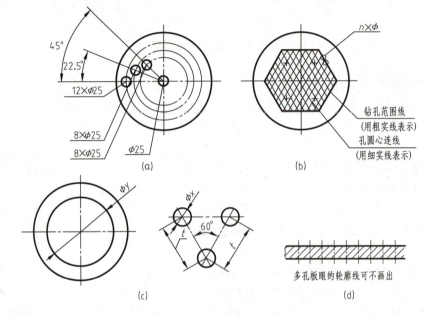

图2-13 孔板的简化画法

(5) 标准零部件和外购零部件的简化画法 标准零部件都有标准图,在化工设备图中不必详细画出,可按比例画出其外形特征的简图,如图2-14所示,同时在明细栏中注写名称、规格、标准号等。

外购零部件在化工设备装配图中,只需根据尺寸按比例用粗实线画出其外形轮廓简图,如图2-15所示,同时在明细栏中注明其名称、规格、主要性能参数和"外购"字样。

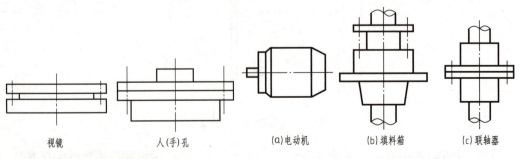

图2-14 标准零部件的简化画法   图2-15 外购零部件的简化画法

(6) 液面计的简化画法　化工设备图中液面计可用点画线示意表达，并用粗实线画出"+"符号表示其安装位置，如图2-16所示。图2-16（a）为立式容器中单组液面计的简化画法，图2-16（b）为立式容器中双组液面计的简化画法。但要求在明细栏中注明液面计的名称、规格、数量及标准号等。

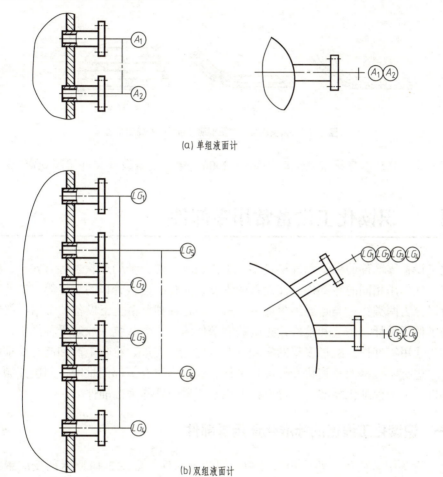

图2-16　液面计的简化画法

(7) 设备涂层、衬里剖视（断面）的画法

① 薄涂层（指搪玻璃、涂漆、喷镀金属及喷镀塑料等）在图样中不编件号，仅在涂层表面侧面画与表面平行的粗点画线，用文字注明涂层的内容。如图2-17（a）所示。

② 薄衬层（指衬橡胶、衬石棉板、衬聚氯乙烯薄膜、衬铅、衬金属板等），在薄衬层表面侧面画与表面平行的细实线，如图2-17（b）所示。两层或两层以上的薄衬层，仍只画一条细实线，衬层材料相同时，在明细栏的备注栏注明厚度和层数，只编一个件号。衬层材料不同时，在明细栏的备注栏注明各层厚度和层数，应分别编件号。

③ 厚涂层（指各种胶泥、混凝土等）和厚衬层（指耐火砖、耐酸板和塑料板等）在装配图中是用局部放大图来表示其结构和尺寸的，如图2-17（c）、（d）所示。厚衬层中一般结构的灰缝以单粗实线表示，特殊要求的灰缝用双粗实线表示，如图2-17（e）所示。

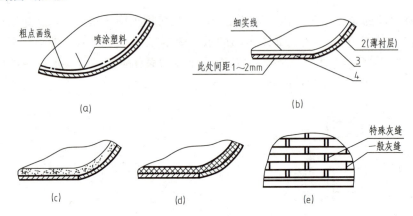

图2-17 设备涂层、衬里剖视（断面）的简化画法

其他简化画法参考标准HG/T 20668—2000《化工设备设计文件编制规定》。

课题二 识读化工设备常用零部件

化工设备零部件的种类和规格较多，工艺要求不同，结构形状也各有差异，但这些设备有一些作用相同的零部件，如设备的支座、人孔、连接管口的法兰等。这些零部件总体可以分为两类：一类是通用零部件，另一类是各种典型化工设备的常用零部件。

为了便于设计、制造和检修，把这些零部件的结构形状统一成若干种规格，相互通用，称为通用零部件。经过多年的实践，对结构比较先进、符合生产和制造要求的通用零部件，进行了规格的系列化和标准化工作，经过国家有关部门批准，制定并颁布标准的零部件，称为标准化零部件，符合标准规格的零部件称为标准件。

活动一 识读化工设备的标准化通用零部件

化工设备中常使用一些作用和结构相同的零部件，如图2-18所示的反应罐，它包含筒体、封头、支座、法兰、人（手）孔、接管及补强圈等零部件。为了便于设计、互换及批量生产，这些零部件都已经标准化、系列化，并在各种化工设备上通用。标准文件分别规定了这些零部件在各种条件（如压力大小、使用要求等）下的结构形状和各部分尺寸，这些零部件的设计、制造、检验、使用都以标准文件为依据。

熟悉这些零部件的基本结构以及有关标准，有助于提高阅读化工设备图样的能力。

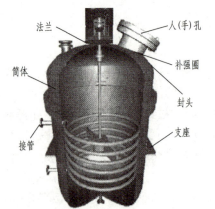

图2-18 反应罐

1. 筒体

化工设备中，筒体是主体部分，通常为圆柱形。除一些高压或特殊设备外，一般由钢板卷焊而成（特殊或高压设备的筒体除外）。当直径小于500mm时，可采用无缝钢管作筒体。筒体较长时，可由多个筒节焊接组成，

也可用设备法兰连接组装。

圆柱形筒体的主要尺寸是公称直径、高度（或长度）和壁厚，筒体直径应符合GB/T 9019—2015《压力容器公称直径》中所规定的尺寸系列。以内径为基准的压力容器公称直径按表2-1的规定选取，此压力容器的公称直径指容器圆筒的内径。以外径为基准的压力容器的公称直径，按表2-2的规定选取。

筒体在视图表达中经常采用夸大的表达方法来绘制筒体的壁厚，使用断开和分段（层）的表达方法缩短筒体总长的绘制，以简化作图。

GB/T 9019—2015

表2-1　压力容器公称直径（内径为基准）　　　　　　　单位：mm

公称直径									
300	350	400	450	500	550	600	650	700	750
800	850	900	950	1000	1100	1200	13200	1400	1500
1600	1700	1800	1900	2000	2100	2200	2300	2400	2500
2600	2700	2800	2900	3000	3100	3200	3300	3400	3500
3600	3700	3800	3900	4000	4100	4200	4300	4400	4500
4600	4700	4800	4900	5000	5100	5200	5300	5400	5500
5600	5700	5800	5900	6000	6100	6200	6300	6400	6500
6600	6700	6800	6900	7000	7100	7200	7300	7400	7500
7600	7700	7800	7900	8000	8100	8200	8300	8400	8500
8600	8700	8800	8900	9000	9100	9200	9300	9400	9500
9600	9700	9800	9900	10000	10100	10200	10300	10400	10500
10600	10700	10800	10900	11000	11100	11200	11300	11400	11500
11600	11700	11800	11900	12000	12100	12200	12300	12400	12500
12600	12700	12800	12900	13000	13100	13200			

注：GB/T 9019—2015不限制在此标准直径系列外其他直径圆筒的使用。

表2-2　压力容器公称直径（外径为基准）　　　　　　　单位：mm

公称直径	150	200	250	300	350	400
外径	168	219	273	325	356	406

筒体在明细栏中一般作如下标记：

筒体　公称直径×壁厚　$H(L)$=筒体高（长）

其中公称直径用DN加尺寸数字表达，H或L分别表示筒体的高或长。

示例1

明细栏标记：筒体DN1000×10　H=2000

表示：筒体公称直径为1000mm，壁厚10mm，筒体高度为2000mm。

示例2

明细栏标记：筒体DN600×8　L=2000　Q235-A　GB/T 9019—2015

表示：公称直径600mm，壁厚8mm，长2000mm，材料Q235-A，标准号GB/T 9019—2015。

2. 封头

封头是设备的重要组成部分，它与筒体一起构成设备的壳体。封头与筒体可以直接焊接，形成不可拆卸的连接，也可以分别焊上法兰，用螺栓、螺母锁紧，构成可拆卸的连接。

压力容器封头可参考《压力容器封头》(GB/T 25198—2023)。常见的封头形式有半球形封头(HHA)、椭圆形封头(EHA、EHB)、碟形封头(THA、THB)、球冠形封头(SDH)、平底形封头(FHA)及锥形封头[CNA(α)、CSA(α)、CDA(α)],部分封头断面形状及类型代号如图2-19所示,它们多数已标准化。其中椭圆形封头使用最为广泛,锥形封头用于黏度较大的介质,有利于出料。

GB/T 25198— 2023

封头 实物图

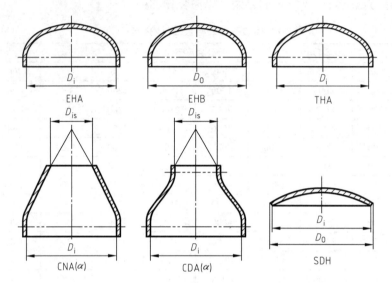

图2-19 封头断面形状及类型代号

在视图表达中也经常采用夸大的表达方法来绘制封头的壁厚。封头的公称直径与筒体相同,故设备图中的封头的尺寸一般不单独标注。

标记方法:

封头类型代号　封头直径×封头名义厚度(设计文件上标注或订货技术文件规定的封头最小成形厚度)-封头的材料牌号　标准号

示例1

明细栏标记:EHB 325×12(10.4)-Q345R　GB/T 25198—2023

表示:公称直径325mm、封头名义厚度12mm、封头最小成形厚度10.4mm、材质为Q345R、以外径为基准的椭圆形封头。

示例2

明细栏标记:THA 2400×20(18.2)-Q345　GB/T 25198—2023

表示:公称直径2400mm、封头名义厚度20mm、封头最小成形厚度18.2mm、R_i=$1.0D_i$、r_i=$0.10D_i$,材质为Q345R的以内径为基准的碟形封头。

示例3

明细栏标记:CHA(60)2400/1000×14(11.6)-Q325R　GB/T 25198—2023

表示:大端直径2400mm、小端直径1000mm,半顶角60°、名义厚度14mm,封头最小成形厚度11.6mm、材质为Q325R的锥形封头。

3. 支座

设备支座用来支承设备的重量并固定设备的位置。支座一般分为立式设备支座、卧式设备支座两大类。每类又按设备的结构形状、安放位置、材料和载荷情况而有多种形式。

常见的标准化支座有鞍式支座、腿式支座、耳式支座、支承式支座和刚性环支座。

(1) 鞍式支座　鞍式支座（简称鞍座）可作为卧式容器的支座。结构如图2-20所示，主要由一块竖板支承着一块弧形板（与设备外形相贴合），竖板焊在底板上，中间焊接若干块肋板，组成鞍式支座，以承受设备的负荷。弧形板起着垫板的作用，可改善受力分布情况。但当设备直径较大，壁厚较薄时，还需另衬加强板。

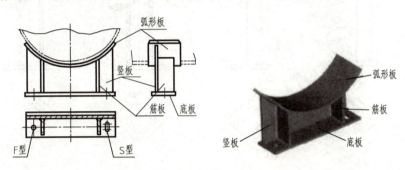

图2-20　鞍式支座

卧式设备一般用两个鞍式支座支承。当设备过长，超过两个支座允许的支承范围时，应增加支座数量。

鞍式支座分为轻型（代号A）和重型（代号B）两种。重型鞍式支座按制作方式、包角及附带垫板情况分为5种型号，各种型号的鞍式支座可参考标准《容器支座　第1部分：鞍式支座》(NB/T 47065.1—2018)。鞍式支座分为固定式（代号F）和滑动式（代号S）两种安装形式，F型和S型的主要区别在于地脚螺栓孔；F型是圆形孔，S型是长圆孔。F型和S型常配对使用，其目的是在容器因温差膨胀或收缩时，S型滑动式支座可以滑动调节两支座间距，而不致使容器受附加应力作用。鞍式支座的主要性能参数为公称直径DN（mm）、鞍座高度h（mm）和结构形式。

标记方法：

标准号　鞍座型号　公称直径-鞍座安装形式

示例1

明细栏标记为：NB/T　47065.1—2018　鞍式支座BV325—F　Q345R

表示：DN325mm，120°包角，重型不带垫板的标准尺寸的弯制固定式鞍座，鞍式支座材料为Q345R。

示例2

明细栏标记为：NB/T　47065.1—2018　鞍式支座BⅡ1600—S，h=400，δ_4=12，l=60　Q235B/S30408

表示：DN1600mm，150°包角，重型滑动鞍式支座，鞍式支座材料Q235B，垫板材料S30408，鞍式支座高度为400mm，垫板厚度为12mm，滑动长孔长度为60mm。

(2) 腿式支座　腿式支座是压力容器支座类型中的一种，用于立式设备。其结构由

NB/T 47065.2—2018

腿式支座实物图

一块底板、一块盖板、一个支柱焊接而成,如图2-21所示。底板上有螺栓孔,用螺栓固定设备于地基之上。一般在设备周围均匀分布三个腿式支座,大一点的设备可以用四个。腿式支座有A型、AN型(不带垫板)、B型、BN型(不带垫板)、C型、CN型(不带垫板)六种结构。腿式支座型式特征、系列参数及尺寸可参考标准《容器支座 第2部分:腿式支座》(NB/T 47065.2—2018)。

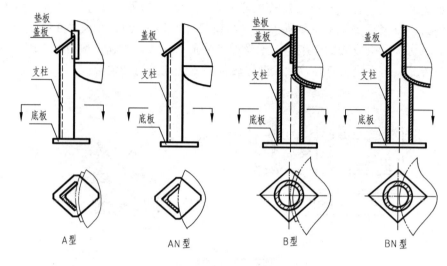

图2-21 腿式支座

标记方法:

标准号　支腿型号　支座号-支承高度-垫板厚度

示例1

明细栏标记为:NB/T 47065.2—2018　支腿AN3-900

表示:容器公称直径DN800mm,角钢支柱支腿,不带垫板,支承高度h为900mm。

示例2

明细栏标记为:NB/T 47065.2—2018　支腿B4-1000-10

表示:容器公称直径DN1200mm,角钢支柱支腿,带垫板,垫板厚度δ_a为10mm,支承高度h为1000mm。

示例3

明细栏标记为:NB/T 47065.2—2018　支腿CN4-2000

表示:容器公称直径DN1600mm,H型钢支柱支腿,不带垫板,支承高度h为2000mm。

(3)耳式支座　耳式支座一般用于支承在钢架、墙体或梁上的以及穿越楼板的立式容器,支脚板上有螺栓孔,用螺栓固定设备。其结构如图2-22、图2-23所示。为了改善支承的局部应力情况,在肋板与筒体之间加一垫板,以增加受力部分的面积。一般用四个均匀分布的支座,安装后使设备成悬挂状。但当容器直径小于或等于700mm时,支座数量允许采用两个。耳式支座的型式特征、系列参数及尺寸可参考标准《容器支座 第3部分:耳式支座》(NB/T 47065.3—2018)。

耳式支座有A型、B型、C型结构。A型带短臂,适用于一般立式设备;B型带长臂，适用于带保温层的立式设备；C型带加长臂。

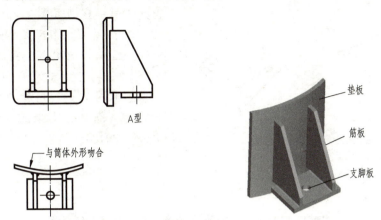

耳式支座实物图

NB/T 47065.3—2018

图2-22 A型耳式支座

标记方法：

标准号　支座型号-支座号　材料代号

示例1

明细栏标记为：NB/T 47065.3—2018 耳式支座A3-Ⅰ　Q235A

表示：A型，3号耳式支座，支座材料为Q235A，垫板材料为Q235A。

示例2

明细栏标记为：NB/T 47065.3—2018 耳式支座B3-Ⅱ，δ_3=12　Q235B/S30408

表示：B型，3号耳式支座，支座材料为Q235B，垫板材料为S30408，垫板厚12mm。

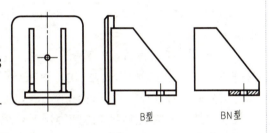
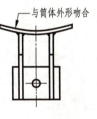

图2-23 B型耳式支座

（4）支承式支座　支承式支座多用于安装在距地坪或基准面较近的具有椭圆式封头或碟形封头的立式容器。其结构如图2-24所示。它由两块竖板及一块底板组成，竖板焊于设备的下封头上，底板搁在地基上，并用地脚螺栓加以固定。支承式支座的数量一般采用三个或四个均布。

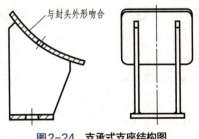

图2-24 支承式支座结构图

图2-25 A型支承式支座

支承式支座实物图

支承式支座结构有A型、B型两种。A型（图2-25）由钢板焊制，用于承载16kN、

NB/T 47065.4—2018

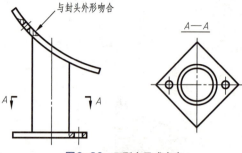

图2-26 B型支承式支座

27kN、54kN、70kN、180kN、250kN共6个支座号；B型（图2-26）由钢管制作，用于承载32kN、49kN、95kN、173kN、220kN、270kN、312kN、366kN共8个支座号。支承式支座型式特征、系列参数及尺寸等内容可参考标准《容器支座 第4部分：支承式支座》（NB/T 47065.4—2018）。

标记方法：

标准号 支座型号 支座号

示例1

明细栏标记为：NB/T 47065.4—2018 支座A 3 Q235B/Q245R

表示：钢板焊制的3号支承式支座，支座材料和垫板材料为Q235B和Q245R。

示例2

明细栏标记为：NB/T 47065.4—2018 支座B 4，h=600，δ_3=12 10，Q235B/S30408

表示：钢管制作的4号支承式支座，支座高度为600mm，垫板厚度为12mm。钢管材料为10钢，底板材料为Q235B，垫板材料为S30408。

(5) 刚性环支座 在石油化工、煤化工装置中，刚性环支座的使用越来越广泛。对安装在框架上的立式大直径薄壁容器，若承受的外载荷比较大，选用耳式支座时壳体的局部应力超标导致设计不合理或不经济，或设备操作时承受负压作用，一般需考虑选用刚性环支座。刚性环支座是由顶环、底环、底板和筋板组成的结构，刚性环支座在必要时可设置垫板。当容器公称直径DN≤800mm时，支座可设置2~3个支耳；当DN>800mm时，支耳数量不少于4个，且宜为偶数。按容器公称直径分为A型（轻型）、B型（重型）两个系列。支座型号和选用、材料代号等可参考标准《容器支座 第5部分：刚性环支座》（NB/T 47065.5—2018）。

NB/T 47065.5—2018

标记方法：

标准号 刚性环支座 支座型式系列 设备公称直径-支耳数量-材料代号-垫板厚度

示例1

明细栏标记为：GB/T 47065.5—2018 刚性环支座 A2000-4-Ⅰ-16 Q235B/Q345R

表示：设备公称直径为2000mm，A型，支座材料为Q235B，垫板材料为Q345R，支耳数量为4，垫板厚度为16mm。

示例2

明细栏标记为：GB/T 47065.5—2018 刚性环支座 B5200-8-Ⅴ-24 Q345C/S30408

表示：设备公称直径为5200mm，B型，支耳数量为8个，支座材料为Q345C，垫板材料为S30408，垫板厚度为24mm。

法兰实物图

4. 法兰

法兰连接是可拆连接的一种。由于法兰连接有较好的强度和密封性，适用范围也较广，因而在化工企业中应用较为普遍。

法兰是法兰连接中的一个主要零件。法兰就是连接在筒体、封头或接管一端的一个圆盘，盘缘上均匀分布有若干个螺栓孔。在化工设备中，筒体之间、接管之间或筒体与封头之间通过一对法兰用螺栓连接在一起，法兰的接触面之间通过添加垫片以使连接处不泄漏。所谓法兰连接是指由一对法兰、密封垫片、螺栓、螺母和垫圈等零件组成的可拆连接。

化工设备用的标准法兰有两类：管法兰和压力容器法兰（又称设备法兰）。前者用于管道的连接，后者用于设备筒体（或封头）的连接。标准法兰的主要参数是公称直径（DN）和公称压力（PN），管法兰的公称直径应与所连接管子的公称直径相一致。管子的公称直径DN和钢管外径按表2-3的规定选用。压力容器法兰的公称直径应与所连接筒体（或封头）的公称直径（通常是指内径）相一致。所以，这两类标准法兰即使公称直径相同，它们的实际尺寸也是不一样的，选用时必须注意区别，相互并不通用。如果设备筒体是由无缝钢管制成时，则应选用管法兰的标准。

表2-3 公称直径和钢管外径　　　　　　单位：mm

公称直径DN		10	15	20	25	32	40	50	65	80
钢管外径	A	17.2	21.3	26.9	33.7	42.4	48.3	60.3	76.1	88.9
	B	14	18	25	32	38	45	57	76	89
公称直径DN		100	125	150	200	250	300	350	400	450	500
钢管外径	A	114.3	139.7	168.3	219.1	273	323.9	355.6	406.4	457	508
	B	108	133	159	219	273	325	377	426	480	530
公称直径DN		600	700	800	900	1000	1200	1400	1600	1800	2000
钢管外径	A	610	711	813	914	1016	1219	1422	1626	1829	2032
	B	630	720	820	920	1020	1220	1420	1620	1820	2020

注：A系列为国际通用系列（俗称英制管），B系列为国内沿用系列（俗称公制管）。

（1）管法兰　管法兰用于管道间以及设备上的接管与管道的连接。法兰类型及其代号如图2-27和表2-4所示。法兰类型包括：板式平焊法兰、带颈平焊法兰、带颈对焊法兰、整体法兰、承插焊法兰、螺纹法兰、对焊环松套法兰、平焊环松套法兰、法兰盖和衬里法兰盖。

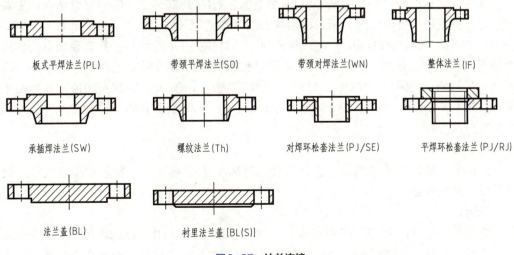

图2-27　法兰连接

表2-4　法兰类型代号

法兰类型代号	法兰类型	法兰类型代号	法兰类型
PL	板式平焊法兰	Th	螺纹法兰
SO	带颈平焊法兰	PJ/SE	对焊环松套法兰
WN	带颈对焊法兰	PJ/RJ	平焊环松套法兰
IF	整体法兰	BL	法兰盖
SW	承插焊法兰	BL(S)	衬里法兰盖

法兰密封面形式主要有突面（代号为RF）、凹面（FM）、凸面（M）、榫面（T）、槽面（G）、全平面（FF）和环连接面（RJ）等，如图2-28及表2-5所示。突面型密封的密封面为平面，在平面上制有若干圈三角形小槽，以增加密封效果；凹凸面密封的密封面由一凸面和凹面配对，凹面内放置垫片，密封效果比平面型好；榫槽型密封的密封面由一榫形面和一槽形面配对，垫片放榫槽中，密封效果最好，但加工和更换要困难些。

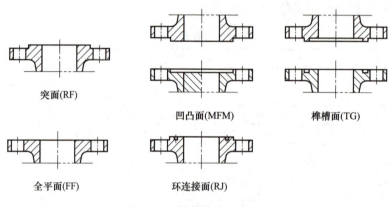

图2-28　密封面型式及其代号

表2-5　密封面型式及代号

密封面型式	突面	凹面	凸面	榫面	槽面	全平面	环连接面
代号	RF	FM	M	T	G	FF	RJ

管法兰的标准为《钢制管法兰（PN系列）》（HG/T 20592—2009）。管法兰的主要参数为公称直径、公称压力、密封面型式和法兰类型等（公称压力系列为PN2.5、PN6、PN10、PN16、PN25、PN40、PN63、PN100、PN160共9个等级）公称直径根据公称压力的不同有不同的系列。Class（美洲系列）根据需要可参考标准《钢制管法兰（Class系列）》（HG/T 20615—2009）。另外，《钢制管法兰》（GB/T 9124—2019）分为两个部分：第1部分为PN系列；第2部分为Class系列。本教材以HG/T 20592~20635—2009为主进行识读。

标记方法：

标准号　法兰（或法兰盖）类型代号　公称尺寸-公称压力　密封面型式代号　钢管壁厚　材料牌号

示例1

明细栏标记为：HG/T 20592　法兰　PL　1200(B)-6　RF　Q235A

表示：公称尺寸DN1200mm、公称压力PN6、配用公制管的突面板式平焊钢制管法兰，材料为Q235A。

示例2

明细栏标记为：HG/T 20592 法兰 WN 100(B)-100 FM S=8mm 16Mn

表示：公称尺寸DN100mm、公称压力PN100、配用英制管的凹面带颈对焊钢制管法兰，材料为16Mn，钢管壁厚为8mm。

示例3

明细栏标记为：HG/T 20592 法兰 PJ/SE 200（B）-10 RF S=4mm 20/316

表示：公称尺寸DN200mm、公称压力PN10、配用公制管的突面对焊环松套钢制管法兰，法兰材料为20钢、对焊环材料为316，钢管壁厚为4mm。

（2）压力容器法兰 压力容器法兰用于设备筒体与封头的连接。一般分为平焊和对焊两大类，其中平焊法兰又分为甲型和乙型两类。密封面的型式有平密封面、凹凸密封面和榫槽密封面三种，代号与管法兰相同。另外有三种相应的衬环密封面（代号为"C-"加上相应的密封面代号）。

标记方法：

法兰名称及代号-密封面型式代号 公称直径-公称压力/法兰厚度-法兰总高度 标准号

示例1

明细栏标记：法兰T 800-1.60 NB/T 47022—2012

表示：公称压力为1.60MPa，公称直径为800mm的榫槽密封面乙型平焊法兰的榫面法兰。

示例2

明细栏标记：法兰C-T 800-1.60 NB/T 47022—2012

表示：公称压力为1.60MPa，公称直径为800mm的榫槽密封面乙型平焊带衬环型法兰的榫面法兰。

NB/T 47020~47027—2012

5. 人孔和手孔

人孔和手孔是在化工设备中设置的便于安装、检修或清洗设备内部的结构装置。人孔和手孔的结构基本上相同，仅有尺寸大小的差异。常见的人（手）孔一般由手柄、法兰盖、法兰、短管和密封垫片以及紧固螺栓、螺母与垫圈共同组成，其基本结构如图2-29所示。手孔直径一般为150~250mm，应使工作人员戴上手套并握有工具的手能很方便地通过，标准化手孔的公称直径有DN150mm、DN250mm两种。

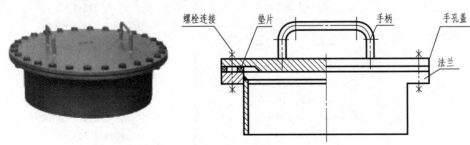

图2-29 手孔的基本结构

手孔实物图

当容器的公称直径大于等于1000mm且筒体与封头为焊接连接时，容器应至少设置一个人孔。公称直径小于1000mm且筒体与封头为焊接连接时，容器应单独设置人孔或手孔。人孔的大小及位置应考虑工作人员进出方便。从结构外形区分，人孔的形状有圆形和椭圆形两种，圆形人孔制造方便，应用较为广泛；椭圆形人孔制造较困难，但对壳体强度削弱较小。以工作环境区分，可分为常压和加压两类。不同人孔及手孔结构形式的主要区别是孔盖的开启方式和方位。

为减小对壳体强度的削弱和减少密封面，人孔尺寸要求尽量小。圆形人孔最小尺寸为400mm，椭圆形人孔的最小尺寸为400mm×300mm，直径较大、压力较高的设备，一般选用直径为400mm的人孔；压力不高的设备可选取直径为450mm的人孔；严寒地区的室外设备或有较大内件的更换要从人孔取出的设备，可选用直径为500mm或600mm的人孔。

人孔、手孔结构形式的选择应根据孔盖的开启频繁程度、安装位置、密封性要求、盖的重量及开启时占据的空间等因素决定。

孔盖需要经常开闭时，宜选用快开式人孔、手孔结构。图2-30是一种碳素钢椭圆形回转盖快开人孔的结构。其主要特点是盖的一端有铰链，可以自由回转启闭，还采用了活节螺栓，为快速启闭提供了方便。

人孔和手孔的种类较多，若选用标准件时，钢制人孔、手孔可查阅标准HG/T 21514~21535—2014《钢制人孔和手孔》；衬不锈钢人孔、手孔可查阅标准HG/T 21594~21604—2014《衬不锈钢人孔和手孔》。人孔、手孔的主要性能参数为公称压力、公称直径、密封面型式及代号等。常用人孔分类及标准号见表2-6，常用手孔分类及标准号见表2-7。

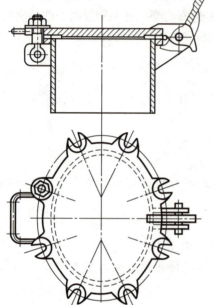

图2-30　椭圆形回转盖快开人孔

表2-6　常用人孔分类及标准号

人孔类型	结构特征	标准号
常压人孔		HG/T 21515—2014
回转盖人孔	板式平焊法兰	HG/T 21516—2014
	带颈平焊法兰	HG/T 21517—2014
	带颈对焊法兰	HG/T 21518—2014
吊盖	垂直板式平焊法兰	HG/T 21519—2014
	垂直带颈平焊法兰	HG/T 21520—2014
	垂直带颈对焊法兰	HG/T 21521—2014
	水平板式平焊法兰	HG/T 21522—2014
	水平带颈平焊法兰	HG/T 21523—2014
	水平带颈对焊法兰	HG/T 21524—2014
快开人孔	常压旋柄圆盖	HG/T 21525—2014
	椭圆形回转盖	HG/T 21526—2014
	回转拱盖	HG/T 21527—2014

续表

人孔类型	结构特征	标准号
不锈钢人孔	回转盖衬不锈钢	HG/T 21596—2014
	回转拱盖快开衬不锈钢	HG/T 21597—2014
	水平吊盖衬不锈钢	HG/T 21598—2014
	垂直吊盖衬不锈钢	HG/T 21599—2014
	椭圆快开衬不锈钢	HG/T 21600—2014

表2-7　常用手孔分类及标准号

手孔类型	结构特征	标准号
钢制手孔	常压手孔	HG/T 21528—2014
	板式平焊法兰	HG/T 21529—2014
	带颈平焊法兰	HG/T 21530—2014
	带颈对焊法兰	HG/T 21531—2014
	回转盖带颈对焊法兰	HG/T 21532—2014
	常压快开	HG/T 21533—2014
	旋柄快开	HG/T 21534—2014
	回转盖快开	HG/T 21535—2014
衬不锈钢手孔	平盖手孔	HG/T 21602—2014
	回转盖快开	HG/T 21603—2014
	旋柄快开	HG/T 21604—2014

标记方法：

名称　密封面代号　材料类别代号　紧固螺栓（柱）代号　垫片（圈）代号　非快开回转盖人孔和手孔盖轴耳型式代号　公称直径-公称压力　非标准高度　标准编号

示例1

明细栏标记：人孔　Ⅰ　b（A-XB350）450　HG/T 21515

表示：公称直径DN450mm、H_1=160mm，Ⅰ类材料，采用石棉橡胶板垫片的常压人孔。

示例2

明细栏标记：人孔　Ⅰ　b（A-XB350）450　H_1=190　HG/T 21515

表示：公称直径DN450mm、H_1=190mm（非标准尺寸），Ⅰ类材料，采用石棉橡胶板垫片的常压人孔。

示例3

明细栏标记：人孔　（R-A10）　450　HG/T 21525

表示：公称直径DN450mm、H_1=160mm，采用耐热100℃的不耐油橡胶板垫圈的常压旋柄快开人孔。

示例4

明细栏标记：手孔　Ⅰ　b（NM-XB350）250-6 HG/T　21529

表示：公称压力为PN6（6MPa），公称直径为DN250mm，H_1=190mm，Ⅰ类材料，其中采用六角头螺栓，非金属平垫（不带包边的XB350石棉橡胶板）的板式平焊法兰手孔。

6. 视镜

视镜主要用来观察设备内的物料及其反应情况，也可以作为料面指示镜。视镜作为标准组合部件，由视镜玻璃、视镜座、密封垫、压紧环、螺母和螺柱等组成。供观察用的视镜玻璃夹紧在接缘和压紧环之间，用双头螺柱连接，构成视镜装置。压力容器视镜与容器的连接形式有两种：一种是视镜座外缘直接与容器的壳体或封头相焊，另一种是视镜座由配对管法兰（或法兰凸缘）夹持固定。视镜的基本结构如图2-31所示。

视镜实物图

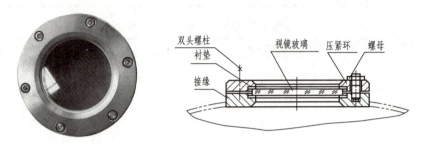

图2-31　视镜的基本结构

常用的有视镜、带颈视镜和压力容器视镜（分别有带颈与不带颈两种）几种，它们的结构如图2-32、图2-33所示。

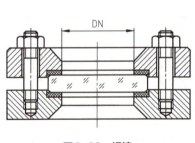

图2-32　视镜

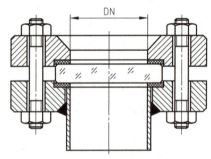

图2-33　带颈视镜

在选择视镜时，尽量采用不带颈视镜，因为此类视镜结构简单，不易结料，窥视范围大。当视镜需要斜装、设备直径较小或受容器外部保温层限制时，采用带颈视镜。压力容器视镜用于公称压力较大的场合（大于0.6MPa），详细内容可参考NB/T 47017—2011《压力容器视镜》。

NB/T 47017—2011

标记方法：

（1）视镜　名称，公称压力，公称直径，视镜材料代号-射灯代号-冲洗代号。

（2）带颈视镜　名称，材料代号，公称压力，公称直径，视镜高度。

（3）衬里视镜　名称，材料代号，公称直径。

示例1

明细栏标记：带颈视镜Ⅲ　PN1.6　DN100　h=100

表示：公称压力为1.6MPa、公称直径为100mm、视镜高度为100mm、材料为不锈钢的带颈视镜。

示例2

明细栏标记：视镜　PN2.5　DN50　Ⅱ-W

表示：公称压力为2.5MPa，公称直径为50mm、材料为不锈钢S30408、不带射灯、带冲洗装置的视镜。

示例3

明细栏标记：视镜　PN0.60　DN200　Ⅱ-SF2-W　S31603

表示：公称压力0.6MPa，公称直径200mm、材料为不锈钢S31603、带防爆型射灯组合、带冲洗装置的视镜。其中选用SF2型防爆射灯，输入电压为24V，光源功率为20W，防爆等级为ExdⅡCT4。

7. 液面计

液面计是用来观察设备内部液面位置的装置。液面计结构有多种形式，最常用的有玻璃管（G型）液面计、透光式（T型）玻璃板液面计、反射式（R型）玻璃板液面计，其中部分已经标准化。性能参数有公称压力、使用温度、主体材料、结构形式等，见表2-8。

表2-8　液面计系列标准

名称	型号	公称压力/MPa	使用温度/℃	结构特性		标准号
				结构形式	液面计主体材料	
玻璃管液面计	G	1.6	0~200	普通型	Ⅰ 碳钢（锻钢16Mn）	HG 21592—1995
					Ⅱ 不锈钢（0Cr18Ni9Ti）	
				保温型（W）	Ⅰ 碳钢（锻钢16Mn）	
					Ⅱ 不锈钢（0Cr18Ni9Ti）	
透光式玻璃板液面计	T	2.5	0~250	普通型	Ⅰ 碳钢（锻钢16Mn）	HG 21589.1—1995
					Ⅱ 不锈钢（0Cr18Ni9Ti）	
				保温型（W）	Ⅰ 碳钢（锻钢16Mn）	
					Ⅱ 不锈钢（0Cr18Ni9Ti）	
		6.3	0~250①	普通型	Ⅰ 碳钢（锻钢16Mn）	HG 21589.2—1995
					Ⅱ 不锈钢（0Cr18Ni9Ti）	
				保温型（W）	Ⅰ 碳钢（锻钢16Mn）	
					Ⅱ 不锈钢（0Cr18Ni9Ti）	
反射式玻璃板液面计	R	4.0	0~250①	普通型	Ⅰ 碳钢（锻钢16Mn）	HG 21590—1995
					Ⅱ 不锈钢（0Cr18Ni9Ti）	
				保温型（W）	Ⅰ 碳钢（锻钢16Mn）	
					Ⅱ 不锈钢（0Cr18Ni9Ti）	

① 当使用温度超过200℃时，应按规定降压使用。

图2-34为反射式玻璃板液面计的基本形状。玻璃板为长条形，用双头螺柱夹紧于接缘和压板之间，压紧面用衬垫防漏。接缘可直接焊在设备上，也可接一短管，构成带颈式。主体材料分为Ⅰ（碳钢）、Ⅱ（不锈钢）两类。标准号为HG 21590—1995。

图2-35为玻璃管液面计的基本结构。主要由三部分组成：玻璃管、保护罩及上下端与设备连通并可控制的一对阀门。阀门可以是针形阀，也可用旋塞。保护罩分保温型（W）和不保温型（D）两种，图中示出了它们的结构形状。标准的玻璃板液面计的标记，必须注明阀门的法兰紧密面型式、材料类别、结构型式、公称压力、液面计的公称长度及标准号。

HG 21590—1995

液面计
实物图

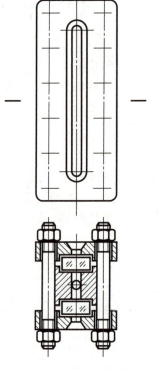

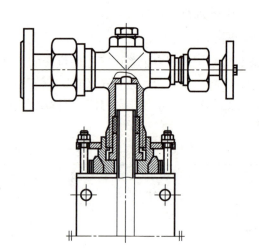

图2-34　反射式玻璃板液面计　　　　图2-35　玻璃管液面计

示例1

明细栏标记：液面计　AT2.5-ⅠW-1450V

表示：公称压力为2.5MPa、碳钢材料（Ⅰ）、保温型（W）、排污口配阀门（V）、突面法兰连接（A）、透光式（T），公称长度$L=1450$mm的玻璃板液面计。

示例2

明细栏标记：液面计　BR4.0-Ⅱ-850 P

表示：公称压力为4.0MPa、不锈钢材料（Ⅱ）、普通型、排污口配螺塞（P）、凸面法兰连接（B）、反射式（R）、公称长度$L=850$mm的玻璃板液面计。

示例3

明细栏标记：液面计　AG1.6-ⅠW-500

表示：公称压力1.6MPa、碳钢材料（Ⅰ）、保温型（W）、法兰标准为HGJ 46（A）、公称长度$L=500$mm的玻璃管液面计。

说明：

(1) 法兰连接面　A型——突面法兰；B型——凸面法兰；C型——突面法兰（按ANSIB16.5标准）。

(2) 排污口代号　V——配阀门；P——配螺塞。

8. 补强圈

补强圈用来弥补设备壳体因开孔过大而造成的强度损失，其结构如图2-36所示。补强圈形状应与补强部分相符，如图2-37所示，使之与设备壳体密切贴合，焊接后能与壳体同时受力，否则起不了补强作用。补强圈上有一小螺纹孔（M10），焊后通入

0.4~0.5MPa的压缩空气，以检查补强圈连接焊缝的质量。

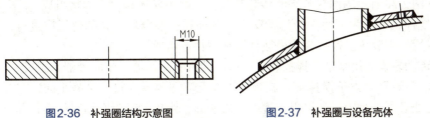

图2-36 补强圈结构示意图　　图2-37 补强圈与设备壳体

补强圈厚度随设备壁厚不同而异，由设计者决定，一般要求补强圈的厚度和材料均与设备壳体相同。

补强圈的标准是NB/T 11025—2022《补强圈》，其主要性能参数是公称直径（即接管公称直径）、壁厚和坡口形式。公称直径系列为50mm，65mm，80mm，100mm，125mm，150mm，175mm，200mm，225mm，250mm，300mm，350mm，400mm，450mm，500mm，600mm；厚度系列为4mm，6mm，8mm，10mm，12mm，14mm，16mm，18mm，20mm，22mm，24mm，26mm，28mm，30mm；按照补强圈焊接接头结构的要求，补强圈坡口形式有A、B、C、D、E五种，设计者也可根据结构要求自行设计坡口形式。

标记方法：

接管公称直径DN×补强圈厚度-补强圈坡口形式-补强圈材料-标准号（NB/T 11025—2022）

示例

明细栏标记：补强圈　DN100×8-D-Q245R　NB/T 11025—2022

表示：接管公称直径DN=100mm，补强圈厚度为8mm，坡口形式为D型，补强圈材料为Q245R的补强圈。

活动二　识读典型化工设备常用零部件

在化工生产中，有一些典型化工设备应用的零部件，这些零部件已经标准化和系列化。本活动主要学习反应釜、换热器和塔设备中常用的零部件结构和标准，以帮助学生更好地阅读这些零部件及相应设备的图样。

一、识读反应釜中的常用零部件

反应釜是化学工业中的典型设备之一，用来供原料间进行化学反应，广泛应用于医药、农药、基本有机合成、有机染料及三大合成材料（合成橡胶、合成塑料和合成纤维）等化工行业中。

图2-38为带搅拌的反应釜结构示意图，通常由以下几部分组成。

① 釜体部分。由筒体及上下封头焊接组成，是物料的反应空间，上封头也可用法兰结构与筒体组成可拆式连接。

② 传热装置。通过直接或间接的加热或冷却

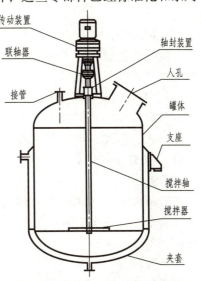

图2-38 带搅拌的反应釜结构示意图

方式，以提供化学反应所需的热量或带走化学反应生成的热量，其结构通常有夹套和蛇管两种。图2-38所示为间接式夹套传热装置，夹套由筒体和封头焊接组成。

③ 搅拌装置。为了使参与化学反应的各种物料混合均匀，加速反应进行，需要在容器内设置搅拌装置。搅拌装置由搅拌轴和搅拌器组成。

④ 传动装置。用来带动搅拌装置，由电动机和减速器（带联轴器）组成。

⑤ 轴封装置。由于搅拌轴是旋转件，而反应罐容器的封头是静止的，在搅拌轴伸出封头之处必须进行密封，以阻止罐内介质泄漏，常用的轴封有填料箱密封和机械密封两种。

⑥ 其他结构。各种接管、人（手）孔、支座等附件。

从上述介绍可知，反应釜除了一些通用零部件和不属于本行业的标准部件（电动机、减速器等）外，还有搅拌器、轴封装置和传热装置等常用零部件。

1. 搅拌器

搅拌器是用于提高传热、传质作用，增加物料化学反应效果的部件。由于物料性质、搅拌速度和工艺要求的不同，设计了各种型式的搅拌器，常用的有桨式、涡轮式、推进式、框式和锚式、螺带式等搅拌器。图2-39为桨式搅拌器的结构。这几种搅拌器大部分已经标准化，立式搅拌设备使用的搅拌轴的直径应结合搅拌器进行计算校核后，优先按下列搅拌轴公称直径选择：20mm，25mm，30mm，35mm，40mm，45mm，50mm，55mm，60mm，65mm，70mm，80mm，90mm，95mm，100mm。

搅拌器实物图

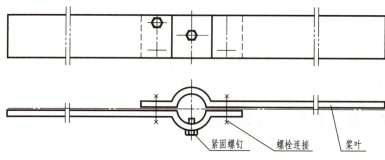

图2-39 桨式搅拌器

HG/T 3796.1~3796.12—2005

HG/T 2051.1~2051.4—2019

标记方法：

搅拌器类型代号 搅拌器直径（单位为mm）-搅拌器轴孔直径（单位为mm）材料代号或材料牌号/涂衬代号

其中搅拌器类型代号、常用材料牌号或代号、涂衬类型代号可参考《搅拌器型式及基本参数》（HG/T 3796.1—2005）。

锚式、框式、叶轮式、桨式搪玻璃搅拌器型式、基本参数及主要尺寸可参考HG/T 2051.1~2051.4—2019《搪玻璃搅拌器》。

示例1

明细栏标记：XCK800-65S_3。

表示：四斜叶可拆开启涡轮搅拌器，直径为800mm，轮毂内孔直径为65mm，材质为0Cr18Ni9（304）。

示例2

明细栏标记：ZCX1000-80T_1/LR

表示：三窄叶可拆板式旋桨式搅拌器，直径为1000mm，轮毂内孔直径为80mm，材质为碳钢（Q235-A），衬橡胶。

2. 轴封装置

反应釜的密封有两种：一种是静密封，如筒体与封头用法兰连接时的密封，设备的管口法兰以及人孔、视镜等处的密封等，这些密封可采用垫片等方法解决；另一种是动密封，如搅拌轴伸入设备处的密封（轴封）即属于一种动密封，这类运动部件接触面间的密封，必须根据不同的物料、压力、温度等条件，采用不同的结构和相应措施，以解决泄漏问题。

反应釜中应用的轴封结构主要有两大类：填料箱密封和机械（端面）密封。

（1）填料箱密封　填料箱密封的结构简单，制造、安装、检修均较方便，因此应用较为普遍。其基本结构如图2-40所示，在箱体与搅拌轴之间，充满填料（一般用软质材料，如油浸石棉等），当旋紧螺母时，就能通过压盖将软性填料逐步压紧而达到密封的效果。

填料密封的种类很多，例如有带衬套的、带油环和带冷却水夹套的等多种结构，以满足不同的性能要求。

填料箱标准为HG 21537—92《填料箱》。标准中填料箱的主体材料有碳钢和不锈钢两种，公称压力有常压（<0.1MPa）和0.6MPa两种，公称轴径DN系列为30mm，40mm，

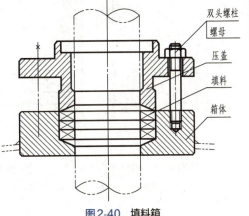

图2-40　填料箱

50mm，60mm，70mm，80mm，90mm，100mm，110mm，120mm，130mm，140mm和160mm。

示例1

明细栏标记：填料箱DN50 HG 21537.3—92-3

表示：公称轴径为ϕ50mm的常压碳钢填料箱。

示例2

明细栏标记：填料箱PN0.6 DN90 I型 HG 21537.2—1992-7

表示：公称轴径ϕ90mm的不锈钢填料箱，材料为0Cr18Ni11Ti。

（2）机械密封　机械密封又称端面密封，是一种比较新型的密封结构。它的泄漏量少，使用寿命长，摩擦功率损耗小，轴或轴套不受磨损，耐振性能好，常用于高低温、易燃易爆、有毒介质的场合。但其结构复杂，密封环加工精度要求高，安装技术要求高，装拆不方便，成本高。

机械密封的基本结构型式如图2-41所示。机械密封一般有四个密封处：A处是静环座与设备间的密封（属静密封），通常采用凹凸密封面加垫片的方法处理；B处是静环与静环座间的密封（属静密封），通常采用各种形状的弹性密封圈来防止泄漏；C处是动环与静环的密封，是机械密封的关键部分（动密封），动静环接触面靠弹簧给予一合适的压紧力，使这两个磨合端面紧密贴合，达到密封效果，这样可以将原来极易泄漏的轴向密封改变为不易泄漏的端面密封；D处是动环与轴（或轴套）的密封（静密封），

GB/T 33509—2017

常用的密封元件是O形圈。

为适应不同条件的需要，机械密封有多种结构形式，但其主要元件和工作原理是基本相同的，机械密封的相关内容可查阅《机械密封通用规范》（GB/T 33509—2017）。

釜用机械密封分为单端面机械密封、轴向双端面机械密封和径向双端面机械密封三类，其结构特点及产品代号、主要尺寸等内容可查阅《釜用机械密封类型、主要尺寸及标志》（HG/T 2098—2011）。

机械密封实物图

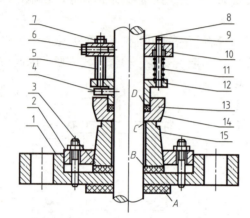

图2-41　机械密封

1—静环座；2—静环压板；3—垫圈；4—固定螺钉；5—双头螺柱；6—紧固螺钉；7—螺母；8—搅拌轴；9—固定柱；10—紧圈；11—弹簧；12—弹簧压板；13—密封圈；14—动环；15—静环

标记方法：

行业标准代号-机械密封产品代号-机械密封轴径（用3位数表示，不足3位数的在前面加零）-机械密封旋向-材料代号

示例

明细栏标记：HG/T 2098-207-095-R-UO$_1$V$_1$FFUNP$_1$

表示：双端面机械密封，介质侧、大气侧均为平衡型，系列代号为207型，轴径为95mm，从介质侧静止环向旋转环看，机械密封转向为顺时针，零件材料为：

① 介质侧：旋转环材料为碳化钨、静止环材料为反应烧结碳化硅、辅助密封圈为氟胶O形圈、弹簧材料为铬镍钢、轴套及箱体与介质接触部分均采用了铬镍钢；

② 大气侧：旋转材料为碳化钨、静止环材料为锡磷青铜、辅助密封圈为丁腈橡胶O形圈。

二、识读换热器中的常用零部件

换热器是石油、化工生产中重要的化工设备之一，是用来完成各种不同的换热过程的设备。

管壳式换热器的处理能力和适应性强，能承受高温、高压，易于制造，生产成本低，清洗方便，是目前工业生产中应用最为广泛的一种换热器。管壳式换热器有浮头式（代号为AES、BES）、立式固定管板式（BEM）、U形管式（BEU）、双壳程填料函（AFP）、釜式重沸器（AKT/AKU）、分流壳体填料函式（AJW）等多种形式。图2-42为固定管板式换热器的结构图。

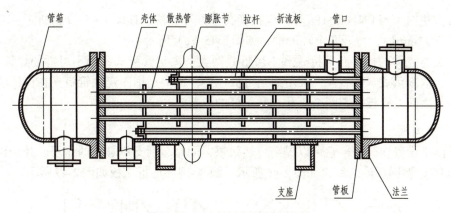

图2-42 固定管板式换热器结构图

有关管壳式换热器的设计、制造、检验等可查阅《热交换器》(GB/T 151—2014)。

1. 管板

管板是管壳式换热器的主要零件,绝大多数管板是圆形平板,如图2-43所示。板上开很多管孔,每个孔固定连接着换热管,板的周边与壳体的管箱相连。板上管孔的排列形式应考虑流体性质、结构紧凑等因素,有正三角形、转角正三角形、正方形、转角正方形四种排列形式,如图2-44所示。

换热管与管板的连接,应保证充分的密封性能和足够的紧固强度,常用胀接、焊接或胀焊并用等方法,其中焊接方式的密封性最可靠,其结构形式如图2-45(a)所示。采

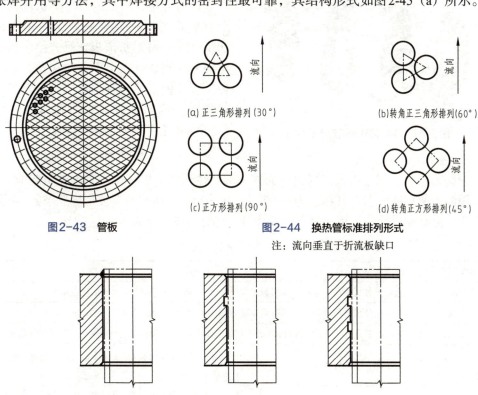

图2-43 管板

图2-44 换热管标准排列形式
注:流向垂直于折流板缺口

图2-45 换热管与管板的连接形式

用胀接方法时，当PN>0.6MPa时，应在管孔中开环形槽，如图2-45（b）所示。当管板厚度大于25mm时，可开两个环形槽，如图2-45（c）所示。

管板与壳体的连接有可拆式和不可拆式两类。固定管板式采用不可拆的焊接连接，浮头式、填料函式、U形管式采用的是可拆连接，通常是把固定端管板夹在壳体法兰和管箱法兰之间。管板上有四个小孔，是拉杆的位置。

2. 折流板

折流板设置在壳程，它可以提高传热效果，同时起到支承管束的作用。其结构形式有弓形和圆盘-圆环形两种，如图2-46所示。圆盘-圆环形折流板如图2-47所示。

折流板实物图

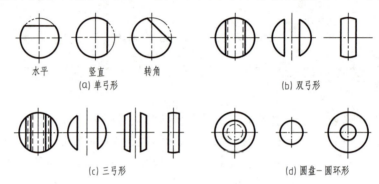

图2-46　折流板结构形式

换热器膨胀节实物图

图2-47　圆盘-圆环形折流板结构图

目前应用最广泛的是弓形折流板。弓形折流板的圆缺高度通常为壳体内径的20%~25%。弓形折流板在卧式换热器中的排列分为圆缺口在上下方向和左右方向两种。折流板下部开有小缺口，是为了检修时能完全排除卧式换热器壳体内的残液（立式换热器不开此口）。

3. 膨胀节

膨胀节是装在固定管板式换热器壳体上的挠性部件，以补偿由于温差引起的变形。最常用的为波形膨胀节，其标准为GB/T 16749—2018《压力容器波形膨胀节》。膨胀节型式代号由结构代号、使用代号与波纹代号三部分组成，见表2-9。

GB/T 16749—2018

表2-9　膨胀节型式代号

型式代号		说明	
结构代号	ZX	表示整体成形薄壁单层或多层金属波纹膨胀节（单层厚度t=0.5~3.0mm，层数$n≤5$）	
	ZD	表示整体成形厚壁单层金属波形膨胀节（单层厚度$t≥3.0$mm，仅适用于层数$n=1$）	
	HZ	表示由带直边两半波焊接而成厚壁单层金属波纹膨胀节（单层厚度$t≥3.0$mm，仅适用于层数$n=1$）	
使用代号	L（Ⅱ）（Ⅲ）	表示用在立式设备上	Ⅰ型——表示带丝堵，适用于单层无疲劳设计要求的膨胀节；
	LC（Ⅱ）（Ⅲ）	表示带内衬筒用在立式设备上	Ⅱ型——表示无丝堵，适用于单层或多层有疲劳设计要求的膨胀节；

续表

型式代号		说明	
使用代号	W（Ⅰ）（Ⅱ）	表示用在卧式设备上	Ⅲ型——表示无丝堵，适用于带直边单层无疲劳设计要求的膨胀节
	WC（Ⅰ）（Ⅱ）	表示带内衬筒用在卧式设备上	
波纹代号	波纹名称	波纹代号	结构代号
	无加强U形	U	ZX、ZD、HZ
	加强U形	J	ZX
	Ω形	O	ZX

图2-48为波形膨胀节 ZDL、ZDW 型的结构型式。

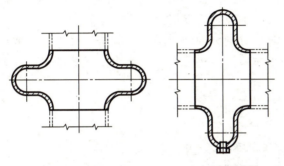

(a) 立式波形膨胀节(ZDL)　　(b) 卧式波形膨胀节(ZDW)

图2-48　波形膨胀节 ZDL、ZDW 型的结构型式

标记方法：

膨胀节　膨胀节型式代号　公称直径-公称压力-波纹管层数×波纹管名义厚度×波纹管波数×波纹管材料牌号　标准编号

示例1

明细栏标记：膨胀节　ZXW（Ⅱ）U1000-0.6-1×2.5×4（S30408）GB/T 16749—2018

表示：06Cr19Ni10卧式单层（厚度2.5mm），无加强U形4波整体成型无丝堵膨胀节（采用薄壁单层），其公称压力PN0.6MPa，公称直径DN1000mm。

示例2

明细栏标记：膨胀节　ZDLC（Ⅲ）U1400-2.5-1×12×2（Q245R）GB/T 16749—2018

表示：Q245R立式单层无加强U形（厚度12mm），2波整体成型带内衬套膨胀节（采用厚壁单层），其公称压力PN2.5MPa，公称直径DN1400mm。

示例3

明细栏标记：ZXLC（Ⅱ）O2300-8.0-2×2×2（600）GB/T 16749—2018

表示：Inconel 600立式2层2波Ω形整体成型膨胀节（单层厚度2mm），带内衬套膨胀节，公称压力PN8.0MPa、公称直径DN2300mm。

换热管实物图

4. 换热管

换热管直管长度推荐采用：1.0m、1.5m、2.0m、2.5m、3.0m、4.5m、6.0m、7.5m、9.0m、12.0m。弯管段的弯曲半径 R 不宜小于两倍的换热管外径，常用的换热管的最小弯曲半径可参阅《热交换器》（GB/T 151—2014）。与管板连接的强化传热管端部光管长度不应小于管板厚度加30mm；未作规定时光管长度为120mm。

5. 壳体

卷制圆筒的公称直径以400mm为基数，以100mm为进级档，必要时也可采用50mm为进级档。公称直径小于或等于400mm的圆筒，可用管材制作。

三、识读塔设备常用零部件

塔设备广泛用于石油、化工生产中的蒸馏、吸收、萃取、吸附等传质过程。

塔设备通常分为板式塔和填料塔两大类，如图2-49所示。板式塔主要由塔体、塔盘、裙座、除沫装置、气液相进出口、人孔、吊柱、液面计（温度计）等零部件组成，为了改善气液相接触的效果，在塔盘上采用了各种结构措施。当塔盘上传质元件为泡罩、浮阀、筛孔时，分别称为泡罩塔、浮阀塔、筛板塔。填料塔主要由塔体、喷淋装置、填料、填料支承装置、再分布器、栅板、气液进出口、卸料孔、裙座等零部件组成。

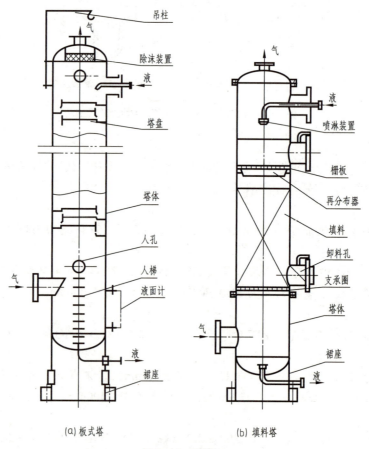

(a) 板式塔　　(b) 填料塔

图2-49　塔设备

塔设备标准为NB/T 47041—2014（《塔式容器》标准释义与算例）。

1. 栅板

栅板是填料塔中的主要零件之一，它起着支承填料环的作用，栅板分为整块式和分块式，如图2-50、图2-51所示。当直径小于500mm时，一般使用整块式；直径为900~1200mm时，可分成三块；直径大于1200mm，可分成宽300~400mm的更多块，以便装拆及进出人孔。

栅板实物图

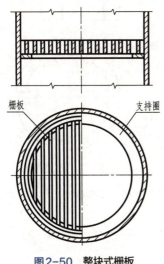
图2-50　整块式栅板

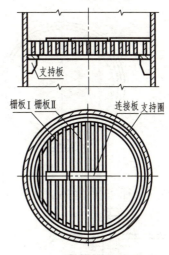
图2-51　分块式栅板

2. 塔盘

塔盘是板式塔的主要部件之一，它是实现传热传质的结构，包括塔盘板、降液管及溢流堰、紧固件和支承件等，如图2-52所示。塔盘可以分为整块式与分块式两种，一般塔径为300~800mm时，采用整块式；塔径大于800mm时可采用分块式。分块的大小，以能在人孔处进出为限。

整块式塔盘的结构，大致如图2-52所示。塔盘板为整块（板上开有孔眼），与塔盘圈成盘形。盘的一端为降液管，一般成弓形，也有圆形管。弓形降液管的平壁伸出塔盘板若干高度，以构成溢流堰。每层塔盘与塔壁之间用填料、压板、螺栓等组成密封结构。

塔盘实物图

3. 浮阀与泡帽

浮阀和泡帽是浮阀塔和泡罩塔的主要传质零件。

浮阀有圆盘形和条形两种。最常用的为F1型浮阀，它结构简单、制造方便、节省材料，被广泛采用，其结构如图2-53所示。标准可参考NB/T 10557—2021《板式塔内件技术规范》。F1型浮阀分为轻阀和重阀两种类型，一般选用材料有06Cr13、06Cr19Ni10或022Cr19Ni10、06Cr17Ni12Mo2或022Cr17Ni12Mo2三种，适用的塔板厚度为2mm、3mm、4mm。

示例：

明细栏标记：浮阀　F1Z-3B NB/T 10557—2021

表示：材料为06Cr19Ni10，适用于3mm塔盘板的重阀。

圆泡帽结构如图2-54所示。圆泡帽标准可参考NB/T 10557—2021《板式塔内件技术规范》。使用材料分为Ⅰ类（Q235A、Q235B）、Ⅱ类（06Cr19Ni10）。圆泡帽的主要性能参数有

NB/T 10557—2021

浮阀
实物图

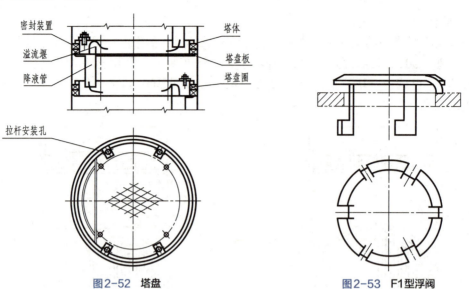

图2-52 塔盘

图2-53 F1型浮阀

公称直径（外径）、齿缝高、材料等，其公称直径分为80mm、100mm、150mm三种。

泡帽
实物图

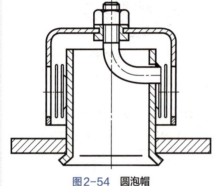

图2-54 圆泡帽

示例：

明细栏标记：圆泡帽 DN80-25-Ⅰ NB/T 10557—2021

表示：公称直径为DN80、齿缝高度h=25mm，材料为Q235A的圆泡帽。

4. 裙式支座

裙式支座简称裙座，是塔设备的主要支承形式。

裙式支座有两种形式：圆筒形和圆锥形。圆筒形裙座的内径与塔体封头内径相等，制造方便，应用较为广泛；圆锥形裙座承载能力强、稳定性好，对于塔高与塔径之比较大的塔特别适用。

图2-55为一圆筒形裙座的大致结构，其中人孔（检查孔）的形状有圆孔和长圆孔两种，其数量和尺寸有经验数据可查；排气管的数量、引出管的结构及尺寸有参考数据可查。螺栓座的结构形状大致如图2-56所示。当螺栓数目较多时，可采用整圈盖板。较

SH/T
3098—
2011

裙座
实物图

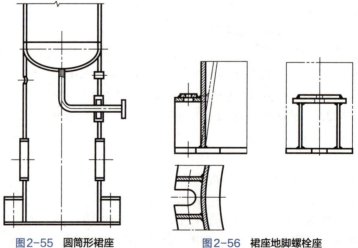

图2-55 圆筒形裙座　　图2-56 裙座地脚螺栓座

详细的裙座有关参数可参考《石油化工塔器设计规范》(SH/T 3098—2011)。

课题三　学习识读化工设备图的方法

活动一　认识化工设备图识读的基本要求

化工设备图涉及的设备结构、设计标准、材料选择、制造要求等方面的内容比较多，通过对化工设备图的识读，应达到以下要求：
① 了解设备的种类、工作原理及性能。
② 了解设备的总体结构、局部结构、各零部件之间的装配关系及安装要求。
③ 了解各零部件的材料、各种结构尺寸及强度尺寸。
④ 了解各零部件的形状及制造要求，了解采用的标准件种类和型号。
⑤ 了解设备上的接管情况、用途与管口的方位。
⑥ 了解设备在制造、检验、安装等方面的技术要求。

活动二　认识化工设备图识读的方法及步骤

阅读化工设备图时可按以下步骤进行。

1. 概括了解
① 通过阅读图样的主标题栏，了解设备的名称、规格、绘图比例等内容。
② 了解图面上各部分内容的布置情况，如图形、明细栏、表格及技术要求等在幅面上的位置。
③ 概括了解该设备的零部件件号数目，判断哪些是非标零部件，哪些是标准件或外购件等。
④ 概括了解设备的管口表、技术特性表以及有关设备的制造、安装、检验和运输要求的基本情况。
⑤ 概括了解图上采用的视图数量和表达方法，如判断采用了哪些基本视图、辅助视图、剖面图等，以及它们的配置情况。

2. 详细分析
（1）视图分析　通过视图分析，可以看出设备图上的视图数量，分析哪些是基本视图，还有其他什么视图，各视图采用了哪些表达方法，并分析采用各种表达方法的目的。
（2）装配连接关系分析　以主视图为主，结合其他视图，分析各部件之间的相对位置及装配连接关系。
（3）零部件结构分析　以主视图为主，结合其他视图，对照明细栏中的序号，将零部件逐一从视图中找出，了解其名称、数量、材料、在设备图中的位置，分析其结构、形状、尺寸及其与主体或其他零件的装配关系。对标准化零部件，应查阅有关标准，弄清楚其结构。有图样的零部件，则应查阅相关的零部件图，弄清楚其结构。
（4）尺寸分析及管口分析　找出设备在长、宽、高三个方面的尺寸基准；对设备图上的规格性能尺寸、外形尺寸、装配尺寸、安装尺寸进行分析，搞清它们的作用和含义；了解设备上所有管口的结构、形状、数目、大小和用途，以及管口的周边方位、轴向距离、外接法兰的规格和形式等。

(5) 了解技术要求　通过阅读技术要求，了解设备在制造、检验、安装等方面所依据的技术规定和要求，以及焊接方法、装配要求、质量检验等的具体要求。

3. 归纳总结

通过详细分析后，将各部分内容加以综合归纳，从而得出设备完整的结构形象，进一步了解设备的结构特点、工作特性、物料的流向和操作原理等。

通过对化工设备图的阅读，对化工设备有了一个比较全面、清晰的了解，以便对化工设备进行制造、安装、调试和维修。

阅读化工设备图的方法步骤，常因读图者的工作性质、实践经验和习惯的不同而各有差异。但是，对初学者来说，应该有意识按照上述步骤进行学习和熟悉，逐步提高阅读化工设备图的能力和效率。

活动三　识读化工设备图的各种基本要素

1. 尺寸标注

化工设备图尺寸标注，应根据化工设备的表达特点，做到尺寸完整、清晰、合理，以便满足化工设备制造、检修和安装的要求。

(1) 尺寸种类　化工设备图中的主要尺寸可分为以下几种：

① 特征尺寸（规格尺寸）：主要用于表示化工设备性能、规格、特征及生产能力的尺寸。这些尺寸是设计时确定的，是设计、了解和选用设备的依据，例如贮罐、反应罐内腔容积尺寸（筒体的内径、筒体的长度或高度）、换热器传热面积尺寸（列管长度、直径及数量）等。

② 装配尺寸：表示设备各零部件之间装配关系和相对位置的尺寸，是装配工作中的重要依据。如接管在筒体轴向方向的定位尺寸，液面计、支座在筒体上的定位尺寸，塔器的塔板间距，换热管的折流板、管板间的定位尺寸等。

③ 安装尺寸：表示设备安装在基础或其他构件上所需要的尺寸。如安装螺栓、支座地脚螺栓注出孔的直径和孔间距。

④ 外形尺寸：是指设备总体长、宽、高（或外径）尺寸，用来估计设备所占的空间，主要用于设备的运输、安装、厂房设计及设备布置等。如图2-1中液氨贮罐总长6970mm。

⑤ 其他尺寸：是指根据要求需标注的上述尺寸之外的尺寸。一般有以下几种：通过设计计算而在制造时必须保证的尺寸，如主体壁厚、搅拌轴直径等；通用零部件的规格尺寸，如接管尺寸标注 $\varPhi 32\times 3.5$，瓷环尺寸：外径×高×壁厚等；不另绘零件图的零件的有关尺寸，如人孔的规格尺寸；焊缝的结构形式尺寸，一些重要焊缝的局部放大图中，应标注横截面的外形尺寸。

(2) 尺寸基准

化工设备图的尺寸标注，首先应正确地选择尺寸基准，然后从尺寸基准出发，完整、清楚、合理地标注上述各类尺寸。选择尺寸基准的原则是既要保证设备的设计要

求,又要在制造、安装时便于测量和检验。常用的尺寸基准有以下几种:

① 尺寸标注的基准一般从设计要求的结构基准面开始,如封头切线、设备法兰密封面等。

② 厚度尺寸的标注如图2-57所示。其中图2-57(b)表示单线条图。

③ 接管伸出长度,一般标注接管法兰密封面至容器(塔器或换热器等)中心线之间的距离,除在管口表中已注明外,均应在图样中注明;封头上的接管长度以封头切线为基准,标注封头切线至法兰密封面之间的距离,如图2-58所示。

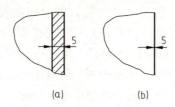

图2-57 厚度尺寸表示方法

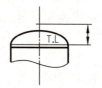

图2-58 接管伸出长度标注

④ 塔盘尺寸标注的基准为塔盘支撑圈上表面。

⑤ 支座尺寸以支座底面为基准。

⑥ 封头尺寸标注以封头切线为基准。

⑦ 尺寸的始点和终点,当用单线条图样表示不清时,应用放大图或剖视图表示。

⑧ 尺寸的安排,应尽量安排在设备(或零、部件)图样轮廓尺寸右方或下方。

⑨ 倾斜放置的卧置容器尺寸的标注,如图2-59所示。

如图2-60(a)所示的卧式容器,选用筒体和封头的环焊缝为其长度方向的尺寸基准,选设备筒体和封头的轴线及支座的底面为高度方向的尺寸基准。图2-60(b)

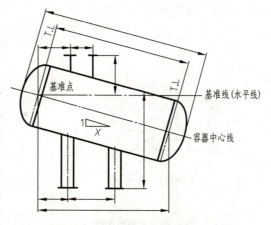

图2-59 倾斜卧置容器的尺寸标注

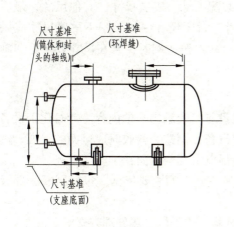

(a)

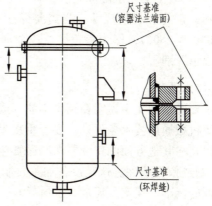

(b)

图2-60 容器图例

所示的立式设备，则以容器法兰的端面及筒体和封头的环焊缝为高度方向的尺寸基准，图中的容器法兰端面为光滑密封面，若密封面形式是凸凹面或榫槽面时，选取的尺寸基准面应如图2-61所示。

(3) 典型尺寸的标注

① 筒体尺寸。筒体尺寸应标注出筒体的公称直径（卷制筒体标注内径，无缝钢管制筒体标注外径）、壁厚和长度（或高度）。

② 封头尺寸。应标注封头的壁厚和内高度（包括封头直边高度）。

③ 接管尺寸。应标注管口的直径和壁厚，若是无缝钢管，则应标注外径和壁厚；若是卷制管，则标注内径和壁厚，还应标注接管的外伸长度；若所有接管的外伸长度均相等，可在图纸"注"中说明"所有管口伸出长度为××mm"，也可在管口表中填写接管法兰至壳体中心线的距离；若仅部分管口的伸出长度相等时，除在图中注出不等的尺寸外，其余可在附注中写明"除注明者外，其余管口的伸出长度为××mm"。

④ 夹套尺寸。一般注出夹套筒体的内径、壁厚、弯边圆角半径和弯边角度。

⑤ 填充物（瓷环、浮球等）尺寸。一般只标注填充物的总体尺寸（筒体内径、堆放高度），并注明堆放方法和填充物的规格尺寸。如图2-62所示，其中"50×50×5"表示瓷环的"直径×高×壁厚"。

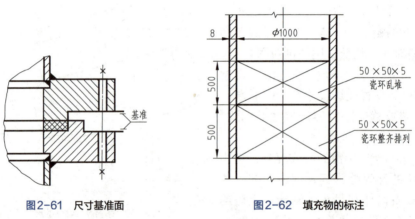

图2-61　尺寸基准面　　　　　图2-62　填充物的标注

⑥ 尺寸标注的一般顺序为特征尺寸、装配尺寸、安装尺寸、其他尺寸，最后是外形尺寸；一般标注封闭尺寸，当需要标注时，封闭尺寸中的某一不重要尺寸应以（ ）表示，例如（2500），作为参考尺寸；个别尺寸不按比例时，常在尺寸数字下加画一条细实线以示区别。

2. 技术要求

技术要求是用文字说明在图中不能（或没有）表示出来的内容。针对化工设备的特点，除了机械通用技术条件外，要着重提出设备在制造、验收时应遵循的标准、规范和规定，以及在其他方面的特殊要求。通常包括以下几个方面：

① 制造依据条件。这是设备加工、制造或施工的主要依据。包括国家、部级、行业和企业的标准、规定、规范、手册等。

② 验收标准及方法。包括材料检验、试验方法手段、热处理方式等。

③ 施工要求。尤其对焊接工艺的要求，如焊缝布置、接头形式、坡口要求、焊条规格等；也包括机械加工内容、装配条件、现场制作、预制吊装等过程的要求。

④ 质量检验。包括对焊缝质量的检验，如介质渗透、超声波探伤、射线探伤等；或者对设备的整体验收，如盛水试漏、气密性试验、水压试验等。

⑤ 保温防腐要求。喷涂防腐剂、防锈漆，制作防腐层。喷涂介质标志色及安全变色漆。给出保温隔声的方法、材料、规格等。

⑥ 运输要求、安装要求、包装形式、运输标志、保管事项等。

3. 技术特性表

技术特性表是表明设备的重要技术特性和设计依据的一览表，一般安排在管口表的上方。其格式有两种，见表2-10和表2-11，其中表2-10用于一般化工设备，表2-11用于带换热管的设备，如果是夹套换热设备，则管程和壳程分别改为设备内和夹套内。

表2-10 技术特性表（一）

工作压力/MPa		工作温度/℃	
设计压力/MPa		设计温度/℃	
物料名称		介质特性	
焊缝系数		腐蚀裕度/mm	
容器系数			

表2-11 技术特性表（二）

	管程	壳程
工作压力/MPa		
工作温度/℃		
设计压力/MPa		
设计温度/℃		
物料名称		
换热面积/m²		
焊缝系数		
腐蚀裕度/mm		
容器类别		

关于技术特性表，还要了解以下几点。

① 技术特性表的线形为边框用粗实线，其余用细实线。

② 技术特性表中的设计压力、工作压力为表压，如果是绝对压力应标注"绝对"字样。

③ 在技术特性表中需填写的内容，因设备类型的不同会有不同的要求：

(a) 对容器类设备，应增加全容积（m³）和操作容积（m³）。

(b) 对热交换器，应增加换热面积（m²），而且换热面积以换热管外径为基准计算。

(c) 对塔器，应填写设计的地震烈度（级）、设计风压（N/m²）等。对填料塔还需填写填料体积（m³）、填料比表面积（m²/m³）、处理气量（m³/h）和喷淋量（m³/h）等内容。

(d) 对带夹套（蛇管）和搅拌的反应釜，应按釜内、夹套（蛇管）内分栏填写，同时还需填写全容积、操作容积、搅拌转速（r/min）、电动机功率（kW）、换热面积等内容。

（e）其他专用设备，可根据设备的结构与操作特性，填写图示设备需特别说明的技术特性内容。

4. 管口符号和管口表

（1）管口符号　化工设备上的管口数量较多，接管在主视图上用多次旋转的画法把接管旋转到与正投影面平行的位置；在俯视图或管口方位图上表示接管的周向位置。为了清晰地表达各管口的位置、规格、连接尺寸和用途等，图中应编写管口符号，并在明细栏上方画出管口表。通常按管口顺序由上而下填写。

管口符号的编写规则如下。

① 管口符号的标注由带圈的管口符号组成。在装配图中，圈径为8mm，管口符号用大写英文字母表示，字体为5号字。

② 管口一律注写在各视图中管口的投影附近或管口中心线上，以不引起管口相混淆为原则。同一接管在主、左（俯）视图上应重复注写。

③ 编写管口符号时，一般应从主视图的左下方开始，按顺时针方向依次用大写或小写英文字母“A、B、C”“a、b、c”编号，其他视图（或管口方位图）上的管口符号，则应按主视图中对应符号注写。

④ 规格、用途及连接面形式不同的管口，需单独编号，而规格、用途、连接面形式完全相同的管口，应编写一个管口符号，但必须在管口符号的右下角加注阿拉伯数字以示区别，如a_1、a_2等。

（2）管口表　管口表是说明设备上所有管口的用途、规格、连接面形式等内容的表格，在HG/T 20668—2000《化工设备设计文件编制规定》中推荐的管口表格式如图2-63所示。管口表一般画在明细栏上方。

管口表

符号	公称尺寸/mm	公称压力/MPa	连接标准	法兰型式	连接面型式	用途或名称	设备中心线至法兰面距离/mm
A	250	2	HG 20615	WN	平面	气体进口	660
B	600	2	HG 20615	/	/	人孔	见图
C	150	2	HG 20615	WN	平面	液体进口	660
D	50×50	/	/	/	平面	加料口	见图
E	椭300×200	/	/	/	/	手孔	见图
F_{1-2}	15	2	HG 20615	WN	平面	取样口	见图

15　15　15　25　20　20　40　180　5　10　8　8×n+10

图2-63　管口表

（3）管口表的填写

① 管口符号栏。按英文字母顺序由上至下填写，且应与视图中管口符号一一对应；当管口规格、用途、连接面形式完全相同时，可合并为一项。

② 公称尺寸栏。无公称直径的管口，按管口实际内径填写，如椭圆孔填写“长轴×短轴”，矩形孔填写“长×宽”；带衬管的接管，按衬管的实际内径填写；带薄衬里的钢接管，接钢管的公称直径填写，若无公称直径，则按实际内径填写。

③ 连接标准栏。此栏填写对外连接管口（包括法兰）的有关尺寸和标准，一般应填写公称压力、公称直径、标准号三项；不对外连接管口，如人孔、视镜等，则不予填写，用细斜线表示；用螺纹连接的管口，应在此栏内填写螺纹规格，如“M24”“G3/4”等。

④ 连接面形式栏。填写管口法兰的连接面形式，如平面、槽面、凹面等，螺纹连接填写“内螺纹”“外螺纹”；不对外连接管口的此栏用细斜线表示。

⑤ 用途或名称栏。应填写管口的标准名称、习惯用名称或简明的用途术语；标准图或通用图中的对外连接管口在此栏中用细斜线表示。

⑥ 设备中心线至法兰面距离栏。法兰密封面至设备中心线距离已在此栏内填写，在图中不需注出，如需在图中标注则需填写“见图”的字样。

⑦ 其他。表名“管口表”书写于表的上方，字体不小于7号字体。表中汉字采用3.5号字体书写，管口符号采用5号字体。

5. 明细栏

明细栏是化工设备各组成部分（零部件）的详细目录，是说明该设备中各零部件的名称、规格、数量、材料、质量等内容的清单。HG/T 20668—2000《化工设备设计文件编制规定》中推荐的明细栏格式有三种，分别适用于不同情况。

（1）明细栏1　用于总图、装配图、部件图、零部件图及零件图，其内容、格式及尺寸如图2-64所示。

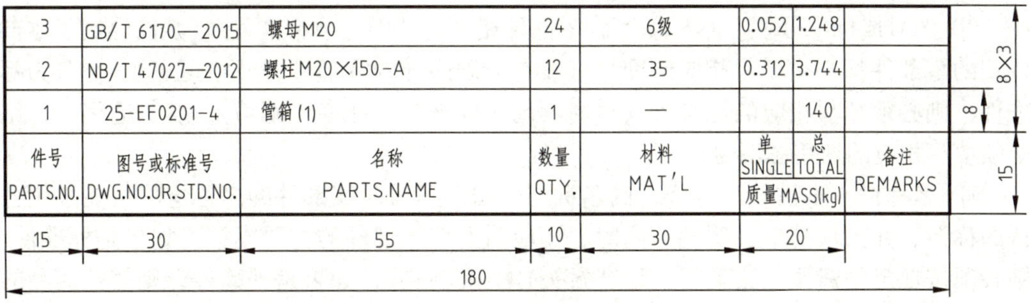

3
GB/T 6170—2015
螺母M20
24
6级
0.052
1.248
2
NB/T 47027—2012
螺柱M20×150-A
12
35
0.312
3.744
1
25-EF0201-4
管箱(1)
1
—
140
件号 PARTS.NO.
图号或标准号 DWG.NO.OR.STD.NO.
名称 PARTS.NAME
数量 QTY.
材料 MAT'L
单 SINGLE
总 TOTAL
质量MASS(kg)
备注 REMARKS
15
30
55
10
30
20
180
8×3
8
15

图2-64　明细栏1

（2）明细栏2　用于部件图、零部件图及零件图，即通常所说的简单标题栏，其内容、格式及尺寸如图2-65所示。

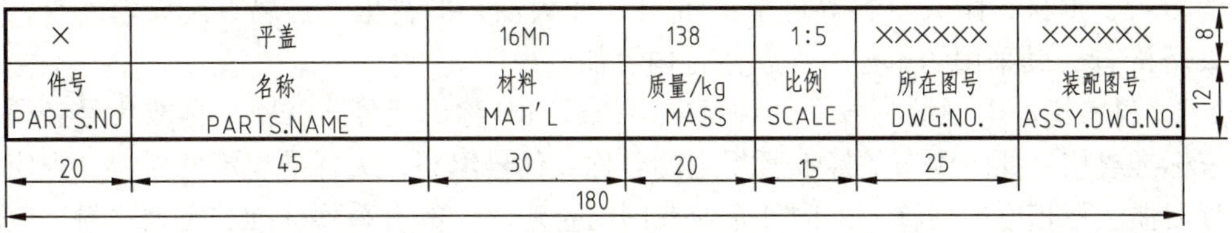

×
平盖
16Mn
138
1:5
××××××
××××××
件号 PARTS.NO
名称 PARTS.NAME
材料 MAT'L
质量/kg MASS
比例 SCALE
所在图号 DWG.NO.
装配图号 ASSY.DWG.NO.
20
45
30
20
15
25
180
8
12

图2-65　明细栏2

（3）明细栏3　用于管口零件明细栏，其内容、格式及尺寸如图2-66所示。

在《化工设备设计文件编制规定》中新增管口零件明细栏，这是因为管口零件特别是塔设备的管口零件很多，而设计中管口尺寸常修改，当有一个尺寸修改时将引起明细

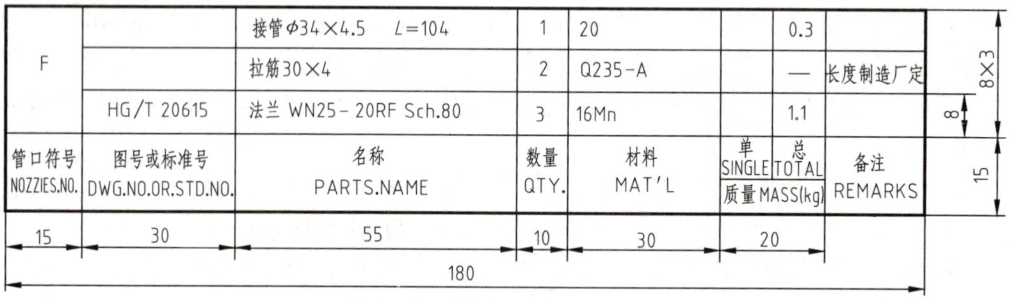

F		接管φ34×4.5 L=104	1	20		0.3	
		拉筋30×4	2	Q235-A		—	长度制造厂定
	HG/T 20615	法兰 WN25-20RF Sch.80	3	16Mn		1.1	
管口符号 NOZZIES.NO.	图号或标准号 DWG.NO.OR.STD.NO.	名称 PARTS.NAME	数量 QTY.	材料 MAT'L	单 SINGLE 质量	总 TOTAL MASS(kg)	备注 REMARKS

图2-66　明细栏3

栏及图面的一系列变更，修改工作量大，易产生错误。为了简化修改工作，将所有管口零件作为一个部件编入装配图中，以一个单独的部件图存在。当管口尺寸或零件，需要修改时，只需在这张部件图的明细栏上进行修改，这样就大大地简化了修改工作，减少了管口零部件统计汇总引起的错误风险，同时使装配图的明细栏篇幅减少，便于图面布置。

明细栏的线形为左、右、下边框为粗实线，其余为细实线。明细栏位于标题栏的上方。

下面介绍明细栏的填写（参见图2-64）。

① 件号栏。本栏填写图示设备各零部件的顺序号。在表中填写的件号应与图中件号完全一致，且应由下而上按序逐件填写。

② 图号或标准号栏。本栏填写各零部件相应的"图号或标准号"。凡已绘制了零部件图的零部件都必须填写相应的图号（没有绘制图样的零部件，此栏可不填）；若为标准件，则必须填写相应的标准号（材料不同于标准时，此栏可不填）；若为通用件，则必须填写相应的通用图图号。

③ 名称栏。本栏填写零部件的名称与规格。填写时零部件的名称应尽可能采用公认的称谓，并力求简单、明确。同时，还应附上该零部件的主要规格。如果是标准件，则必须按规定的标注方法填写，如"封头 DN1000×10"；如果是外购件，则需按商品的规格型号填写，如"减速机 BLD 4-3-23-F"；如果是不另绘图的零件，在名称之后应给出相关尺寸数据，如"接管φ108×4，L=150"（L也可在备注栏内说明）、"筒体DN700×6，H=5906"等。

④ 数量栏。本栏填写图示设备上归属同一件号的零部件的全部件数。对于大量使用的填料、木材、耐火材料等可采用m^3计，而大面积的衬里、防腐、金属丝网等，则可采用m^2计，其采用的单位，在备注栏内可加以说明。

⑤ 材料栏。本栏填写各零部件所采用的材料名称或代号。材料名称或代号必须按国家标准或相关部门颁布的标准所规定的名称或代号填写；无标准规定的材料，则应按工程习惯注写相应的名称；由国外企业或国内企业生产的有系列标准的定型材料，应同时注写材料名称和相应的材料代号，并在备注栏内做附加说明。如果该件号的部件由不同材料的零件构成，本栏可填写组合件，如果该件号的零部件为外购件，本栏可不填，或在本栏画一短细斜线表示。

⑥ 质量栏。本栏填写零部件的真实质量，以kg为单位。一般零部件准确到小数点后两位（贵重金属除外）。非贵重金属，且质量小、数量少的零件也可不填，或在本栏

画一短细斜线表示。

⑦ 备注栏。本栏仅对需要说明的零部件附加简单的说明，如：对外购件可填写"外购"字样；采用了特殊的数量单位，可填写"单位 m³"；对接管可填写接管长度"$L=120$"；对采用企业标准的零部件可填写"××企业标准"等字样。一般情况下，不予填写。

当件号较多位置不够时，可按顺序将一部分放在主标题栏左边，此时该处明细栏1的表头中各项字样可不重复。

6. 零部件序号的编排

化工设备图中，零部件的件号可按国家标准《机械制图 装配图中零、部件序号及其编排方法》（GB/T 4458.2—2003）中的有关规定标注。零部件件号的标注要求清晰、醒目，将件号排列整齐、美观。

① 件号表示方法如图2-67所示，由件号数字、件号线、引线三部分组成。件号线长短应与件号数字宽度相适应，引线应自所表示零件或部件的轮廓线内引出。件号数字字体常用5号字。件号线、引线均为细线。引线不能相交，若通过剖面线时，引线不能与剖面线平行，必要时引线可曲折一次。

② 一组紧固件（如螺栓、螺母、垫片等）或装配关系清楚的零件组以及另有局部放大图的一组零部件件号，可共用一条引出线，但在局部放大图上应将零部件件号分开标注。

③ 件号应尽量编排在主视图上，一般从主视图的左下方开始，按顺时针或逆时针方向连续顺序编号，整齐排列在水平和垂直方向上，尽量保持间隔均匀，并尽可能编排在图形左侧和上方以及外形尺寸的内侧。

件号若有遗漏或需增添时，则件号在外圈编排补足，如图2-68所示。

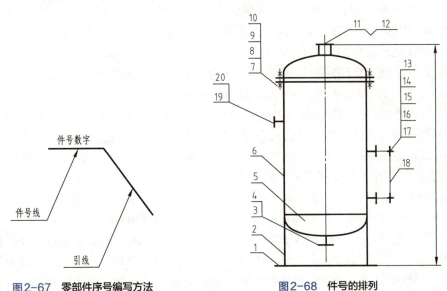

图2-67 零部件序号编写方法　　图2-68 件号的排列

④ 化工设备图中所有零部件都须编写序号，同一结构、规格和材料的零部件编成同一件号，无论数量多少以及装配位置是否相同，均编成同一件号，并且一般只标注一次。

⑤ 直接组成设备的零部件（如薄衬层、厚衬层、厚涂层等），不论有无零部件图，均需编写件号。

⑥ 外购部件作为一种部件编号。

⑦ 部件装配图中若沿用设备装配图中的序号，则在部件图上编件号时，件号由两部分组成，一为该部件的设备装配图中的部件件号，一为部件中的零件或二级部件的顺序号，中间用横线隔开。例如，某部件在设备装配图中件号为4，在其部件装配图中的零件（或部件）的编号则为4-1，4-2，…，若有二级以上部件的零件件号，则按上述原则依次加注顺序号。

活动四　识读典型化工设备图

图2-69（见书后插页的大图）是一张在化工生产中常用的带搅拌的中和釜装配图，现应用化工设备图识读的方法及步骤，识读该图样所表示的内容。

1. 概括了解

① 从主标题栏知道该图为中和釜的装配图，设备容积为55.5m^3，绘图比例为1∶30。

② 视图以主、俯两个基本视图为主。主视图基本上采用了全剖视（电动机及传动部分未剖，管口采用了多次旋转剖视的画法），另外有11个局部剖视图。图纸的右上方有设计数据表、技术要求、管口表等内容，图纸的下方有明细栏。

③ 该设备共编了46个零部件件号。从标题栏中可知，该中和釜共有7张图样，除装配图外（编号11-R06-00），还有6张零部件图（图号为11-R06-01~11-R06-06）。

2. 详细分析

（1）零部件结构分析

① 图2-69中，筒体（件号8）和顶、底两个椭圆形封头（件号2），组成了设备的整个罐体。筒体周围焊有支座（件号32）四个，全部管口均开在顶封头上。

② 搅拌轴（件号34）直径为125mm，材料为TA2，用55kW的电机（件号25），经减速机（件号26）带动搅拌轴运转。桨叶为斜桨，分别为1450mm（件号33）1个和1400mm（件号37）2个，两组桨叶之间距离3100mm。

③ 该设备的传热装置采用水蒸气伴管加热。水蒸气由管口G加入，由管口H引出。

④ 搅拌轴与筒体之间采用机械密封（件号24）进行密封。

⑤ 该设备的人孔组件J（件号29），采用圆形人孔，它的详细结构需从图11-R06-03中详细了解。其开口方位应以俯视图为准。

⑥ 出料管（件号1）为公称直径为150mm的管子，管子设置在中和釜釜底中心，以便出料时尽可能排净，其具体材质等内容需从图11-R06-01中详细了解。

⑦ 在局部详图中分别表示了A、B类对接接头焊缝详图，带衬管D类径向接管焊接详图，带衬管D类非径向接管焊接详图，D类径向接管焊接详图，D类非径向接管焊接详图，检漏嘴详图，半管焊接详图，半管端板焊接详图及接地板（件号31）详图。

（2）尺寸的阅读

① 装配图上表示了各主要零部件的主要尺寸。如筒体的直径"ϕ3500"，高度"4525"和壁厚"3+16"，封头公称直径折边高度"40"和封头壁厚"3+18"，以及搅拌轴、桨叶、伴管和各接管的形状尺寸等。

② 图上标注了各零件之间的装配连接尺寸。例如，桨叶的装配位置，最低两个桨叶的水平中心线离釜底700mm，与上边桨叶水平中心线间隔3100mm，两根轴连接点距每组桨叶距离均为1550mm；过滤器滤液出口距筒体下部500mm，蒸汽入口距筒体上部1246mm，蒸汽出口距筒体下部957mm。各管口的装配尺寸，需从零部件图中进行识读，其中部分尺寸可通过明细栏或管口表识读，如蒸汽入口公称直径为80mm，外径为89mm，壁厚为4mm。

③ 设备上4个支座的螺栓孔中心距为4283mm，这是安装该设备需要预埋地脚螺栓所必需的安装尺寸。从图中还可读出设备的总安装高度约为9906mm，上封头各管口分布在ϕ2400mm圆周上等。

(3) 管口表的阅读　从管口表知道，该设备共有A、B、…、$N_1 \sim N_4$等17个管口，它们的公称尺寸、公称压力、连接面的形式、用途等均可通过管口表识读出来。各管口与筒体、封头的连接结构，G、H等2个管口可在主视图上识读，A、B、C、D、E、F、I、K、L、M等10个管口情况需通过图11-R06-01才能详细表达清楚，$N_1 \sim N_4$等4个管口情况需通过图11-R06-02才能详细表达清楚，而人孔J需通过图11-R06-03才能详细表达清楚。

各管口的方位，可通过装配图的主视图、俯视图来进行识读。出料口I在设备的正下方，4个滤液出口在距筒体下方500mm处均布，与吊耳之间均呈45°均匀分布。人孔J在中和釜釜顶封头正前方，进料口B在中和釜釜顶封头正后方，压缩空气进口C在封头正右方，放空口E在封头正左方，视镜L在人孔向左135°方向，视镜M在人孔向右45°方向，进水口A在人孔向左60°方向，压力表口F在人孔向右120°方向，预留口在人孔向右150°方向。蒸汽入口在人孔向右150°方向，蒸汽出口在人孔正后方，温度计口在人孔向左120°方向。支座中心线与中和釜中心线重合，A、B、C、D、E、F、L、M等8个管口均在中和釜上封头上，而蒸汽入口在筒体上方，蒸汽出口在筒体下方，出料口在中和釜下封头正下方。

(4) 设计数据表和技术要求的阅读　设计数据表提供了该设备的设计数据，例如，设备的设计压力和设计温度分别为：设备内0.5MPa、100℃，伴热管内为0.7MPa、180℃；操作物料：设备内为反应物料，伴热管内为165℃的加热蒸汽等。

从图上所注的技术要求中可以了解到以下内容。

① 钛板、Q345R板、低合金钢锻件、TA2/Q345R钛钢复合钢板等应符合的标准。

② 各种材料之间采用的焊接方式及采用的焊条或焊丝牌号，无损检测、焊接接头的检测要求，吊耳与吊耳、吊耳与筒体、封头间焊缝的检测要求，应达到相关的标准。

③ 设备制作完毕后应去除表面油污及污渍，并对所有与物料接触的钛材进行酸洗钝化处理。

④ 设备组装完毕后，先空载试运转，时间不少于30min，然后再以水代料进行负荷运转，使设备内达到工作压力，把水充满到液位的高度，运转时间不少于4h，且对密封、噪声、运转性能等进行全面检查，在试运转过程中，设备应平衡，噪声小于或等于85dB（A），不得有不正常的噪声和振动等不良现象。搅拌设备组装完毕后，应在试运转中检验搅拌轴密封处的旋转精度，在轴端密封处测定轴的径向摆动量不得大于0.5mm，搅拌轴轴向串动量不得大于±0.4mm。

⑤ 机架和轴封底面凸缘的轴线同轴度公差不大于3.5mm，机架结合面和轴封底座

紧密面与容器轴线的垂直度为0.72mm。

⑥ 搅拌器与轴的组件应进行静平衡试验。搅拌轴旋转方向与图一致，不得反转。

⑦ 管路系统中配置安全阀，安全阀的大小及型号由用户确定，安全阀整定压力为0.33MPa。

（5）归纳总结

① 该设备应用于中和反应，且过程在工作压力为0.3MPa的条件下进行，反应物料由进料口B进入，中和后的物料由出料口I排出，并需用165℃蒸汽加热至80℃条件下搅拌反应。蒸汽工作压力为0.6MPa，水蒸气温度为165℃，蒸汽由管口G进入，管口H引出。

② 从这个图例的阅读可以看出，带搅拌中和釜的表达方法，一般是以主、俯两个基本视图为主，主视图一般采用全剖视以表达反应罐的主要结构，俯视图主要表示各接管口的周向方位。然后，采用若干局部剖视，以表示在主视图中无法表达清楚的内容，另外，由于图纸较为复杂，还有6张零部件图，具体零部件结构详图需通过对应零部件图才能表达清楚。

③ 结合上述情况也可归纳出，对于一般的带搅拌中和釜，除了釜体形状（类同于容器的要求）及所附的通用零部件外，主要抓住传热装置、搅拌器形式、传动装置及密封装置四个方面，就能掌握一般反应釜的主要结构特点。

项目三
识读与绘制工艺流程图

 学习目标

知识目标
1. 掌握工艺流程图的规格、工艺流程图中线宽的规定,了解工艺流程图中文字和字母的书写方式。
2. 掌握工艺流程图中常见设备的图例及常见设备代号,为读图、绘图奠定基础。
3. 掌握流程框图、方案流程图、物料流程图的识读与绘制步骤。
4. 掌握管道仪表流程图中常用测量仪表图例。
5. 掌握管道仪表流程图的标注方法。
6. 掌握工艺管道仪表流程图的识读步骤。
7. 知道管道仪表流程图的绘制方法。

技能目标
1. 能理解工艺流程图应遵循之规定的相关内容,为考取职业技能等级证书奠定基础。
2. 能结合标准读懂化工工艺流程图中的规定。
3. 能进行简单装置流程框图的绘制。
4. 能熟练阅读流程框图、方案流程图和物料流程图。
5. 能分析物料流程图和方案流程图的异同。
6. 能看懂首页图、管道仪表流程图的标注情况。
7. 能读懂管道仪表流程图。
8. 能绘制简单的化工工艺流程图。

素质目标
1. 培养善于沟通、团结合作的职业素养。
2. 培养以人为本、重视安全的意识。
3. 培养自信心和抗挫折能力。
4. 培养总览全局的流程意识。
5. 培养爱国、爱岗、无私奉献的家国情怀,增强行业认同感。
6. 培养细致入微、善于观察、对比学习的习惯。
7. 培养按照标准,准确进行标注的严谨态度。
8. 培养由浅入深,独立阅读较复杂的化工专业图样的耐心。
9. 培养全面分析、精准读图、一丝不苟的职业素养。

项目简介

HG/T 20519.1—2009

工艺流程图的识读与绘制是化工类专业学生必备的一项基本技能。工艺流程图是工程项目设计的一个指导性文件,工艺流程图分为流程框图、方案流程图、物料流程图(Process Flow Diagram,简称PF图或PFD图)和管道及仪表流程图(Piping and Instrument Diagram,简称PI图或PID图)。管道及仪表流程图是用图示的方法把化工工艺流程和所需的全部设备、机器、管道、阀门及管件和仪表表示出来,是设计和施工的依据,也是开车、停车、操作运行、事故处理及维修检修的指南。

课题一 认识化工工艺流程图应遵循的规定

化工工艺流程图的设计应遵循中华人民共和国行业标准HG/T 20519—2009《化工工艺设计施工图内容和深度统一规定》的规定。

活动一 认识化工工艺流程图的一般规定

1. 图幅

一般情况下,工艺流程图应采用标准规格,并带有设计单位名称的统一标题栏。工艺流程图一般采用A1标准尺寸图纸横幅绘制,流程简单者可采用A2图纸。对同一装置只能使用一种规格的图纸,不允许加长、缩短(特殊情况除外)。

2. 比例

工艺流程图不按比例绘制,但应示意出各设备相对位置的高低。一般设备(机器)图例只取相对比例,实际尺寸过大的设备(机器)比例可适当缩小,实际尺寸过小的设备(机器)比例可适当放大。整个图面要协调、美观。

3. 字体

汉字宜采用长仿宋体或者正楷体(签名除外),并要以国家正式公布的简化字为标准,不得任意简化、杜撰。

字体高度参见表3-1。

表3-1 字体高度

书写内容	推荐字高/mm	书写内容	推荐字高/mm
图表中的图名及视图符号	5~7	图名	7
工程名称	5	表格中的文字	5
图纸中的文字说明及轴线号	5	表格中的文字(格高小于6mm时)	3
图纸中的数字及字母	2~3		

4. 图线

所有图线都要清晰光洁、均匀,宽度应符合要求。平行线间距至少要大于1.5mm,以保证复制件上的图线不会分不清或重叠。图线宽度分为三种:粗线0.6~0.9mm;中粗线0.3~0.5mm;细线0.15~0.25mm。

图线用法及宽度的一般规定见表3-2。

表3-2　图线的用法及宽度

类别		图线宽度/mm			备注
		0.6~0.9	0.3~0.5	0.15~0.25	
工艺管道及仪表流程图		主物料管道	其他物料管道	其他	设备、机器轮廓线0.25mm
辅助管道及仪表流程图 公用系统管道及仪表流程图		辅助管道总管 公用系统管道总管	支管	其他	
设备布置图		设备轮廓	设备支架 设备基础	其他	动设备(机泵等)如只绘出设备基础，图线宽度用0.6~0.9mm
设备管口方位图		管口	设备轮廓 设备支架 设备基础	其他	
管道布置图	单线（实线或虚线）	管道		法兰、阀门及其他	
	双线（实线或虚线）		管道		
管道轴测图		管道	法兰、阀门、承插焊螺纹连接的管件的表示线	其他	
设备支架图 管道支架图		设备支架及管架	虚线部分	其他	
特殊管件图		管件	虚线部分	其他	

注：凡界区线、区域分界线、图形接续分界线的图线采用双点画线，宽度均用0.5mm。

根据图3-1，结合本活动所学内容，总结工艺流程图中文字和字母的高度情况、各种线条在该工艺流程图中的应用，并就学习成果进行展示。

活动二　认识工艺流程图中的设备图例

工艺流程图中常用设备图例见表3-3。

各图例在绘制时其尺寸和比例可在一定范围内调整。一般在同一工程项目中，同类设备的外形尺寸和比例应该有一个定值或一规定范围。绘图时各图例要形象、明了、表达确切；图面要清楚美观，各图例的相对大小要适当。设备（机器）主体与其附属设备或内外附件要注意尺寸和比例的协调。

各图例在绘制时允许有方位变化，也允许几个图例进行组合或叠加。

设备、机器本身必须表示的附件，如卸料孔、人孔、膨胀节等可用一些简单明了的图形符号附加在相应的图例上。

图形线条宽度为0.25mm。

HG/T 20519.2—2009

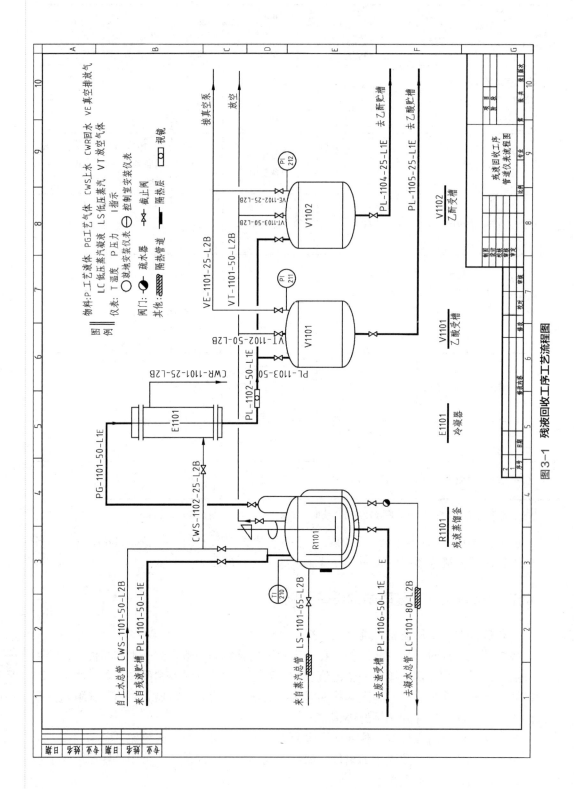

图3-1 残液回收工序工艺流程图

表3-3 工艺流程图常用设备图例

设备类型及代号	图例
塔(T)	填料塔　　板式塔　　喷洒塔
塔内件	降液管　受液盘　浮阀塔塔板　泡帽塔塔板　格栅板　升气管 湍球塔　筛板塔塔板　(丝网)除沫层　分配(分布)器、喷淋器　填料除沫层
反应器(R)	固定床反应器　列管式反应器　流化床反应器 反应釜(闭式、带搅拌、夹套)　反应釜(开式、带搅拌、夹套)　反应釜(开式、带搅拌、夹套、内盘管)
工业炉(F)	箱式炉　圆筒炉　圆筒炉
火炬烟囱(S)	烟囱　火炬

填料塔

板式塔

塔内件

固定床反应器

流化床反应器

搅拌式反应釜

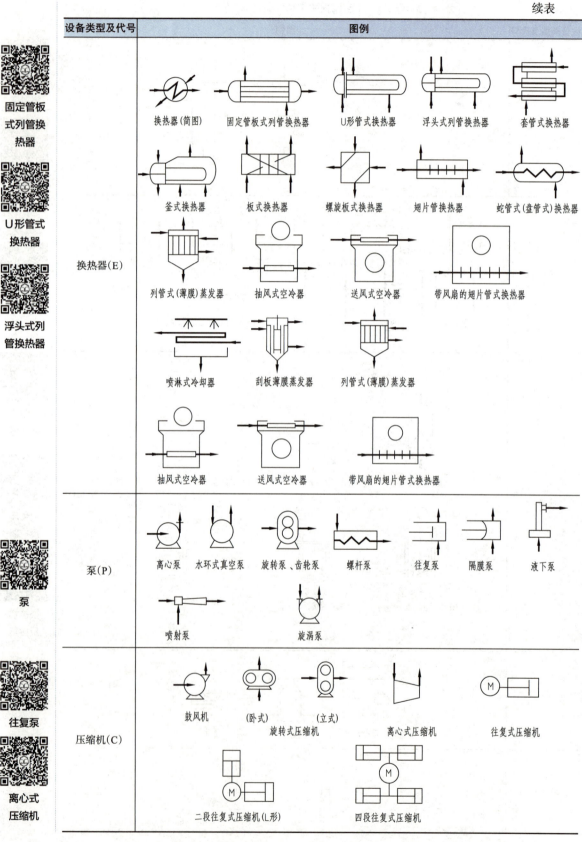

续表

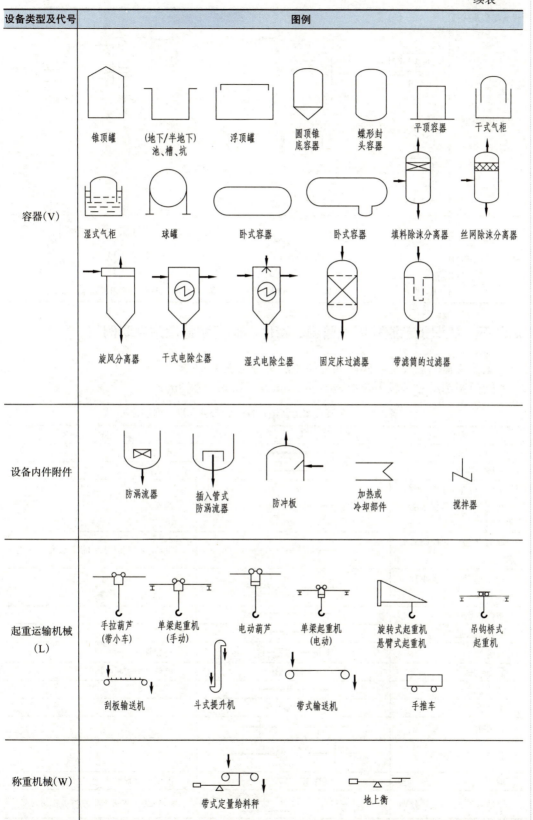

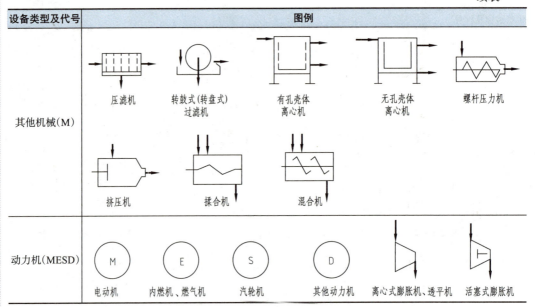

活动三　认识工艺流程图上管道、管件、阀门和管道附件图例

工艺流程图上管道、阀门和管件图形符号见表3-4。

阀门图例尺寸一般为长4mm、宽2mm或长6mm、宽3mm。

表3-4　工艺流程图上管道、阀门和管件图形符号图例

名称	图例	备注
主物料管道		粗实线
辅助物料管道		中实线
引线、设备、管件、阀门、仪表图形符号和仪表管线等图例		细实线
原有管道（原有设备轮廓线）		管线宽度与其相接的新管线宽度相同
地下管道（埋地或地下管沟）		
蒸汽伴热管道		
电伴热管道		
夹套管		夹套管只表示一段
管道绝热层		绝热层只表示一段
翅片管		
柔性管		
管道相连		
管道交叉（不相连）		
地面		仅用于绘制地下、半地下设备
管道等级、管道编号分界		××××表示管道编号或管道等级代号

续表

名称	图例	备注
责任范围分界线		WE随设备成套供应 B.B买方负责;B.V制造厂负责; B.S卖方负责;B.I仪表专业负责
绝热层分界线		绝热层分界线的标识字母"X"与绝热层功能类型代号相同
伴管分界线		伴管分界线的标识字母"X"与伴管的功能类型代号相同
流向箭头		
坡度	$i=$	
进、出装置或主项的管道或仪表信号线的图纸接续标志,相应图纸编号填在空心箭头内		尺寸单位,mm 在空心箭头上方注明来或去的设备位号或管道号或仪表位号
同一装置或主项内的管道或仪表信号线的图纸接续标志,相应图纸编号的序号填在空心箭头内		尺寸单位,mm 在空心箭头上方注明来或去的设备位号或管道号或仪表位号
取样、特殊管(阀)件的编号框	A SV SP	A:取样 SV:特殊阀门; SP:特殊管件 圆直径:10mm
闸阀		
截止阀		
节流阀		
球阀		圆直径:4mm
旋塞阀		圆黑点直径:2mm
隔膜阀		
角式截止阀		
角式节流阀		
角式球阀		
三通截止阀		
三通球阀		
三通旋塞阀		
四通截止阀		
四通球阀		
四通旋塞阀		
止回阀		
柱塞阀		
蝶阀		
减压阀		

闸阀

截止阀

球阀

旋塞阀

隔膜阀

止回阀

蝶阀

续表

名称	图例	备注
角式弹簧安全阀		阀出口管为水平方向
角式重锤安全阀		阀出口管为水平方向
直流截止阀		
疏水阀		
插板阀		
底阀		
针形阀		
呼吸阀		
阻火器		
带阻火器呼吸阀		
视镜、视钟		
消声器		在管道中
消声器		放大气
限流孔板	(多板) (单板)	圆直径10mm
爆破片		真空式 压力式
喷射器		
文氏管		
Y型过滤器		
锥型过滤器		方框 5mm×5mm
T型过滤器		方框 5mm×5mm
篮式过滤器		方框 5mm×5mm
管道混合器		
膨胀节		
喷淋管		
焊接连接		仅用于表示设备管口与管道为焊接连接
螺纹管帽		
法兰连接		
软管接头		
管端盲板		
管端法兰(盖)		
阀端法兰(盖)		
管帽		
阀端丝堵		
管端丝堵		
同心异径管		

续表

名称	图例		备注
偏心异径管	(底平)	(顶平)	
圆形盲板	(正常开启)	(正常关闭)	
8字盲板	(正常关闭)	(正常开启)	
放空帽(管)	(帽)	(管)	
漏斗	(敞口)	(封闭)	
鹤管			
安全淋浴器			
洗眼器			
安全淋浴洗眼器			
	C.S.O		未经批准,不得关闭(加锁或铅封)
	C.S.C		未经批准,不得开启(加锁或铅封)

偏心异径管

圆形盲板

8字盲板

洗眼器

活动四　认识工艺流程图上常用物料的代号

物料代号用于管道编号,分为工艺物料代号及化学品、辅助物料和公用物料代号两类。

按物料的名称和状态取其英文名字的字头组成物料代号,一般采用2~3个大写英文字母表示。常用物料代号见表3-5。

表3-5　物料代号

类别	代号	物料名称	类别	代号	物料名称
工艺物料	PA	工艺空气	空气	AR	空气
	PG	工艺气体		CA	压缩空气
	PGL	气液两相流工艺物料		IA	仪表空气
	PGS	气固两相流工艺物料	蒸汽、冷凝水	HS	高压蒸汽
	PL	工艺液体		LS	低压蒸汽
	PLS	液固两相流工艺物料		MS	中压蒸汽
	PS	工艺固体		SC	蒸汽冷凝水
	PW	工艺水		TS	伴热蒸汽

续表

类别	代号	物料名称	类别	代号	物料名称
燃料	FG	燃料气	制冷剂	AG	气氨
	FL	液体燃料		AL	液氨
	FS	固体燃料		ERG	气体乙烯或乙烷
	LPG	液化石油气		ERL	液体乙烯或乙烷
	NG	天然气		FRG	氟利昂气体
	LNG	液化天然气		PRG	气体丙烯或丙烷
水	BW	锅炉给水		PRL	液体丙烯或丙烷
	CSW	化学污水		RWR	冷冻盐水回水
	CWR	循环冷却水回水		RWS	冷冻盐水上水
	CWS	循环冷却水上水	其他	H	氢
	DNW	脱盐水		N	氮
	DW	饮用水、生活用水		O	氧
	FW	消防水		DR	排液、导淋
	HWR	热水回水		FSL	熔盐
	HWS	热水上水		FV	火炬排放气
	RW	原水、新鲜水		IG	惰性气
	SW	软水		SL	泥浆
	WW	生产废水		VE	真空排放气
油	DO	污油		VT	放空
	FO	燃料油		WG	废气
	GO	填料油		WS	废渣
	LO	润滑油		WO	废油
	RO	原油		FLG	烟道气
	SO	密封油		CAT	催化剂
	HO	导热油		AD	添加剂

根据工程项目的具体情况，可以将辅助、公用工程系统物料代号作为工艺物料代号使用；也可以适当增补新的物料代号，但不得与表3-5中规定的物料代号相同。

如以天然气为原料制取合成氨的装置中，其工艺物料代号补充规定见表3-6。

表3-6 工艺物料代号补充规定

代号	物料名称	代号	物料名称	代号	物料名称
AG	气氨	CG	转化气	TG	尾气
AL	液氨	NG	天然气		
AW	氨水	SG	合成气		

活动五 认识工艺流程图隔热、保温防火和隔声代号

隔热（绝热）是指借助隔热材料将热（冷）源与环境隔离，它分为热隔离（绝热）

和冷隔离（隔冷）。

保温（冷）是借助热（冷）介质的热（冷）量传递使物料保持一定的温度，根据热（冷）介质在物料（管）外的存在情况分为伴管、夹套管、电加热等。

防火是指对管道、钢支架、钢结构、设备的支腿、裙座等钢材料作防火处理。

隔声是指对发出声音的声源采用隔绝或减少声音传出的措施。

按绝热及隔声功能类型的不同，以大写英文字母作为代号。

代号分为两类：通用代号和专用代号。

① 通用代号是泛指隔热、保温特性，不特定指明具体类别，优先用于物料流程图（PFD图）和管道仪表流程图（PID图）的A版。

② 专用代号是指特定的类别。随工程设计的进展和深化，在管道仪表流程图（PID图）的B版（内审版）及以后各版图中要采用专用代号。

管道仪表流程图隔热、保温、防火和隔声代号见表3-7。

表3-7　管道仪表流程图上隔热、保温、防火和隔声代号

代号	功能类型	备注	代号	功能类型	备注
H	保温	采用保温材料	S	蒸汽伴热	采用蒸汽伴管和保温材料
C	保冷	采用保冷材料	W	热水伴热	采用热水伴管和保温材料
P	人身防护	采用保温材料	O	热油伴热	采用热油伴管和保温材料
D	防结露	采用保冷材料	J	夹套伴热	采用夹套管和保温材料
E	电伴热	采用电热带和保温材料	N	隔声	采用隔声材料

课题二　绘制与识读流程框图

活动一　认识流程框图

流程框图是用方框（矩形）及文字表示的工艺过程及设备，用箭头表示物料流动方向，把从原料开始到最终产品所经过的生产步骤以图示的方式表达出来的图纸。流程框图又称为工艺方块图。

流程框图属于原理图，对可以通过多种方案制取的化工产品，可以通过流程框图进行比较，选择较优的生产方案。流程框图是化工工艺流程图中最简单、最粗略的一种，它表示的是生产工艺的示意流程，通常在设计初期绘制，只定性地描绘出由原料到产品所经过的化工过程或设备的主要路线。一个方框可以是一个工序或工段，也可以是一个车间或系统，方框之间用带箭头的直线连接，表示车间或设备之间的管线连接。

流程框图是工厂设计的基础，也是操作和检修的指南，无论在化工生产、管理过程中或在化工过程开发和技术革新设计时，还是在查阅资料或参观工厂时都要用到。用流程框图进行各种衡算，既简单、明了、醒目，也很方便，因此学会绘制与识读流程框图具有重要意义。

图3-2为氨碱法制纯碱工艺流程框图。

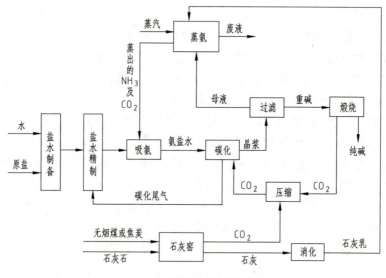

图 3-2 氨碱法制纯碱工艺流程框图

活动二 绘制流程框图

流程框图是一种示意性的展开图，主要内容包括：反映单元操作、反应过程或车间、设备的矩形方块；物料由原料变成半成品或成品的运行过程——带箭头的工艺流程线等。流程框图的绘制步骤如下：

① 根据原料转化为产品的顺序，从左到右、从上到下用细实线绘制反映单元操作、反应过程或车间、设备的矩形，次要车间或设备根据需要可以忽略。要保持它们的相对大小，以在矩形内能标注该单元操作、反应过程或车间、设备为宜，同时各矩形间应保持适当的位置，以便布置工艺流程线。

② 在各矩形间的物料的工艺流程线用带箭头的细实线绘出，箭头的指向要与物料的流向一致，并在起始和终了处用文字注明物料的名称或物料的来源、去向。

③ 若两条工艺流程线在图上相交而实际并不相交，应在相交处将其中一条工艺流程线断开绘制。

④ 工艺流程线可加注必要的文字说明，如原料来源，产品、中间产品、废物去向等。物料在流程中的某些参数（如温度、压力、流量等）也可在工艺流程线旁标注出来。

如氨合成工艺流程简述如下：

从净化工序送来的新鲜氢氮气，补充在油分离器出口的循环气中，共同进入冷交换器和氨冷器进一步冷却，使其中的氨气绝大部分冷凝为液氨并被分离出去。气体进入合成塔，经塔内环隙后，温度稍升高，引出到外部热交换器再次升高温度。气体再次进入合成塔，经塔内热交换器加热并在催化剂作用下发生氨合成反应，温度升高，出合成塔后依次经废热锅炉、热交换器和软水预热器回收热量，然后再经水冷器冷却，使气体中部分氨液化，经氨分离器分离出液氨，气体则进入循环压缩机补充压力形成循环回路。从冷交换器中的氨分离器分离出的液氨与氨分离器分离出的液氨汇合进入液氨贮槽。由于液氨贮槽压力降低，溶于液氨中的气体和部分氨被闪蒸出来，合成弛放气送出另作处理。为限制循环气中惰性气体含量，在氨分离器后放出一部分循环气，称为放空气。从整个系统来看，进入系统的是新鲜氢氮气，离开系统的是产品液氨、弛放气和放空气。

可按前述步骤绘制出如图 3-3 所示的流程框图。

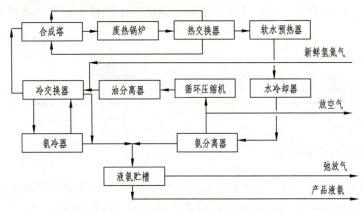

图 3-3　氨合成工艺流程框图

活动三　识读流程框图

常见的流程框图大多数为系统工艺框图，即化工生产过程中某一工艺系统（车间或一个工段等）的流程框图。

识读流程框图的目的主要是了解该工艺系统流程原理概略；了解由原料到产品过程中各物料的流向和经历的加工步骤；了解该系统的单元操作、化学反应过程或主要设备的功能及其相互关系、能量的传递和利用情况、副产品和"三废"的处理及排放等重要工艺和工程信息，为专业课程的学习和以后的生产操作提供帮助。

识读的步骤包括：
① 了解原料、产品的名称或其来源、去向；
② 按工艺流程次序，了解从原料到最终产品所经过的生产步骤；
③ 大致了解各生产步骤（或设备、装置）的主要作用。

对图 3-2 所示的氨碱法制纯碱工艺流程框图，识读如下。

原料有原盐、水、无烟煤或焦炭、石灰石，最终的产品为纯碱。基本工艺过程包括：
① 原盐与水在化盐桶中制备盐水溶液；
② 由无烟煤或焦炭在石灰窑内煅烧制备 CO_2 气体和生石灰；
③ 生石灰与水消化后制备成石灰乳；
④ 从石灰窑出来的二氧化碳气体送入压缩系统；
⑤ 碳化尾气与盐水进入盐水精制工序；
⑥ 精制后的盐水与蒸氨工序蒸出的气氨及 CO_2 进入吸氨工序；
⑦ 吸氨后的氨盐水与经压缩后的 CO_2 发生碳酸化反应生成碳酸氢钠；
⑧ 碳化后的晶浆送往过滤工段；
⑨ 碳化后的碳化尾气重新进入盐水精制；
⑩ 晶浆经过滤后所得到的母液进入蒸氨工序，重碱送煅烧炉煅烧；
⑪ 煅烧后得到产品纯碱，重碱分解得到的 CO_2 与石灰窑内产生的 CO_2 混合后送入压缩机；

⑫ 过滤后的母液与石灰乳用蒸汽加热后完成蒸氨,蒸出的 NH_3 及 CO_2 送往吸氨工序,残液排出。

针对上述内容的学习,请识读习题集中全国化工生产技术技能大赛精馏实训装置方框图。

课题三 绘制与识读方案流程图

活动一 认识方案流程图

方案流程图又称流程示意图或流程简图,用来表达物料从原料到成品或半成品的工艺过程,以及所使用的设备和机器。它是工艺设计开始时绘制的,供讨论工艺方案用。经讨论、修改、审定后的方案流程图是施工流程图设计的依据。图3-4所示为某化工厂空压站的方案流程图。

方案流程图的内容,只需概括地说明如下几个方面:

① 物料(介质)由原料转变为半成品或成品的来龙去脉——工艺流程线。
② 采用的各种机器及设备。

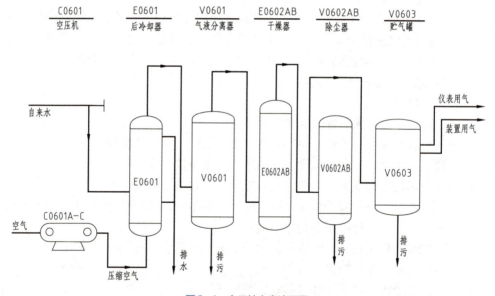

图3-4 空压站方案流程图

活动二 绘制方案流程图

方案流程图是一种示意性的展开图,即按工艺流程顺序,把设备和流程线自左至右都展开画在同一平面上,并加以必要的标注和说明,如图3-4所示。

1. 设备的画法

在图样中,用细实线按流程顺序依次画出设备示意图,一般设备取相对比例,但应保持它们的相对大小，允许实际尺寸过大的设备适当取缩小比例，实际尺寸过小的设备适当取放大比例。各设备的图例见表3-3，对未规定的设备（机器）的图形可根据其实际外形和内部结构特征绘制。各设备之间的高低位置及设备上重要接管口的位置，需大致符合实际情况。各台设备之间应保留适当的距离，以便布置流程线。

在方案流程图中，同样的设备可只画一套，对于备用设备，一般可以省略不画。

2. 工艺流程线的画法

用粗实线画出主要工艺物料流程线，中粗实线画出其他辅助物料流程线，在流程线上应用箭头标明物料流向，并在流程线的起始和终止位置注明物料名称、来源或去向。流程线一般画成水平或垂直。

注意：在方案流程图中一般只画出主要工艺流程线，其他辅助流程线则不必——画出。如遇有流程线之间，或流程线与设备之间发生交错或重叠而实际上并不相连时，应将其中的一线断开，断开处的间隙应为线宽的5倍左右，或曲折绕过设备图形，应尽量避免管道穿过设备。总之，要使各设备间流程线的来龙去脉清楚、排列整齐。

3. 设备位号的标注

在流程图的正上方或正下方靠近设备图形处标注设备的位号及名称，标注时排成一行，如图3-4所示。设备的位号包括设备分类号、工段号、同类设备顺序号和相同设备数量尾号等，设备位号标注如图3-5所示。并在设备图形中注写位号。

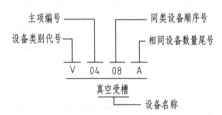

图3-5 设备位号的标注

在有的方案流程图上，也可以将设备依次编号，并在图纸空白处按编号顺序集中列出设备名称。对于流程简单、设备较少的方案流程图，图中的设备也可以不编号，而将名称直接注写在设备的图形上。但为了简化设计和方便阅读整套工艺图纸，列出各台设备的位号及名称较好。

每台设备只编一个位号，由四个单元组成，如图3-5所示。

① 设备类别代号。按设备类别编制不同的代号，一般取设备英文名称的第一个字母（大写）作代号。具体规定见表3-8。

表3-8 设备类别代号表

设备类别	代号	设备类别	代号	设备类别	代号
塔	T	反应器	R	起重运输设备	L
泵	P	工业炉	F	称重机械	W
压缩机、风机	C	火炬、烟囱	S	其他机械	M
换热器	E	容器（槽、罐）	V	其他设备	X

② 主项编号。主项（或工序）编号采用一位或两位数字顺序表示，即可为1~9或01~99。该代号按项目经理给定的主项编号编写。特殊情况下允许以主项代号作为主项编号。

③ 设备顺序号。按同类设备在工艺流程中流向的先后顺序编制，采用两位数字，从01开始，最大99。

④ 相同设备的数量尾号。两台或两台以上相同设备并联时，设备标注的位号前三

项完全相同,用不同的数量尾号予以区别。按数量和排列顺序依次以大写英文字母A、B、C…作为每台设备的尾号。

⑤ 书写方法。同一设备在施工图设计和初步设计中位号相同;初步设计经审查批准取消的设备及其位号在施工图设计中不再出现;新增的设备则应重新编号,不准占用已取消的位号;设备位号在流程图、设备布置图及管道布置图中书写时,在规定的位置画一条粗实线——设备位号线,线上方书写设备位号,线下方在需要时可书写设备名称。

为了给工艺方案讨论和管道仪表流程图的设计提供更为详细具体的资料,常将工艺流程中流量、温度、压力、液位控制以及成分分析等测量控制点画在方案流程图上。

因为方案流程图一般只保留在设计说明书中,因此,方案流程图的图幅一般不作规定,图框、标题栏也可省略。

活动三　识读方案流程图

方案流程图可以从以下几个方面来进行识读。
① 从标题栏可以了解流程图的图名、图号、设计阶段、签名等;
② 从设备位号的标注可以了解设备的位号、名称及数量;
③ 从流程图中可以了解生产过程所用的设备;
④ 从流程图中还可以看到各物料的来龙去脉。

没有标题栏时,第①项内容可不用考虑。

对图3-4所示的空压站方案流程图,可以完成该方案流程图的阅读,见表3-9。

表3-9　方案流程图的阅读

序号	信息种类	获取信息情况						
1	设备情况	设备名称	空压机	后冷却器	气液分离器	干燥器	除尘器	贮气罐
		台数	3	1	1	2	2	1
		位号	C0601	E0601	V0601	E0602	V0602	V0603
2	物料情况	空气	流程:空气→空压机→后冷却器→气液分离器→干燥器→除尘器→贮气罐→仪表用气及装置用气					
		自来水	流程:自来水→后冷却器→排水					

课外活动　巩固方案流程图的绘制与识读

本活动中,可对学生按每4~6人一组进行分组,各小组能结合习题集中全国化工生产技术技能大赛精馏实训装置方框图及精馏实训装置完成精馏实训装置方案流程图的绘制,并对该流程图进行识读,也可结合学校现有实训装置,绘制典型装置的方案流程图。

课题四　绘制与识读物料流程图

活动一　认识物料流程图

物料流程图是在初步设计阶段,完成物料衡算和热量衡算时绘制的。它是在方案流程图的基础上，采用图形与表格相结合的形式反映设计中物料衡算和热量衡算结果的图样。物料流程图可为设计审查提供资料，又是进一步设计的依据，还可为日后实际生产操作提供参考。图3-6为空压站的物料流程图。从图中可以看出，物料流程图的内容、画法和标注与方案流程图基本一致，只是增加了以下一些内容：

① 设备的位号、名称下方，注明了一些特性数据或参数。如换热器的换热面积、塔设备的直径与高度、贮罐的容积、机器的型号等。

② 流程的起始部位和物料产生变化的设备之后，列表注明物料变化前后组分的名称、千摩尔流量（kmol/h）、摩尔分数（$y\%$）等参数和每项的总和。具体书写时按项目依具体情况增减。表格线和引线都用细实线绘制。

物料在流程图中的某些工艺参数（如温度、压力等），可以在流程线旁注出。

物料流程图需画出图框和标题栏，图幅大小要符合国家标准《技术制图》系列的相关标准。

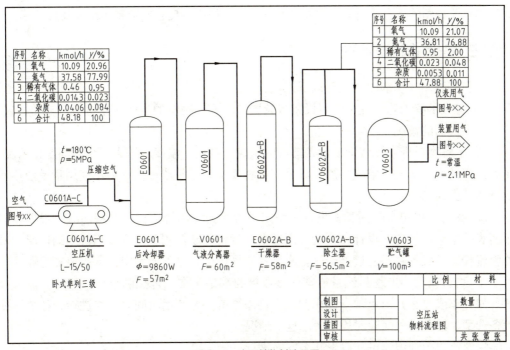

图3-6 空压站物料流程图

物料流程图由带箭头的物料线与若干表示生产装置区、工段（或设备、装置）的简单的外形图构成。

图中须标注：

① 装置或工段的名称及位号、特性参数；

② 带流向的物料线；

③ 物料表，对物料发生变化的设备，要从物料管线上引线列表表示该处物料的种类、流量、组成等，每项均应标出其总和数。

活动二　绘制物料流程图

物料流程图绘制时，设备外形不一定按比例绘制，可采用加长2号或3号幅面的长边，特殊流程也可以采用其他图幅。

物料流程图一般以车间或装置为单元进行绘制。

物料流程图的绘制步骤如下：

① 按照确定的工艺路线和设备形式从左至右先用细实线画出设备及装置方块轮廓，设备之间留有适当空隙，以布置物料流程线。

② 用细实线绘制物料流程线，并对物料的流向用箭头表示。

③ 再用细实线标注物料变化的引线列表，设备引线及表格。

④ 对物料管线用粗实线，辅助物料线用中粗线表示。

当物料组分复杂、变化多，在流程图中列表有困难时，如列表太挤或者流程图延长较多时，也可在流程图的下部，按流程图的顺序自左至右列表，并编排顺序号，用—◇—或—○—表示，以便对照查阅。

根据所编物料代号的数量及物料所涉及成分的数量在物料流程图的设备引线处列表，或在物料流程图的下方或右方画出物料平衡表。表格内容应包括流量、组成及合计等。

活动三　识读物料流程图

物料流程图在识读时需注意以下几点：

① 首先了解工艺流程中主要设备或装置的形式，物料的走向，原材料、辅助材料、产品、副产品的情况。

② 了解物料进入各装置或设备前后的组成、流量、温度、压力、状态的变化情况，了解需用的水、蒸汽、空气、燃气等公用物料要求，正常或最大、最小使用量及使用后的特性、去向等。

③ 物料流程图有时同类型设备只画出一台，但绘制管道仪表流程图时，根据物料平衡表的结果进行选型设计，可能会出现数台设备并联使用或留有备用机组的情况。故物料流程图只表示物料通过这类设备或装置的物料量，而不能表明设备或装置的数量。

④ 物料流程图上物料流量或其他参数指的都是正常工艺控制指标。但若其流量峰值（如开车或停车）与正常指标相差较大且需维持一定使用时间时，在进行管径核算或设备选型、辅助动力配套时均应考虑这一情况。

物料流程图的识读可从以下几个方面进行：

① 从标题栏可以了解流程图的图名、图号、设计阶段、签名等；

② 从标注可以了解设备的位号、名称；

③ 从流程图中可以了解到生产过程所用设备；

④ 可以从流程图中看到各物料的来龙去脉；

⑤ 从所列物料表格中可以看出物料变化情况。

对图3-6所示的物料流程图，可以识读出如下信息：

① 图纸名称：空压站物料流程图。

② 空压站物料流程图设备信息：卧式单列三级空压机3台，其位号为C0601；后冷却器1台，其位号为E0601，面积为57m²；气液分离器1台，位号为V0601，面积为60m²；干燥器2台，位号为E0602，面积为58m²；除尘器2台，位号为V0602，面积为

56.5m²；贮气罐 1 个，位号为 V0603，容积为 100m³。

③ 主要物料工艺流程：空气→空压机→后冷却器→气液分离器→干燥器→除尘器→储气罐→仪表及装置用气。

④ 物料表格所得信息：空压机压缩后空气以及净化后空气的组成为 O_2、N_2、稀有气体、CO_2、杂质，对应各气体的流量及组成见图 3-6 中的表格。

课题五　认识管道及仪表流程图的基本内容

活动一　认识管道及仪表流程图

管道及仪表流程图又称为带控制点工艺流程图、施工流程图，它也是在方案流程图的基础上绘制的、内容较为详尽的一种工艺流程图。在管道及仪表流程图中应把生产中涉及的所有设备、管道、阀门以及各种仪表控制点等都需要画出。它是设计、绘制设备布置图和管道布置图的基础，也是施工安装和生产操作时的主要参考依据。管道及仪表流程图有助于简化承担该工艺装置的开发、工程设计、施工、操作和维修等任务的各部门之间的交流。

管道及仪表流程图是一种示意性展开图，通常以工艺装置的主项（工段或工序）为单元绘制，也可以装置为单元绘制，按工艺流程次序把设备、管道流程自左至右展开画在同一平面上。

管道及仪表流程图一般包括以下几个方面内容：

① 图形。用规定的图形符号和文字代号表示设计装置的各工序中工艺过程的全部设备、机械，全部管道、阀门、主要管件（包括临时管道、阀门和管件）、公用工程站和隔热，全部工艺分析取样点和检测、指示、控制功能仪表，供货（成套、配套）和设计单位设计要求的标注。

② 标注。对上述图形内容进行编号和标注；对安全生产、试车、开停车和事故处理在图上需要说明事项的标注；对设备、机械等的技术选择性数据的标注（如果需要）；设计要求的标注。

③ 备注栏、详图和表格。

④ 标题栏及修改栏。

管道及仪表流程图按管道中物料类别划分，通常分为工艺管道及仪表流程图（简称工艺 PI 或 PID 图）、辅助物料及公用系统管道及仪表流程图（简称公用物料系统流程图）两类。

活动二　认识工艺管道及仪表流程图的图示方法

在工艺流程图上，所有设备都应按《化工工艺设计施工图内容和深度统一规定》规定的标准图例绘制，未列入标准的图例，可参照已有图例编制新图例，无类似图例的，只要求用细实线画出其简单的外形轮廓和其内部的主要特征。对过于复杂的机器设备，允许用一细实线绘制的矩形框表示，在框内注明位号和名称。图例见表 3-3。

管道、管件、阀门、管道附件图例见表3-4。

在管道仪表流程图上，应用细实线按标准图例画出和标注全部与工艺有关的检测仪表、调节控制系统和取样点、取样阀（组），常用测量仪表图例见表3-10。仪表的图形符号如图3-7所示。表示仪表安装位置的图形符号见表3-11。详细内容可参阅 HG/T 20505—2014《过程测量与控制仪表的功能标志及图形符号》。

表3-10　常用测量仪表图例

测量仪表	图例	测量仪表	图例
孔板流量计	—╢╟—	靶式流量计	
转子流量计		涡轮流量计	
文氏流量计		锐孔板	—╢╟—
电磁流量计	M	处理两个或多个参量相同(或不同)功能的复式仪表	○○　○○○

表3-11　仪表安装位置的图形符号

序号	安装位置	图形符号	序号	安装位置	图形符号
1	现场安装仪表	○	5	集中仪表盘后安装仪表	⊖ (虚线)
2	嵌在管道中的仪表	—○—	6	就地仪表盘后安装仪表	≡ (虚线)
3	集中仪表盘面安装仪表	⊖	7	DCS现场安装仪表	▢○
4	就地仪表盘面安装仪表	⊖	8	DCS控制室安装仪表	▢⊖

注：1. 仪表盘包括屏式、柜式、框架式仪表盘和操纵台等。
2. 就地仪表盘面安装仪表包括就地集中安装仪表。
3. 仪表盘面安装仪表，包括盘后面、柜内、框架上和操纵台内安装的仪表。

图3-7　仪表的图形符号

工艺流程图上的调节与控制系统，一般由检测仪表、调节阀、执行机构和信号线四部分构成。常见的执行机构有气动执行、电动执行、活塞执行和电磁执行四种方式，如图3-8所示。

控制系统常见的连接信号线有三种，如图3-9所示。连接方式如图3-10所示。

图3-8　执行机构的图示

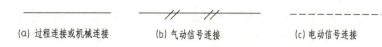

(a) 过程连接或机械连接　　(b) 气动信号连接　　(c) 电动信号连接

图3-9　控制系统常见的连接信号线的图示

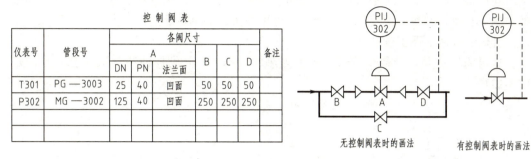

组合阀实物图

图3-10　控制阀组的图示

活动三　认识工艺管道及仪表流程图的标注

1. 设备的标注

管道及仪表流程图上所有工艺设备都要标注位号和名称，标注方法与方案流程图相同，且管道及仪表流程图和方案流程图中的设备位号应该保持一致。一般要在两个地方标注设备位号，第一处在设备内或设备旁，用粗实线画一水平位号线，在位号线的上方标注设备位号，但应注意，此处不标注设备名称。第二处在设备相对应位置图纸上方或下方，由设备位号、设备位号线和设备名称组成，要求水平排列整齐，并尽可能正对设备，用粗实线画出设备位号线，在位号线的上方标注设备位号，在位号线的下方标注设备名称，设备名称用汉字标注。若在垂直方向排列设备较多时，它们的位号和名称也可由上而下按序标注。

图3-1所示的残液回收工序工艺流程图中，所用设备主要有R1101残液蒸馏釜、E1101冷凝器、V1101乙酸受槽、V1102乙酐受槽。

2. 管道的标注

（1）管道编号及对象　管道及仪表流程图中全部管道都要标注管道组合号，但下列内容除外：

① 阀门、管路附件的旁路管道，例如调节阀的旁路，管道过滤器的旁路，疏水阀的旁路，大阀门的开启旁路等。

② 管道上直接排入大气的放空短管以及就地排放的短管，阀后直排大气无出气管的安全阀前入口管等，管道和短管连同它们的阀门、管件均编入其所在的（主）管道中。

③ 设备管口与设备管口直连，中间无短管者（如重叠直连的换热器接管）。

④ 直接连于设备管口的阀门或盲板（法兰盖）等；这些阀门、盲板（法兰盖）仍要在管道综合材料表中作为附件予以统计。

⑤ 仪表管道，如压力表接管、各类仪表信号管线等。

⑥ 卖方（或制造厂）在成套设备（机组）中提供的管道及管件等（卖方提供了管道仪表图或管道布置图），其材料应在材料表中予以统计。

(2) 标注内容 管道及仪表流程图的管道应标注的内容为四个部分，即管段号（由三个单元组成）、管径、管道等级和隔绝热（或隔声），总称为管道组合号。管段号和管径为一组，用一短横线隔开；管道等级和绝热（或隔声）为另一组，用一短横线隔开，两组间留适当的空隙。水平管道宜平行标注在管道的上方，竖直管道宜平行标注在管道的左侧。在管道密集、无处标注的地方，可用细实线引至图纸空白处水平（或竖直）标注。管道的标注如图 3-11 所示。

也可将管道号、管径、管道等级和隔热（或隔声）分别标注在管道的上下方，如图 3-12 所示。

```
PG  -  13   10 - 300   -   A1A - H
第     第    第   第         第    第
1      2    3    4          5    6
单     单    单   单          单    单
元     元    元   元          元    元
```

图 3-11　管道的标注（一）　　　图 3-12　管道的标注（二）

(3) 管道号各部分说明

① 第 1 单元为物料代号。用规定的大写英文缩写字母表示管道内流动的物料介质，物料字母代号见表 3-5。

② 第 2 单元为主项编号。按工程规定的主项编号填写，采用两位数字，从 01 开始，到 99 为止。

③ 第 3 单元为管道序号。相同类别的物料在同一主项内以流向先后为序，顺序编号。采用两位数字，从 01 开始，到 99 为止。

以上三个单元组成管段号。

④ 第 4 单元为管道规格。一般标注公称直径，以 mm 为单位，只注数字，不注单位，如 DN200mm 的公制管道，只需标注"200"；英制管需标注英寸符号，如 2″、4″。

⑤ 第 5 单元为管道等级。一般不进行标注，但对高压、高温等系统一定要标注。管道等级由三个单元组成：第一单元为管道的公称压力（MPa）等级代号，用大写英文印刷体字母表示，A~G 用于 ASME 标准（美国机械工程师协会标准）压力等级代号，H~Z 用于国内标准压力等级代号（其中 I、J、O、X 不用）；第二单元为管道材料等级顺序号，用阿拉伯数字表示，由 1~9 组成，在压力等级和管道材质类别代号相同的情况下，可以有九个不同系列的管道材料等级；第三单元为管道材质类别代号，用大写英文

表 3-12　管道等级代号

ASME 标准		国内标准			
代号	压力/LB	代号	压力/MPa	代号	压力/MPa
A	150(2MPa)	H	0.25	R	10.0
B	300(5MPa)	K	0.6	S	16.0
C	400	L	1.0	T	20.0
D	600(11MPa)	M	1.6	U	22.0
E	900(15MPa)	N	2.5	V	25.0
F	1500(26MPa)	P	4.0	W	32.0
G	2500(42MPa)	Q	6.4		

表3-13 管道材质编号

代号	材料名称	代号	材料名称
A	铸铁	E	不锈钢
B	碳钢	F	有色金属
C	普通低合金钢	G	非金属
D	合金钢	H	衬里及内防腐

字母表示。管道的公称压力等级代号及管道材料类别代号含义见表3-12和表3-13。

⑥ 第6单元为绝热或隔声代号。按绝热及隔声功能类型的不同，用大写英文字母作为代号，管道及仪表流程图隔热及隔声代号见表3-7。如果管道没有绝热及隔声要求，则管道标注中省略本部分。

注意，当工艺流程简单、管道品种规格不多时，则管道组合号中的第5、第6两单元可省略。第4单元管道尺寸可直接填写管子的外径×壁厚，并标注工程规定的管道材料代号。

管道标注示例见表3-14~表3-17。

表3-14 无装置识别号无系列号单元管道的标注

介质代号	管道编号		公称直径	管道等级	隔热代号
	工程的工序编号	顺序号			
PG	02	04	100	B2E	TO

管道标注为：PG-0204-100-B2E-TO

表3-15 无装置识别号有系列号单元管道的标注

介质代号	管道编号			公称直径	管道等级	隔热代号
	工程的工序编号	系列号	顺序号			
PG	02	B	04	100	B2E	TO

管道标注为：PG-02B04-100-B2E-TO

表3-16 有装置识别号无系列号单元管道的标注

介质代号	管道编号			公称直径	管道等级	隔热代号
	装置识别号	工程的工序编号	顺序号			
PG	01	02	04	100	B2E	TO

管道标注为：PG-010204-100-B2E-TO

表3-17 有装置识别号有系列号单元管道的标注

介质代号	管道编号				公称直径	管道等级	隔热代号
	装置识别号	工程的工序编号	系列号	顺序号			
PG	01	02	B	04	100	B2E	TO

管道标注为：PG-0102B04-100-B2E-TO

（4）管道编号和标注的注意事项　管道编号和标注的一般要求如下：

① 在满足设计、施工和生产方面的要求，并不会产生混淆和错误的前提下，管道号的数量应尽可能减少。

② 辅助和公用工程系统管道、界外管道的管道组合号均按上述方法编制。同一根管道在进入不同主项时，其管道组合号中的主项编号和顺序号均要变更。在图纸上要注

明变更处的分界标志。

③ 装置外供给的原料，其主项编号以接受方的主项编号为准。

④ 放空和排液管道若有管件、阀门和管道，则要标注管道组合号。若放空和排液管道排入工艺系统自身，其管道组合号按工艺物料编制。

⑤ 从一台设备管口到另一台设备管口之间的管道，无论其规格或尺寸改变与否，要编一个号；设备管口与管道之间的连接管道也要编一个号；两根管道之间的连接管道也要编一个号。

⑥ 一根管道与多台设备并联相连时，若此管道作为总管出现，则总管编一个号，总管到各设备的连接支管也要分别编号；若此管不作为总管出现，一端与设备直连（允许有异径管），则此管到离其最远设备的连接管编一个号，与其余各设备间的连接管也分别编号。

⑦ 界外管道作为厂区外管或另有单独主项号时，其编号中的主项编号要以界外管道主项为准。

3. 仪表、控制点的标注

管道及仪表流程图上需用细实线在相应的管道上用符号将仪表及控制点正确地绘出。符号包括图形符号和表示被测变量、仪表功能的字母代号。细圆直径为10mm，并用细实线连到工艺设备的轮廓线或工艺管道上的测量点。字母代号见表3-18。

表3-18 表示被测变量和功能仪表的字母代号

字母	首位字母		后续字母	字母	首位字母		后续字母
	被测变量或初始变量	修饰词	功能		被测变量或初始变量	修饰词	功能
A	分析		报警	N	供选用		供选用
B	喷嘴、火焰		供选用	O	供选用		节流孔
C	电导率		控制	P	压力、真空		连接或测试点
D	密度	差		Q	数量	积算、累计	
E	电压(电动势)		检出元件	R	核辐射		记录、DCS趋势记录
F	流量	比率(比值)		S	速度、频率	安全	开关、联锁
G	供选用		视镜、观察	T	温度		传递(变送)
H	手动			U	多变量		多功能
I	电流		指示	V	振动、机械监视		阀、挡板、百叶窗
J	功率	扫描		W	重量、力		套管
K	时间、时间程序		自动-手动操作器	X	未分类		未分类
L	物位		信号	Y	事件、状态		继电器(继电器)计算器、转换器
M	水分或湿度	瞬动		Z	位置、尺寸		驱动器、执行元件

仪表位号由字母代号组合与阿拉伯数字编号组成：第一位字母表示被测变量，后续字母表示仪表的功能（可一个或多个组合，最多不超过五个），被测变量及仪表功能的字母组合见表3-19，用一位或两位数字表示工段号，用两位数字表示仪表符号，不同被测参数的仪表位号不得连续编号。仪表序号编制按工艺生产流程同种仪表依次编号，如

图 3-13 所示。

表 3-19 被测变量及仪表功能字母组合示例

仪表功能	温度	温差	压力或真空	压差	流量	物位	分析	密度
指示	TI	TdI	PI	PdI	FI	LI	AI	DI
指示、控制	TIC	TdIC	PIC	PdIC	FIC	LIC	AIC	DIC
指示、报警	TIA	TdIA	PIA	PdIA	FIA	LIA	AIA	DIA
指示、开关	TIS	TdIS	PIS	PdIS	FIS	LIS	AIS	DIS
记录	TR	TdR	PR	PdR	FR	LR	AR	DR
记录、控制	TRC	TdRC	PRC	PdRC	FRC	LRC	ARC	DRC
记录、报警	TRA	TdRA	PRA	PdRA	FRA	LRA	ARA	DRA
记录、开关	TRS	TdRS	PRS	PdRS	FRS	LRS	ARS	DRS
控制	TC	TdC	PC	PdC	FC	LC	AC	DC
控制、变速	TCT	TdCT	PCT	PdCT	FCT	LCT	ACT	DCT

在管道及仪表流程图中，仪表位号中的字母代号填写在圆圈的上半圆中，数字编号填写在圆圈的下半圆中，如图 3-14 所示。

图 3-1 残液回收管道及仪表流程图中所使用的仪表有 TI210、PI211、PI212，从仪表标注情况看，有温度显示仪表 1 块，采用的是控制室安装仪表，压力显示仪表 2 块，均为就地安装仪表。

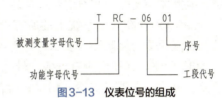

图 3-13 仪表位号的组成

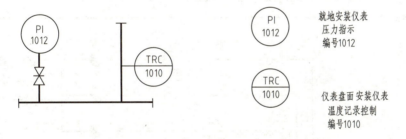

图 3-14 仪表的标注

活动四 认识辅助物料、公用物料管道及仪表流程图

辅助物料是指燃料气、燃料油、润滑系统（水、油等）、密封系统（水、油等）、液压系统（水、油等）、冲洗系统（水、油等）、稀释油、顶料用油、淬冷系统（水、油等）、化学污水、系统放空、尾气排放系统、火炬系统等。

公用物料是指非工艺用压缩空气、工厂空气、仪表空气、置换系统用氮气、导热油（用于加热、冷却）、加热蒸汽及冷凝液、生活用水、冷却水、冷冻盐水、制冷系统、保温用热水、软水、锅炉水、除盐水等。

辅助物料、公用物料管道及仪表流程图是管道及仪表流程图的补充和完善，也是装置中全部辅助管道实际安装体系的表示，是辅助管道施工安装的主要依据。

辅助物料、公用物料管道及仪表流程图与管道仪表流程图的表示方法相似，一般以装置或主项为单元，按辅助物料、公用物料类型不同根据辅助物料的相关性进行绘制。如循环上水与循环回水、水蒸气与冷凝液可以画在一张图纸上，流程简单时各类介质的管道流程图可以绘制在一张图上；如果流程较长、设备较多、介质又有多类型时，应该分开绘制。各种辅助物料、公用物料管道及仪表流程图无论是单张绘制还是分开绘制，在图纸编号和图名确定时一定要清楚，便于识别与区分。

辅助物料、公用物料主管分配、支管连接及其管段编号、管径、材质等要与工艺流程图中的一致。

1. 辅助物料系统管道及仪表流程图的内容

① 管道及仪表流程图上各辅助物料使用的设备或机器。如画循环上水、循环回水管道流程图时，所有需要循环水冷却的设备或机器均需按管道及仪表流程图中要求的画法，按设备布置中的高低关系及辅助物料总管通过的先后顺序在图纸中表示出来；并画出使用辅助物料的设备上辅助物料接管管口；设备外形可不按比例，相对高度也不按比例，但大体与实际应相符。

② 辅助物料管道系统上的所有设备、管道、管件、阀门、管道附件等均应按管道及仪表流程图的绘制要求表示。支管与总管的连接关系及顺序号尽量与实际布置一致。

③ 标注。标注出所有设备位号及名称；标注出所有辅助物料总管及支管的管段号、管径、材质、保温（保冷）情况；标注出所有的检测仪表、控制系统、分析取样点等；标注出特殊要求如坡向、坡度、最小高差等。另外对热力管道要根据计算设置必要的热补偿器。最后注出辅助物料的来源及去向。

如图3-15所示的辅助物料管道及仪表流程图，图中主管走向、支管分出的顺序与实

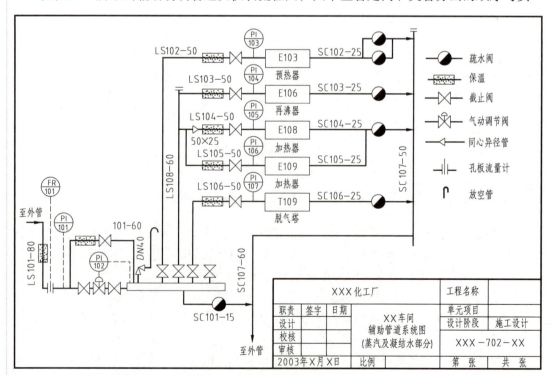

图3-15 辅助物料管道及仪表流程图

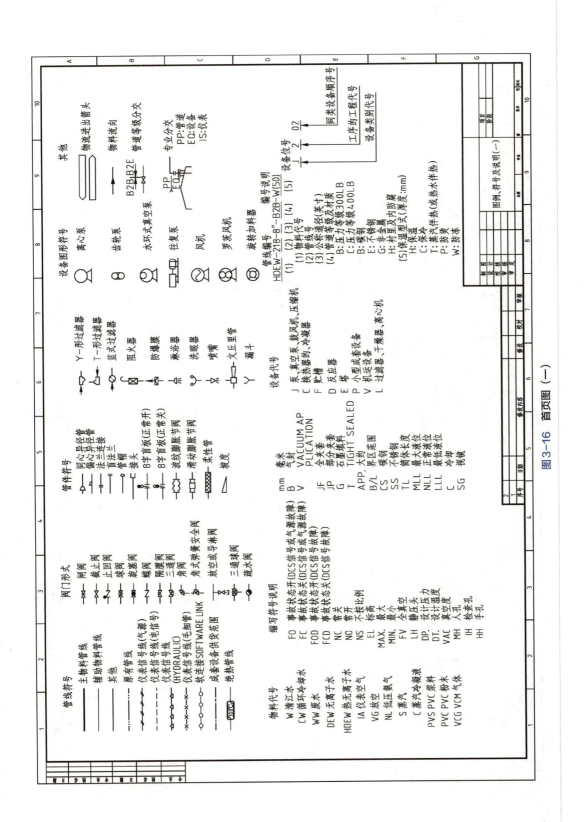

图3-16 首页图（一）

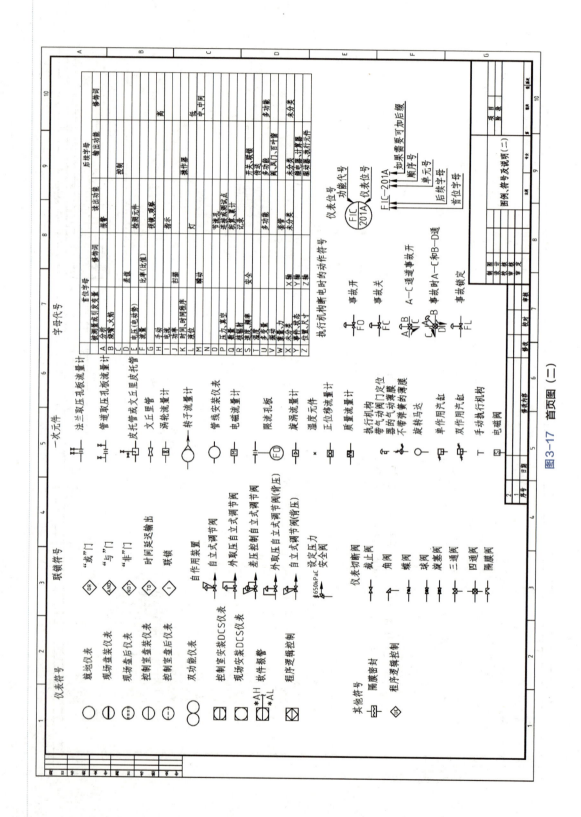

图3-17 首页图(二)

际配管相同，主管用粗实线绘制，总管上全部阀门和控制点应按规定用细实线画出其符号，并注明代号。支管也用粗实线绘制，支管上管件、阀门及控制点等除与设备或工艺物料管道连接处需画在管道及仪表流程图上外，其余应在本图全部画出。支管引向设备处，则画一细线长方框，框内注明设备位号（或工艺物料管道的管段号），必要时还要注明该设备（或管道）所在的管道及仪表流程图的图号。

2. 识读注意事项

辅助物料及公用物料管道仪表流程图识读时应注意：

① 首先应全面了解使用该种辅助物料的所有设备或机器的名称、数量。

② 掌握两台或两台以上相同设备的工艺物料及辅助物料的串联、并联或既可串联又可并联的关系，这样可以在设备出现故障情况时，正确做出处理决定。同时要了解辅助物料支管上的控制、限流、开闭管件的设置情况；有无备用辅助物料。

③ 了解辅助物料的检测仪表、分析取样点的设置情况，并结合其他资料如工艺规程、初步设计、设计计算书等掌握辅助物料的控制指标，做到心中有数，以便更准确无误地进行操作和指导生产。

活动五　认识首页图

在工艺设计施工图中，将所采用的部分规定以图表形式绘制成首页图，以便于技术人员识图和更好地使用设计文件。一般将整套工艺流程编制成册，首页图放在第一页，以供查阅图纸相关说明。首页图如图3-16、图3-17所示，它包括如下内容。

① 装置中所采用的全部物料代号。
② 装置中所采用的全部管道、阀门、管件等的图例。
③ 管道编号说明。通常举一实例说明管道编号的各个单元及含义。
④ 设备编号说明。通常举一个实例说明表示设备编号的各个单元及含义。
⑤ 装置中所采用的全部仪表图例、符号、代号等。
⑥ 所有设备类别代号。
⑦ 其他有关需要说明的事项。

图3-16和图3-17两张首页图包括了管线符号、阀门形式、管件符号、设备图形符号、物料代号、缩写符号说明、设备代号、管线编号及编号说明、仪表符号、联锁符号、一次元件、仪表切断阀、字母代号、执行机构断电时的动作符号、仪表位号等内容。

课题六　识读与绘制管道及仪表流程图

活动一　认识管道及仪表流程图的识读步骤

管道及仪表流程图的识读是工艺专业学生必备的一项基本技能，通过识读管道及仪表流程图可以了解工艺装置的结构和功能，管道及仪表流程图也是设备布置图和管道布置图的依据，是企业管理、试运转、操作、维修和开停车等所需的完整技术资料的重要部分。管道及仪表流程图中给出了物料的工艺流程，以及为实现这一工艺流程所需设备的数量、名称、位号、管道的编号、规格以及阀门和控制点的部位、名称等。识读管道及仪表流程的任务就是要把图中所给出的这些信息完全搞清楚，以便在管道安装和工艺操作中做到心中有数。

管道及仪表流程图识读的一般方法和步骤如下：

① 若工艺流程比较复杂，首先阅读首页图，弄清管道仪表流程图中的各种图形符号和文字代号的含义。

② 通过阅读标题栏，了解所读图样的名称，并了解本张图在系统中的位置。

③ 若工艺流程比较简单，可以通过图例了解各种图形符号、代号的意义及管道的标注等。

④ 读懂管道仪表流程图所描述的工艺装置结构和功能。具体包括：

（a）了解系统中设备的数量、名称及位号；
（b）了解主要物料的工艺流程；
（c）了解其他物料的工艺流程；
（d）了解仪表控制点的情况；
（e）了解阀门的种类、作用、数量等；
（f）了解主要管件的种类、作用、数量等。

活动二 识读管道及仪表流程图

以图 3-18 天然气脱硫系统工艺管道仪表流程图为例，分析管道及仪表流程图的阅读方法。

（1）阅读标题栏 由标题栏可知，该流程图为天然气脱硫系统工艺管道仪表流程图。

（2）阅读图例 由图例可知，该流程图包括了截止阀、闸阀和止回阀三种阀门；物料中 NG 代表天然气，AW 代表稀氨水，AR 代表空气，RW 代表原水，SG 代表合成气；仪表中 PI 代表压力表，A 代表取样分析。

（3）了解设备的数量、名称和位号 天然气脱硫系统的工艺设备共有9台。其中有相同型号的罗茨鼓风机两台（C0701A、B），一个脱硫塔（T0702），一个氨水储罐（V0703），两台相同型号的氨水泵（P0704A、B），一台空气鼓风机（C0705），一个再生塔（T0706），一个除尘塔（T0707）。

（4）了解主要物料的工艺流程

① 天然气。由配气站来的天然气原料，经罗茨鼓风机增加压力后，从脱硫塔底部进入，与塔顶喷淋下来的氨水气液逆流接触，天然气中的有害物质硫化氢被氨水吸收脱除。脱除硫化氢后的天然气进入除尘塔，在塔中经水洗进一步除尘和去除微量杂质后由塔顶出去送至后续造气工段。

② 氨水。由碳化工段来的稀氨水进入氨水储罐，经氨水泵加压后从脱硫塔上部进入。吸收了硫化氢的氨水从脱硫塔底部流出，经氨水泵加压后打入再生塔，在再生塔中与新鲜空气逆流接触发生氧化反应，脱除富氨水中的硫化氢，产生的酸性合成气从再生塔塔顶出去被送到硫黄回收装置；从再生塔底部出来的再生氨水由氨水泵打入脱硫塔后循环使用。

项目三 识读与绘制工艺流程图 109

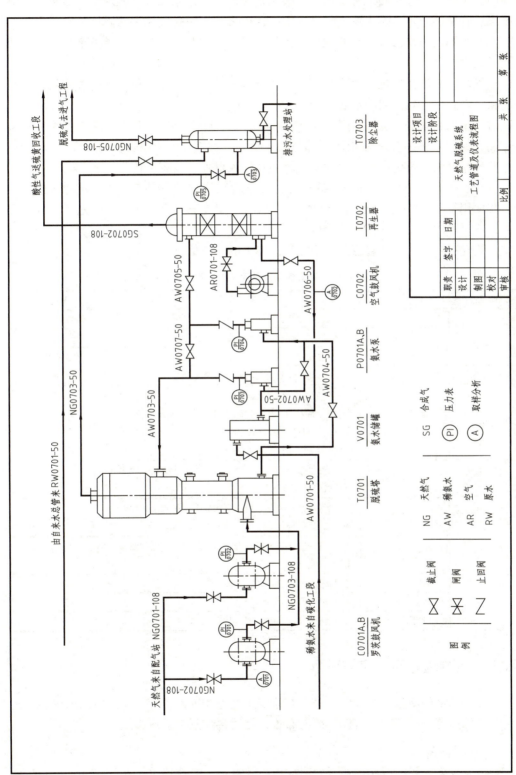

图3-18 天然气脱硫系统工艺管道仪表流程图

(5) 了解辅助介质的流程　由空气鼓风机来的空气用来除去废氨水中的硫化氢；由自来水总管来的原水从除尘塔上部进入塔中，用来除去脱硫气体中的微量杂质。

(6) 了解动力情况　两台并联的罗茨鼓风机（工作时一台备用）是整个系统中流动介质的动力。

空气鼓风机的作用是从再生塔下部送入新鲜空气。将富氨水里的含硫气体除去，通过塔顶排空管送到硫黄回收装置。

(7) 了解仪表控制点的情况　天然气脱硫系统中只有检测仪表，在两台罗茨鼓风机、两台氨水泵的出口和除尘塔下部物料入口处，共有5块就地安装的压力指示仪表。在天然气原料线、再生塔底出口和除尘塔原料气入口处，共有3个取样分析点。

(8) 了解阀门种类，作用和数量　脱硫工艺系统各管段均装有阀门，对物料进行控制。共使用了三种阀门：截止阀18个，闸阀8个，止回阀2个，止回方向是可由氨水泵打出，不可逆向回流，以保证安全生产。

天然气脱硫系统工艺管道及仪表流程图阅读的具体信息见表3-20。

表3-20　天然气脱硫系统工艺管道及仪表流程图阅读信息

获取信息途径	信息种类	获取信息情况	备注
图例	阀门	截止阀、闸阀、止回阀	符号见图例
	物料	天然气、稀氨水、空气、原水、合成气	符号见图例
	仪表	压力表、分析	符号见图例
标题栏	图纸名称	天然气脱硫系统工艺管道仪表流程图	
设备标注	设备数量、名称及位号	罗茨鼓风机2台(C0701A、B)，脱硫塔(T0702)1个，氨水储罐(V0703)1个，氨水泵(P0704A、B)2台，空气鼓风机(C0705)1台，再生塔(T0706)1个，除尘塔(T0707)1个	
工艺流程图	天然气流程	天然气来自配气站→罗茨鼓风机→脱硫塔→除尘塔→脱硫气去造气工段	
	氨水流程	稀氨水来自碳化工段→氨水储罐→氨水泵→脱硫塔→氨水泵→再生塔→氨水泵→脱硫塔循环	
	空气流程	空气→空气鼓风机→再生塔→酸性气送硫黄回收工段	
	原水流程	自来水→除尘塔→排污水处理池	
	仪表控制点	5块压力表、3个取样分析点	
	阀门情况	截止阀18个、闸阀8个、止回阀2个	

活动三　绘制管道及仪表流程图

为保证图纸的质量和绘图的效率，在绘制工艺流程图前，应根据选定的图幅和工艺流程草图的内容进行工艺流程图的图面布置，然后再绘制工艺流程图。

1. 图面布置

管道及仪表流程图的图面布置要考虑以下几点：

① 设备在图面上的布置，一般应按流程从左到右布置，但同时也应顺应管道的连接。

② 绘图区域一般确定为图纸的3/4（窄边）~4/5（宽边），并注意与图框线至少保留10~20mm的距离。

③ 塔、反应器、贮罐、换热器、加热炉一般从图面水平中线往上布置。

④ 泵、压缩机、鼓风机、振动机械、离心机、运输设备、称量设备，布置在图面1/4线以下。

⑤ 中线以下1/4高度供走管道使用。

⑥ 其他设备布置在流程要求的位置。例如：高位冷凝器要布置在回流罐上面，再沸器要靠塔放置，吊车放在起吊对象的附近等。

⑦ 对于没有安装高度（或位差）要求的设备，在图面上的位置要符合流程流向，以便于管道的连接。对于有安装高度（或位差）要求的设备及关键的操作台，要在图面上适宜位置表示出这个设备（或平台）与地面或其他设备（平台）的相对位置，标注出尺寸（或标高），但不需要按实际比例绘制。

⑧ 管道及仪表流程图总图面的安排不宜太挤，四周要留有一定空隙，推荐与边框线的最小距离和一般图面安排如图3-19所示。

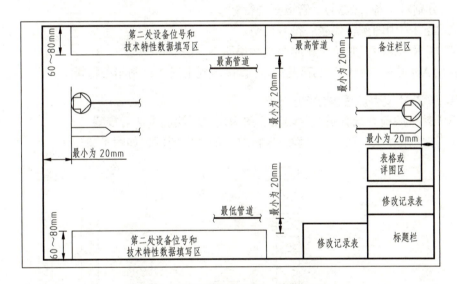

图3-19 管道及仪表流程图的一般图面布置

⑨ 设备位号应尽可能设计在同一水平线上，在工艺流程图中，除设备外，其他检测仪表、流量计、阀门、重要管件和控制系统的信号线，以及相关的符号、代号等，均应集中给出图例，图例的大小应与图中的实际大小相同，一般图例布置在图纸的右上角。

⑩ 工艺流程图中设备图例应尽可能排成一排，设备特别多时可排成上、下两排，不宜再多。应特别注意根据两设备之间需绘制物料流程线的多少来调整设备之间的相对距离，必须保证两平行物料流程线之间的距离大于或等于5mm，并注意在设备图例中预留标注设备位号的足够空间。

⑪ 物料流程线的相对位置应合理分布，应尽可能缩短物料流程线的长度，减少物料流程线的转折与交叉，避免物料流程线穿过设备；物料流程线进出设备接口的相对位置应与实际情况相近，并应与相关管道、阀门、设备的文字标注保留足够的空间。

2. 管道及仪表流程图的绘制步骤

① 根据图面布置确定的设备图例大小、位置，以及相互之间的距离，采用细点画线从左至右按流程确定各设备的中心位置。对初学者，可以用剪刀把纸剪成设备图样，写上设备名称，在欲绘制的图纸上摆放，以期找到合理的布置位置。

② 用细实线按照流程顺序和标准图例画出设备（机器）的规定图例，各设备（机器）横向间留有一定的间距，以便布置管道流程线，并注意管道及仪表流程图图面布置的几个原则。

③ 先用细实线按照流程顺序和物料种类，逐一画出各主要物流线，并配以表示流向的箭头。

④ 用细实线画出管道流程图的阀门、管件以及与工艺有关的检测仪表，调节控制系统，分析取样点的符号和代号。

⑤ 绘制完成后，按照流程顺序检查，看是否有漏画、错画情况，并进行适当的修改和补画。

⑥ 按标准将物料流程的线条改成粗实线，并给出表示物料流向的标准箭头。

⑦ 分别对设备（机器）、管道等进行标注。

⑧ 给出集中图例与代号、符号说明。

⑨ 填写标题栏，并给出相应的文字说明。

若用 AutoCAD 绘制工艺流程图，可直接用规定线条绘制相关物料线和设备线。

3. 管道及仪表流程图绘制实例

以天然气脱硫系统管道及仪表流程图为例说明绘制方法与步骤。

① 按照流程从左到右画出设备（机器）的规定图例，如图3-20所示。

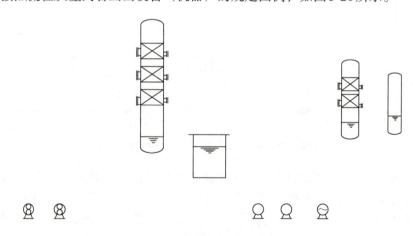

图3-20 天然气脱硫系统管道及仪表流程图绘制步骤（一）

② 用粗实线画出主要物料管道流程线，并配以表示流向的箭头；用中粗实线画出辅助物料、公用物料管道流程线，并配以表示流向的箭头，如图3-21所示。

③ 用细实线画出管道流程线上的阀、管件以及与工艺有关的检测仪表，调节控制系统，分析取样点的符号和代号，如图3-22所示。

④ 分别对设备（机器），管道等进行标注；填写备注栏、详图和表格；填写标题栏及修改栏。如图3-23所示。

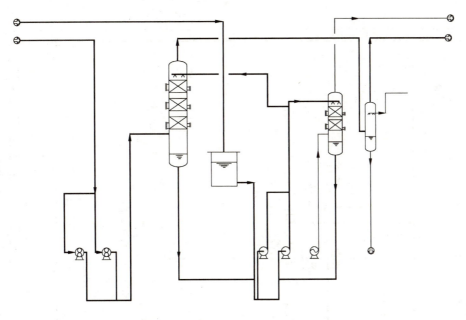

图3-21 天然气脱硫系统管道及仪表流程图绘制步骤（二）

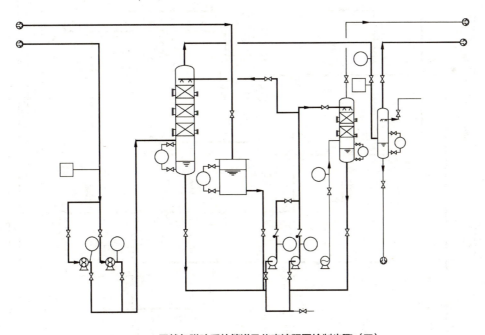

图3-22 天然气脱硫系统管道及仪表流程图绘制步骤（三）

课外活动　巩固管道及仪表流程图的阅读与绘制

活动方式：通过网络、图书馆等查找相关化工产品某工段管道及仪表流程图，也可根据学校实际情况，选择某一典型实训装置，让学生现场绘制管道及仪表流程图。可参照活动三所提供的步骤，抄绘或现场绘制相应的管道及仪表流程图，并参照活动二的内容，完成所绘制管道及仪表流程图的识读。

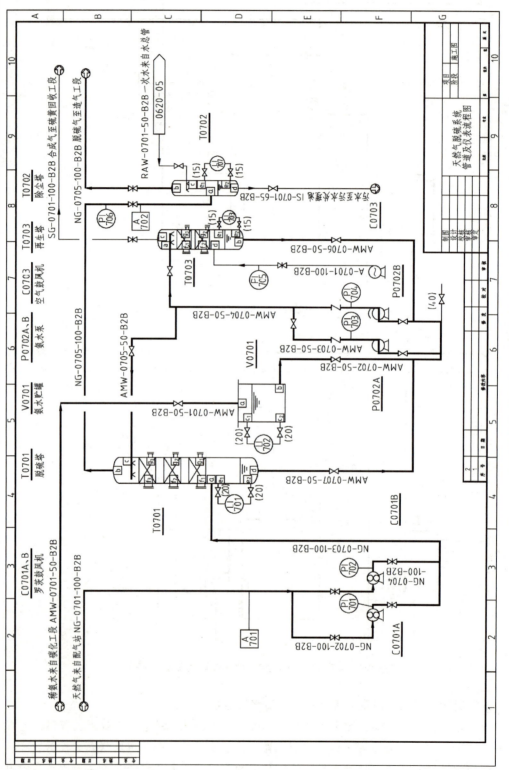

图3-23 天然气脱硫系统管道及仪表流程图绘制步骤（四）

项目四
识读与绘制化工车间设备布置图

 学习目标

知识目标
1. 了解建筑制图中国家标准的规定。
2. 认识建筑制图的基本内容。
3. 掌握设备布置图的图示特点。
4. 认识设备布置图的标注,掌握典型设备的标注方法。
5. 认识设备布置图中的内容。
6. 掌握识读设备布置图的方法和步骤。
7. 了解绘制设备布置图的方法。

技能目标
1. 能在教师引导下,认识化工车间厂房建筑工程图的相应内容。
2. 能读懂房屋建筑的视图。
3. 能根据设备布置图的相关规定,读懂设备布置图标注的内容。
4. 能准确识读设备布置图。
5. 能绘制简单的设备布置图。

素质目标
1. 培养严谨的学习态度。
2. 培养理论联系实际的习惯。
3. 培养科学的读图习惯和认真工作的习惯。
4. 培养持续专注的优秀品质。

工艺流程设计所确定的全部设备,必须根据生产工艺的要求与场地的状况,以及不同设备的具体情况,在厂房建筑物的内外进行合理的布置,并安装固定,才能确保生产的顺利进行。用以表达厂房建筑物内外设备安装位置的图样称为设备布置图。为了清楚地表达设备在车间的布置情况,除设备布置图外,还需有分区索引图、设备安装图和管口方位图等。

项目简介

课题一 认识建筑制图

化工生产中所使用的设备,必须在厂房建筑内外合理布置。因此技术人员绘制设备

布置图时，应该掌握厂房建筑的基本知识，并具备绘制和识读厂房建筑图的基本知识。

活动一　认识建筑制图国家标准

厂房属于工业建筑，为了使建筑制图规格统一，便于设计、施工、管理、技术交流，制图时要严格遵守相关国家标准。关于建筑制图的国家标准有：《房屋建筑制图统一标准》（GB/T 50001—2017）、《建筑制图标准》（GB/T 50104—2010）、《建筑结构制图标准》（GB/T 50105—2010）、《建筑给水排水制图标准》（GB/T 50106—2010）、《建筑电气制图标准》（GB/T 50786—2012）。

GB/T 50001—2017

GB/T 50104—2010

GB/T 50105—2010

GB/T 50106—2010

GB/T 50786—2012

1. 建、构筑物基础知识

安装化工生产装置的厂房建筑物，需充分考虑安全生产的要求，这是与一般民用建筑物不同的地方。如果在生产过程中，涉及闪点<28℃的液体、爆炸下限<10%的气体，常温下能自行分解或在空气中氧化能导致迅速自燃或爆炸的物质，必须按甲类建筑要求设计；如果涉及28℃≤闪点<60℃的液体、爆炸下限≥10%的气体、助燃气体，则应按乙类建筑要求设计。厂房建筑物的耐火极限（以楼板耐火极限为基准）规定如下：一级耐火等级为1.5h，二级耐火等级为1h，三级耐火等级为0.75h，四级耐火等级为0.5h。甲类单层厂房，耐火等级为一级时，每个防火分区的最大允许建筑面积为4000m²，耐火等级为二级时，每个防火分区的最大允许建筑面积为3000m²；甲类多层厂房，耐火等级为一级时，每个防火分区的最大允许建筑面积为3000m²，耐火等级为二级时，每个防火分区的最大允许建筑面积为2000m²。

建筑物的跨度、柱距和层高等均应符合建筑物模数的要求。不论框架结构或混合结构，在一幢厂房中不宜采用多种柱距。柱距要尽可能符合建筑模数的要求，这样可以充分利用建筑结构上的标准预制构件，节约设计和施工力量，加速基建进度。

① 跨度：6.0m、7.5m、9.0m、10.5m、12.0m、15.0m、18.0m。
② 柱距：4.0m、6.0m、9.0m、12.0m。钢筋混凝土结构厂房柱距多用6.0m。
③ 开间：3.0m、3.3m、3.6m、3.9m。
④ 进深：4.2m、4.8m、5.4m、6.0m、6.6m、7.2m。
⑤ 层高：0.3m的倍数，最低不得低于4.5m，每层高度尽量相同，不宜变化过多。
⑥ 走廊宽度：单面1.2m、1.5m；双面2.4m、3.0m。
⑦ 吊车轨顶：600mm的倍数。
⑧ 吊车跨度：电动梁式和桥式吊车的跨度为1.5m，手动吊车的跨度为1m。
⑨ 多层厂房一般应设两个楼梯间，厂房内任一点到最近安全出口的距离：火灾类别为甲类的建筑为25m，火灾类别为乙类的建筑为50m。疏散楼梯的最小净宽度不宜小于1.1m，疏散走道的最小净宽度不宜小于1.4m，门的最小净宽度不宜小于0.9m。

敞开构筑物的框架、平台、梯子等结构在布置时要注意和设备的搭配及操作上的方便性。

（1）框架　设备的框架可以与管廊结合一起布置，也可以独立布置。如果管廊下布置机泵，则管道上方的第一层框架布置高位容器，第二层布置冷却器和换热器，最上一层布置空冷器或冷凝冷却器。也可以根据各类设备的要求设置独立的框架，如塔框架、反应器框架、空冷器和容器框架等。

框架的结构尺寸取决于设备的要求，在管廊附近的框架，其柱距一般应与管廊柱距对齐，柱距常为6m。框架跨度随架空设备要求而不同，框架的高度应满足设备安装检修、工艺操作及管道铺设的要求，框架的层高应按最大设备的要求而定。布置时应尽可能将尺寸相近的设备安排在同一层框架上，以节省建筑费用。

（2）平台　当设备因工艺布置需要支撑在高位时，此时应为操作和检修设置平台。对高位设备，凡需要维修、检查、调节和观察的地点，如人孔、手孔、塔、容器管嘴法兰、调节阀、取样点、流量孔板、液面计、工艺盲板、经常操作的阀门和需要用机械清理的管道转弯处都应设置平台。平台的主要结构尺寸应满足下列要求：

① 平台的宽度一般不应小于0.8m，平台上净空不应小于2.2m。
② 相邻塔器的平台标高应尽量一样，并尽可能布置成联合平台。
③ 人孔、手孔设置的平台与人孔底部的距离宜为0.6~1.2m，不宜大于1.5m。
④ 为设备加料口设置的平台，距加料口顶不宜大于1.0m。
⑤ 直接装设在设备上的平台，不应妨碍设备的检修，否则应做成可拆卸式的平台。
⑥ 平台的防护栏杆高度为1.0m，标高20m以上的平台的防护栏杆高度应为1.2m。

（3）梯子的主要尺寸

① 斜梯的角度一般为45°，由于条件限制也可采用55°，每段斜梯的高度不宜大于5m，超过5m时应设梯间平台，分段设梯子。
② 斜梯的宽度不宜小于0.7m，也不宜大于1.0m。
③ 直梯的宽度宜为0.4~0.6m。
④ 设备上的直梯宜从侧面通向平台，每段直梯的高度不应大于8m，超过8m时必须设梯间平台，分段设梯子，超过2m的直梯应设安全护笼。
⑤ 甲、乙、丙类防火的塔区联合平台及其他工艺设备和大型容器或容器组的平台，均应设置不少于两个通往地面的梯子作为安全出口，各安全出口的距离不得大于25m。但平台长度不大于8m的甲类防火平台和不大于15m的乙、丙类平台，可只设一个梯子。

2. 房屋建筑图的视图

（1）立面图　立面图是表达建筑物各个方向外形的视图（见图4-1），其命名的方法如下：

① 从正面观察房屋所得的视图，称为正立面图（或称南立面图）。
② 从侧面观察房屋所得的视图，称为侧立面图（或称东立面图或西立面图）。
③ 从背面观察房屋所得的视图，称为背立面图（或称北立面图）。

图4-1　立面图

（2）平面图　假想经过门窗沿水平方向把房屋剖开，移去上部，从上向下投影而得到的全剖视图，称为平面图。其命名方法如下：

① 沿底层切开的,称为底层平面图。
② 沿第二层切开的,称为二层平面图,如图4-2所示。

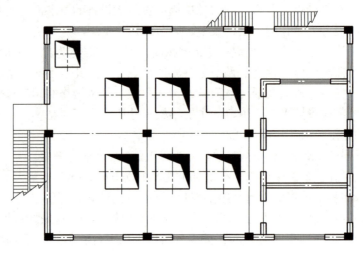

图4-2　二层平面图

③ 依次类推,分别称三层平面图、四层平面图等。

(3) 剖面图　假想用正平面或侧平面沿垂直方向把房屋剖开(注意切面均应通过门和窗,如剖切平面不能同时剖开外墙上和内墙上的门或窗时,也可将剖切平面转折一次),将处于观察者和剖切平面之间的部分移去,其余部分向投影面投影所得的图形称为剖面图。

建筑图剖面图有横剖面图[见图4-3(a)]和纵剖面图[见图4-3(b)]之分。如何进行剖切,可根据绘图需要自行决定。

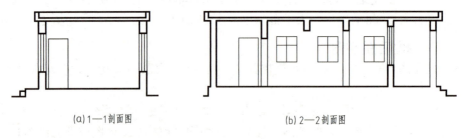

图4-3　剖面图

3. 图线及用途

建筑制图的图线有实线、虚线、点画线、波浪线等,以不同的线形、不同的线宽表示其用途,具体见表4-1。

表4-1　图线

名称	线形	线宽	用途
粗实线	——————	b	主要可见轮廓线
中实线	——————	$0.5b$	可见轮廓线
细实线	——————	$0.25b$	可见轮廓线、图例线等
中虚线	------------	$0.5b$	不可见轮廓线

续表

名称	线形	线宽	用途
细虚线	----------	0.25b	不可见轮廓线、图例线等
粗单点长画线	—·—·—·—	b	见有关专业制图标准
细单点长画线	—·—·—·—	0.25b	中心线、对称线、定位轴
折断线	—/\—	0.25b	不需画全的断裂界线
波浪线	～～～	0.25b	不需画全的断裂界线、构造层次的断开界线

4. 比例

建筑制图采用的比例，要符合表4-2的规定

房屋建筑图一般采用1∶50、1∶100，大型贮罐或仓库等也采用1∶200、1∶500，因此在建筑图中，对比例≤1∶50的平面图、剖面图、砖墙的剖面符号可不画45°斜线，而在底图背面涂红表示，对比例≤1∶100的平面图、剖面图，钢筋混凝土构件（如柱、梁、板等）不必画出剖面符号，而只需在底图上涂黑表示。

表4-2 比例

图名	比例
建筑物或构筑物的平面图、立面图、剖面图	1∶50、1∶100、1∶150、1∶200、1∶300
建筑物或构筑物的局部放大图	1∶10、1∶20、1∶25、1∶30、1∶50
配件及构造详图	1∶1、1∶2、1∶5、1∶10、1∶15、1∶20、1∶25、1∶30、1∶50
总平面图	1∶500、1∶1000、1∶2000

5. 建筑材料图例

建筑的不同部分采用不同的材料，在建筑图中常采用统一规定的图例来表达，见图4-4。

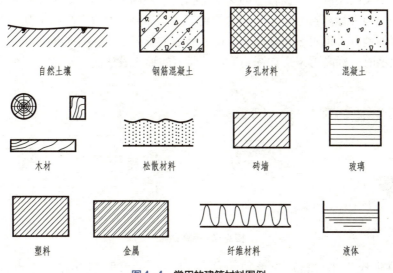

图4-4 常用的建筑材料图例

6. 尺寸标注

建筑制图的尺寸标注包括尺寸界线、尺寸线、尺寸起止符号、尺寸数字，如图4-5。

尺寸起止符号不采用箭头而采用45°的倾斜短线表示,在尺寸链最外侧的尺寸线需延长至相应尺寸界线外3~5mm。

注意:平面尺寸以毫米为单位,高度尺寸以米为单位,图中不必注明。

图4-5 建筑立面图的尺寸标注

7. 定位轴线及编号

建筑制图的定位轴线标注:把房屋的柱或承重墙的中心线用细点画线引出,在端点画一小圆圈,并按序编号称为定位轴线,它可用来确定房屋主要承重构件的位置、房屋的柱距与跨度。在设备或管道布置图中则可用来确定设备与管道的位置。

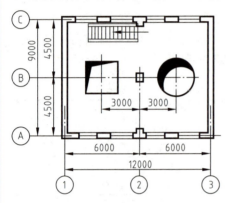

图4-6 建筑平面图的定位轴线

定位轴线的编号方法如下:

① 横向定位轴线:水平方向自左至右采用阿拉伯数字1、2、3等进行编号。

② 纵向定位轴线:垂直方向自下而上采用大写字母A、B、C等进行编号。

③ 定位轴线编号中采用的小圆直径为8mm,用细实线画出,如图4-6所示。

8. 标高符号

一般以细实线绘制,标高符号的尖端应指向被注高度的位置,尖端一般向下,也可向上。室外的地坪标高符号,宜采用涂黑的三角形表示,如图4-7(a)所示形式。对标注部位较窄的地方,也可采用如图4-7(b)所示的形式。在图样的同一位置需表达几个不同标高数字时,标高可采用如图4-7(c)所示的形式表达。

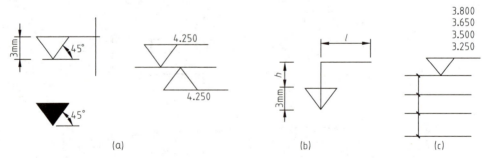

图4-7 标高的标注

标高数字应以米(m)为单位,注写到小数点后面第三位。零点标高应注写成±0.000,正数标高不注"+",负数标高需注"-"。

9. 索引符号

图样中的某一部位,如需另见详图,用索引符号注明,它是用粗实线绘制的直径为

10mm的圆，如图4-8所示。

10. 详图符号

详图符号是详图的标志，它是用粗实线绘制的直径为14mm的圆，可以注明详图编号及被索引图纸编号，如图4-9所示。

图4-8　索引符号画法　　　　　　　　图4-9　详图符号画法

11. 建筑图中的方位标

（1）指北针　图形如图4-10（a）所示，圆圈为细实线，直径约为25mm，在圈内绘制指北针，其下端的宽度为直径的1/8左右。

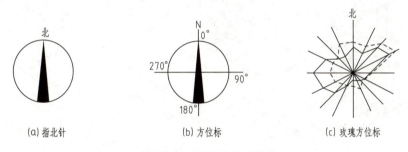

图4-10　建筑图中的方位标

（2）方位标　图形如图4-10（b）所示，圆为粗实线，直径为14mm，通过圆心绘制长度为20mm且互相垂直的两条直线，用"北"字（或字母N）标明真实的地理北向，并从北向开始顺时针方向分别标注0°、90°、180°和270°等。同时，可另用一条带箭头的直线，指明建筑物的朝向。

（3）玫瑰方位标　在项目工程的总平面图中，常采用玫瑰方位标来标明该项目工程所在地域每年各方向的风发生的频率。玫瑰方位标的图形如图4-10（c）所示。

活动二　认识建筑制图的基本内容

房屋建筑物按其使用性质一般分为民用建筑和工业建筑，但各种不同的建筑物其构造组成大致相似，房屋的组成如图4-11所示，主要分以下几种：

① 支承荷载作用的承重结构，如基础、柱、墙、梁、楼板等。
② 防止外界自然侵蚀或干扰的围墙结构，如屋面、外墙、雨篷等。
③ 沟通房屋内外与上下的交通结构，如门、走廊、楼梯、台阶、坡道等。
④ 起保护墙身作用的排水结构，如挑檐、天沟、雨水管、勒脚、散水、明沟等。
⑤ 起通风、采光、隔热作用的窗户、天井、隔热层等。
⑥ 起安全和装饰作用的扶手、栏杆、女儿墙等。

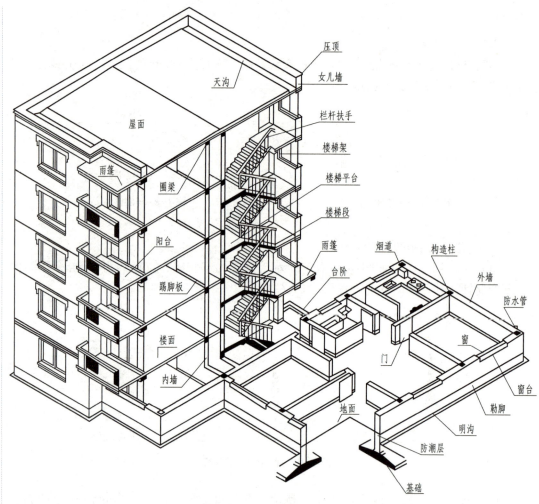

图 4-11　房屋建筑的组成

课题二　认识设备布置图

活动一　认识设备布置图的作用和内容

1. 设备布置图的作用

设备布置图是在简化的厂房建筑图上增加了设备布置的内容，用来表示设备与建筑物、设备与设备之间的相对位置，并能直接指导设备的安装。设备布置图是化工设计、施工、设备安装、绘制管道布置图的重要技术文件。

2. 认识设备布置图的内容

为了清楚地表达设备布置的详细情况，设备布置图一般包括以下内容：

（1）一组视图　视图按正投影法绘制，包括平面图和剖视图，用以表示装置的界区

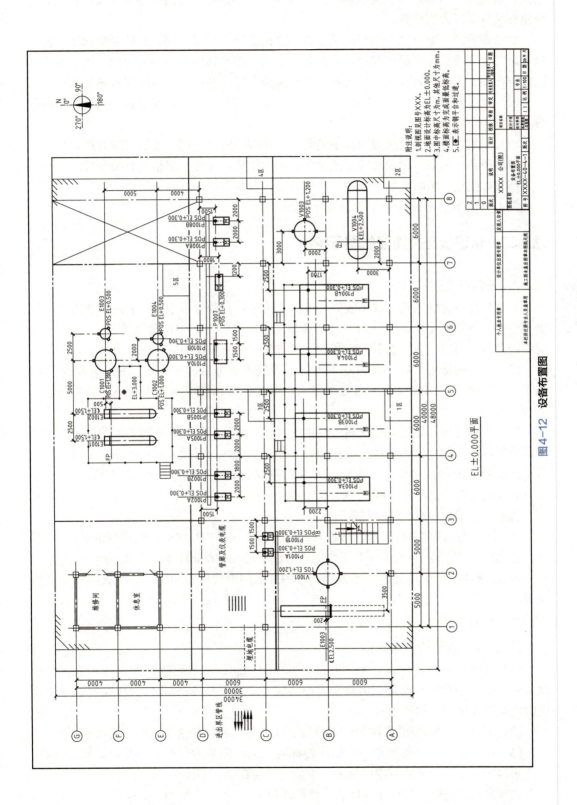

图4-12 设备布置图

范围，装置界区内建筑物、构筑物的形式和结构，设备在厂房内外的布置情况以及辅助设施在装置界区内的位置。

设备布置图一般以联合布置的装置或独立的主项为单元绘制，只绘制平面图。对于较复杂的装置或贯穿多层建筑物、构筑物的装置，用平面图表达不清楚时，可绘制立面图或剖面图，界区以粗双点画线表示，在界区外侧标注坐标，以界区左下角为基准点。

(2) 尺寸及标注　在视图中标注与设备布置有关的尺寸、建筑定位轴线、设备的位号及名称。

(3) 安装方位标　它是表示设备安装方位基准的图标，用于表示安装方位。

(4) 设备一览表　用表格的形式说明设备的位号、名称、规格及有关参数。

(5) 标题栏　填写图名、图号、比例及设计者签名。

图4-12表示了EL±0.000平面设备布置图。

活动二　认识设备布置图的图示特点

1. 设备布置图的分区

对于联合布置的装置（或小装置）或独立的主项，若管道平面布置图按所选定的比例不能在一张图纸上绘制完成时，需将装置进行分区。为了了解分区情况，方便查找，应编制分区索引图，分区索引图可利用设备布置图复制成底图后再进行分区。

(1) 分区的原则　以小区为基本单位，将装置划分为若干小区。每一小区范围的确定，以使该小区的管道平面布置图在一张图纸上绘制完成为原则。小区数不得超过99个。

(2) 绘制方法　分区索引图利用设备布置图添加分区界线，注明各区的编号。没分大区而只分小区的分区索引图，分区界线用粗双点画线（线宽0.6~0.9mm）表示。大区与小区相结合的分区索引图，大区分界线用粗双点画线（线宽 0.6~0.9mm）表示，小区分界线用中粗双点画线（线宽 0.3~0.5mm）表示。

(3) 分区编号和所在区位置的表示法

① 小区用两位数进行编号，即按 11、12、13、…、97、98、99 进行编号。

② 分区号应写在分区界线右下角的矩形框（16mm×6mm）内，字高为4mm。

③ 在管道布置图标题栏的上方用缩小的并加阴影线的索引图，表示该图所在区的位置。

图4-13为某车间分区索引图。

2. 设备布置图的一般规定

(1) 比例　常用1∶100，也可用1∶200或1∶50，主要视装置的设备布置疏密程度、界区的大小和规模而定。但对于大型装置（或主项），需要进行分段绘制设备布置图时，必须采用统一的比例。

(2) 图幅　一般采用A1图幅，不宜加长或加宽。遇特殊情况也可采用其他图幅。

(3) 尺寸单位　设备布置图中标注的标高、坐标以米为单位，小数点后取三位数，至毫米为止，其余的尺寸一律以毫米为单位，只注数字，不注单位。

如有采用其他单位标注尺寸时，应注明单位。

(4) 图名　标题栏中的图名一般分为两行，上行写"(××××)设备布置图"，下行

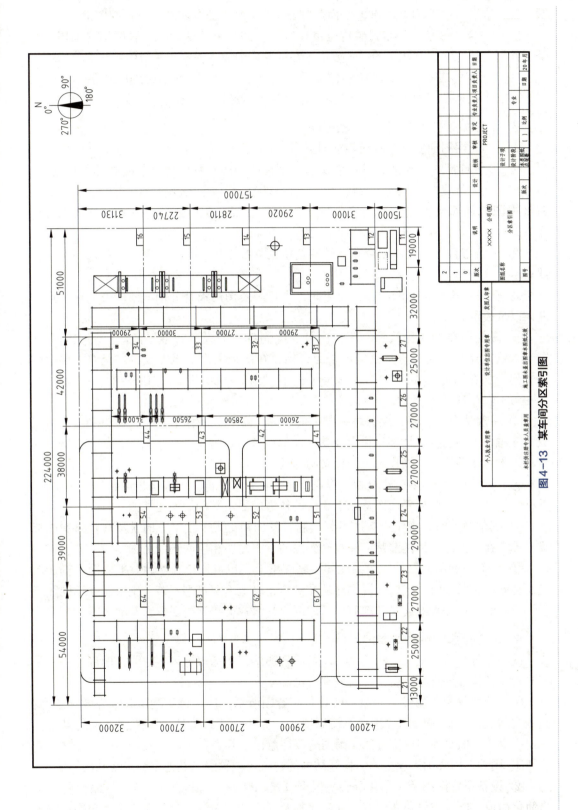

图 4-13 某车间分区索引图

写"EL-×.×××平面""EL±0.000 平面""EL +××.×××平面"或"×—×剖视"等。

（5）编号 每张设备布置图均应单独编号。同一主项的设备布置图不得采用一个号，并加上第几张、共几张的编号方法。在标题栏中应注明本类图纸的总张数。

（6）标高的表示 标高的表示方法宜用"EL-×.×××""EL±0.000""EL+×.×××"，对于"EL+×.×××" 可将"+"省略表示为"EL×.×××"。

3. 设备布置图图面安排及视图要求

设备布置图图面安排及视图要求如下：

① 设备布置图绘制平面图和剖视图。剖视图中应有一张表示装置整体的剖视图。对于较复杂的装置或有多层建筑物、构筑物的装置，当平面图表示不清楚时，可绘制多张剖视图或局部剖视图。剖视符号规定用 $A—A$、$B—B$、$C—C$、…大写英文字母或Ⅰ—Ⅰ、Ⅱ—Ⅱ、Ⅲ—Ⅲ、…数字形式表示。

② 设备布置图一般以联合布置的装置或独立的主项为单元绘制，界区以粗双点画线表示。

③ 在设备布置平面图的右上角应画一个0°与总图的设计北向一致的方向标。设计北向以N表示。

④ 多层建筑物或构筑物，应依次分层绘制各层的设备布置平面图。如在同一张图纸上绘几层平面时，应从最低层平面开始，在图纸上由下至上或由左至右按层次顺序排列，并在图形下方注明"EL-×.×××平面""EL±0.000 平面""EL+××.×××平面"或"×—×剖视"等。

⑤ 一般情况下，每一层只画一个平面图。当有局部操作平台时，在该平面上可以只画操作台下的设备，局部操作台及其上面的设备可以另画局部平面图。如不影响图面清晰，也可重叠绘制，操作台下的设备画虚线。

⑥ 一个设备穿越多层建筑物、构筑物时，在每层平面上均需画出设备的平面位置，并标注设备位号。各层平面图是以上一层的楼板底面水平剖切的俯视图。

⑦ 画剖视图时，规定设备按不剖绘制，其剖切位置及投射方向应按《建筑制图标准》规定在平面图上标注清楚，并在剖面图的下方注明相应的剖面名称。

⑧ 平面图和剖面图可以绘制在同一张图纸上，也可以单独绘制。平面图与剖面图绘制在同一图上时，应按剖视顺序从左到右，由上而下排列；若分别绘制在不同图纸上，可对照剖切符号的编号和剖面图（即剖面）名称，找到剖切位置及剖面图。

4. 设备布置图视图的表达方法

设备布置图采用正投影法绘制。设备布置图中视图的表达内容主要是两部分，一是建筑物及其构件，二是设备，下面分别讨论。

厂区布局
实例

（1）建筑物及其构件 如图4-12设备布置图所示，厂房建筑物及其构件的画法为：用细实线、细点画线表示，按建筑图纸所示，并采用规定的比例和图例（见附录一），画出厂房建筑的平面图或剖视图。画图时要注意以下几点：

① 用细点画线画出承重墙、柱等结构的建筑定位轴线，其他用细实线画出。

② 设备布置图图例及简化画法是根据《建筑制图》标准的有关规定并结合化工特点简化而成，所以与设备布置有关的建筑物及其构件，如门、窗、墙、柱、楼梯、楼板和梁、操作及检修平台、栏杆、管廊、安装孔洞、地坑、地沟、管沟、散水坡、吊轨及

吊车等,均应按附录一所示简化画出。

③ 与设备安装定位关系不大的门、窗等构件,一般只在平面图上画出它们的位置及门的开启方向等,在剖视图上则不予表示。

④ 设备布置图中,对于生活室和专业用房间如配电室、控制室、维修间等均应画出,以文字标注房间名称。

(2) 设备　设备布置是图中主要表达的内容,因此图中的设备及其附件(设备的金属支架、电机传动装置等)都应以粗实线画出。被遮盖的设备轮廓一般不画,如必须表示,则用粗虚线画出。设备的中心线用细点画线画出。

设备布置图图线宽度见表4-3。常用设备布置图图例及画法见附录一。

表4-3　设备布置图图线宽度规定

图线宽度	粗实线 0.6~0.9mm	中粗实线 0.3~0.5mm	细实线 0.15~0.25mm
设备	设备轮廓	设备支架、设备基础	其他

注:动设备(机泵等)如只绘出设备基础图线,线宽度用0.6~0.9mm。

设备轮廓在设备布置图中的画法如下:

① 非定型设备可适当简化画出设备的外形,包括附属的操作台、梯子和支架(注出支架代号)。如图4-12中立式贮罐V1001、V1003(有设备支架)所示。对于卧式设备不仅要简化画出设备的外形,还应画出其特征管口或标注固定侧支座。如图4-12中卧式贮罐V1004,不仅画出外形,而且用FP标注固定侧支座位置。设备的外形轮廓大小和形状应根据设备总装图的有关数据画出。

② 动设备只画基础,并表示出特征管口和驱动机的位置,驱动机的画法采用简化画法。如图4-12中泵P1001、P1002和P1003~P1005、P1008、P1010,压缩机C1001~C1002所示。

③ 位于室外而又与厂房不连接的设备及其支架等,一般只在底层平面图上予以表示。穿过楼层的设备、每层平面图上均需画出设备的平面位置,并可按图4-14所示的剖视形式表示。

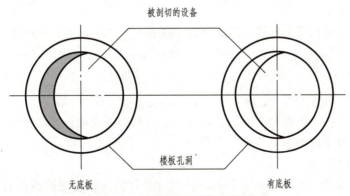

图4-14　穿过楼层设备剖视的表示形式

④ 用虚线表示预留的检修场所,如图4-12中E1003所示。

活动三　认识设备布置图的标注

设备布置图的标注包括厂房建筑定位轴线的编号、建(构)筑物及其构件的尺寸、设备的定位尺寸和标高，设备的位号及名称以及其他说明等。

1. 厂房建、构筑物的尺寸标注
（1）标注内容
① 墙、柱定位轴线的编号及间距尺寸。
② 厂房建筑物的总长度与宽度尺寸。
③ 为设备安装预留的孔、洞、沟、坑的定位尺寸。
④ 地面、楼板、平台、屋面的主要高度，以及其他与设备安装定位有关的建筑物、构筑物的高度尺寸。

（2）标注方法
① 建筑图的定位轴线标注。把房屋的柱或承重墙的中心线用细点画线引出，在端点画一小圆圈，并按序编号称为定位轴线，它可用来确定房屋主要承重构件的位置、房屋的柱距与跨度。在设备或管道布置图中则可用来确定设备与管道的位置。定位轴线的编号方法如下：
（a）横向定位轴线，水平方向自左至右采用阿拉伯数字1、2、3等进行编号。
（b）纵向定位轴线，垂直方向自下而上采用大写字母A、B、C等进行编号。
（c）定位轴线编号中采用的小圆直径为8mm，用细实线画出，如图4-6所示。
② 厂房建筑物、构筑物的尺寸标注与建筑制图的要求相同，应以相应的定位轴线为基准，平面尺寸以毫米为单位，高度尺寸以米为单位，图中不必注明。
③ 一般采用建筑物的定位轴线和设备中心线的延长线作为尺寸界线。
④ 尺寸线的起止点不采用箭头而采用45°的倾斜短线表示，在尺寸链最外侧的尺寸线需延长至相应尺寸界线外3~5mm，如图4-5所示。
⑤ 标高符号一般以细实线绘制，标高符号的尖端应指向被注高度的位置，如图4-7所示。
⑥ 标高数字应以米为单位，注写到小数点后面第三位。零点标高应注写成±0.000，正数标高不注"+"，负数标高需注"-"，如图4-15中的"10.000""0.150""0.500"和"-0.300"等。
⑦ 相互有关的尺寸与标高，宜尽可能不注在同一水平线和垂直线上。

2. 设备的尺寸标注
（1）标注内容
① 设备的主要外形尺寸，如直径、总长与总高。
② 设备中心轴线所在的平面与立面位置，以及支撑点的标高位置。
③ 主要外接管口的坐标位置。

（2）标注方法
① 设备布置图一般不标注设备的形体尺寸，只标注设备之间或设备与厂房建筑物之间的安装定位尺寸。
② 平面布置图的尺寸标注。设备的平面定位尺寸尽量以建筑物和构筑物的轴线或管架、管廊的柱中心线为基准线进行标注。当某一设备已选择建筑物定位轴线作为基准标注定位尺寸后，其他邻近的设备则可依次以该设备已定位的中心轴线为基准来标注定位尺寸。如图4-16"±0.000"平面图中的原料槽（V101）和再沸器（E103），就是

项目四 识读与绘制化工车间设备布置图 129

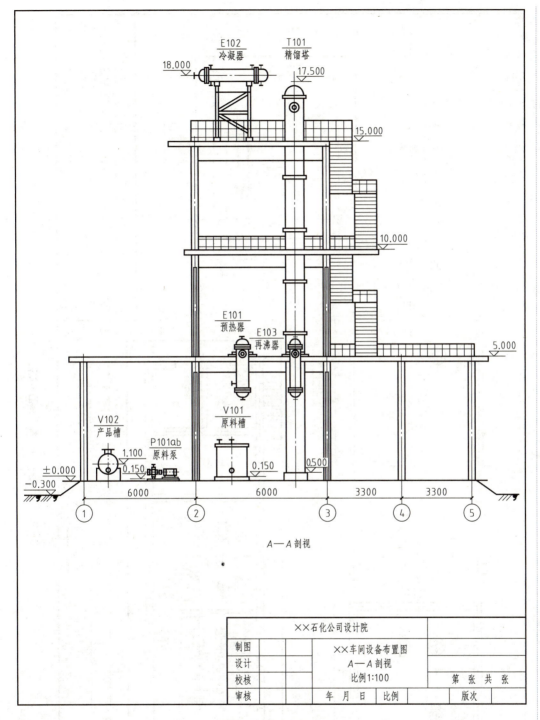

图4-15 车间设备布置立面图

以精馏塔（T101）的中心线为基准来标注定位尺寸的。设备自身的定位基准线选择原则如下：

（a）卧式容器和换热器以设备中心线和固定端或滑动端中心线为基准线，如图4-17所示，板式换热器以中心线和某一出口法兰端面为基准线。

车间平面布置图

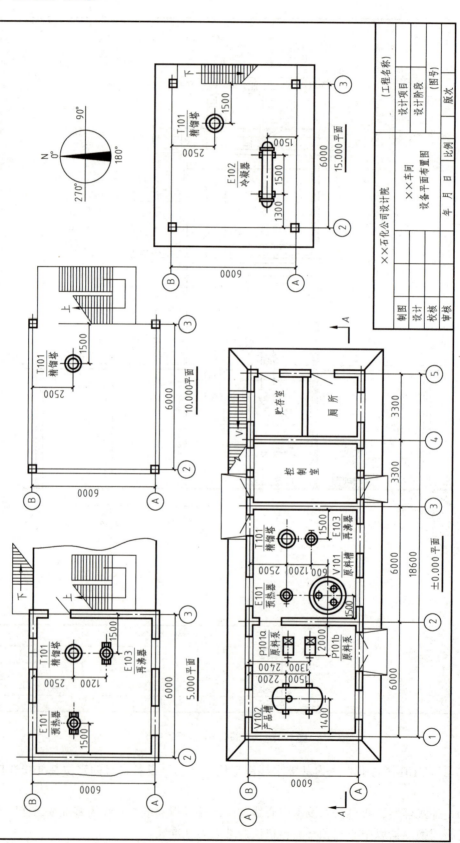

图4-16 车间平面布置图

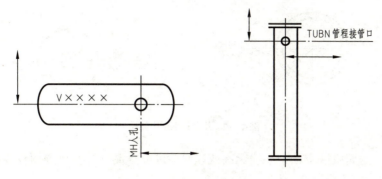

图4-17 卧式设备定位尺寸标注

（b）离心式泵、压缩机、鼓风机、蒸汽透平以中心线和出口管中心线为基准线，往复式泵、活塞式压缩机以缸中心线和曲轴（或电动机轴）中心线为基准线，如图4-18所示。

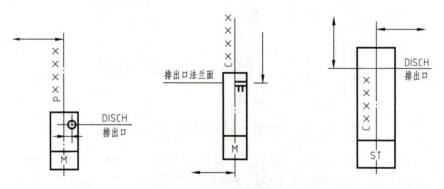

图4-18 动设备定位尺寸标注

（c）立式反应器、塔、槽、罐和换热器以设备中心线为基准线，如图4-19所示。

（d）直接与主要设备有密切关系的附属设备，如再沸器、喷射器、回流冷凝器、旋风分离器等，应以主要设备的中心线为基准予以标注。

（e）设备在平面图上标注设备标高时，在设备中心线或沿中心线引出的细实线上方标注与流程图一致的设备位号，下方标注设备的标高。

（f）卧式换热器、槽、罐以中心线标高表示，即"¢EL×××.×××"，如图4-20所示。

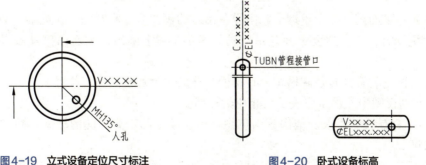

图4-19 立式设备定位尺寸标注　　　　图4-20 卧式设备标高

（g）反应器、立式换热器、板式换热器和立式槽、罐，以支承点标高表示，即"POS EL×××.×××"，如图4-21所示。

以支撑点
进行标高

反应器局
部剖视图

泵的标高

图4-21　以支撑点进行标高

(h) 泵、压缩机以主轴中心线标高或以底盘底面标高（即基础顶面标高）表示，即"¢EL×××.×××"。如图4-22所示。

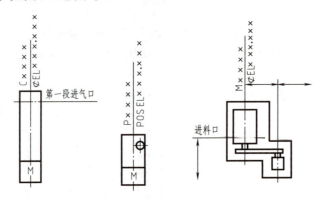

图4-22　泵和压缩机的标高

(i) 对管廊、支架，注出架顶的标高（如TOS EL ××.×××），如图4-23所示。

(j) 用虚线表示预留的检修场地（如换热器抽管束），按比例画出，不标注尺寸。预留的检修场地（换热器管束）标注方法如图4-24所示。

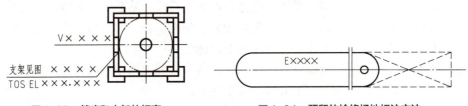

图4-23　管廊和支架的标高　　　　　图4-24　预留的检修场地标注方法

(k) 在平面图上表示重型或超限设备吊装的预留空地和空间。在框架上抽管束需要用起吊机具时，宜在需要最大起吊机具的停车位置上画出最大起吊机具占用位置的示意图。

对于进出装置区有装卸槽车，宜将槽车外形图示意在其停车位置上。

(l) 剖视图中的设备应表示出相应的标高。

(m) 对有坡度要求的地沟等构筑物，标注其底部较高一端的标高，同时标注其坡向及坡度。

(n) 同一位号的设备多于三台时，在平面图上可以表示首末两台设备的外形，中间的仅画出基础，或用双点画线的方框表示。

(o) 在平面图上表示平台的顶面标高、栏杆、外形尺寸。

(p) 需要时,在平面图的右下方可以列一个设备表,此表内容可以包括设备位号、设备名称、设备数量。

(q) 在设备中心线的上方标注设备位号,下方标注支承点的标高(如POS EL××.×××)或主轴中心线的标高(如 ¢ EL××.×××)。

3. 设备布置图安装方位标

在平面布置图的右上角用于表示设备安装方位基准的符号,称为方位标。通常采用的方位标有指北针、方位标、玫瑰方位标三种形式(参见图4-10)。该方位一经确定,凡必须表示方位的图样(如管口方位图、管口图等)均应统一。

方位标是用粗实线画出的直径为20mm的圆和水平、垂直两轴线构成,并分别注以0°、90°、180°、270°等字样。一般采用建筑北向(以"N"表示)作为零度方向基准。该方位一经确定,凡必须表示方位的图样均应统一。

4. 设备一览表

设备图可将设备位号、名称、规格及设备图号(标准号)等在图纸的标题栏上方列表注明。也可不在图上列表而在设计文件中附设备一览表,将车间所属设备分类编制表格,如非定型设备表、泵类设备表、压缩机与鼓风机类设备表、机电设备表等,以便订货、施工之用。如图4-25所示。

4	G203	刮板输送机	MC	1		
3	G202	刮板输送机	MC	1		
2	G201	刮板输送机	MS	1		
1	C201	立筒仓		1		
序号	代号	名称	规格型号	数量	重量	备注

图4-25　设备一览表

5. 设备布置图上的附注

通常,设备布置图上有以下附注:
① 剖视图见图号××××。
② 地面设计标高为EL±0.000。
③ 本图尺寸除标高、坐标以米计外,其余按毫米计。
④ 附注写在标题栏的正上方。

6. 设备布置图上设备名称及位号的标注

设备布置图中的所有设备均应标注名称及位号,且该名称及位号与工艺流程均应一致。设备名称及位号的标注格式与工艺流程图中相同。

标注方法一般有两种:一种是标注在设备图形的上方或下方;另一种是标注在设备图形附近,用指引线标注或标注在设备图形内。

活动四　认识典型设备的标注

非定型设备可适当简化,画出其外形,包括附属的操作台、梯子和支架(注出支架图号)。无管口方位图的设备,应画出其特征管口(如人孔),并表示方位角。卧式设备,应画出其特征管口或标注固定端支座。

动设备可只画基础，表示出特征管口和驱动机的位置。典型设备的标注如图4-26所示。

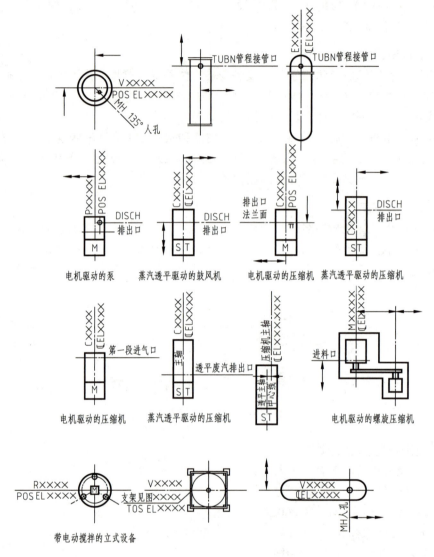

图4-26　典型设备的标注

活动五　认识设备安装图及管口方位图

1. 设备安装图

（1）设备安装图的作用和内容　设备安装详图用来表达安装、固定设备的非定型支架、支座、操作平台及附属的栈桥、钢梯、传动等设备。在设备布置设计中需要单独绘制图样，作为制造与安装的依据。图4-27为冷却塔挡架安装图，从图中可以看出它有如下内容：

① 一组视图。表示挡架各组成部分的结构形状、装配关系、挡架与设备的连接情况等。

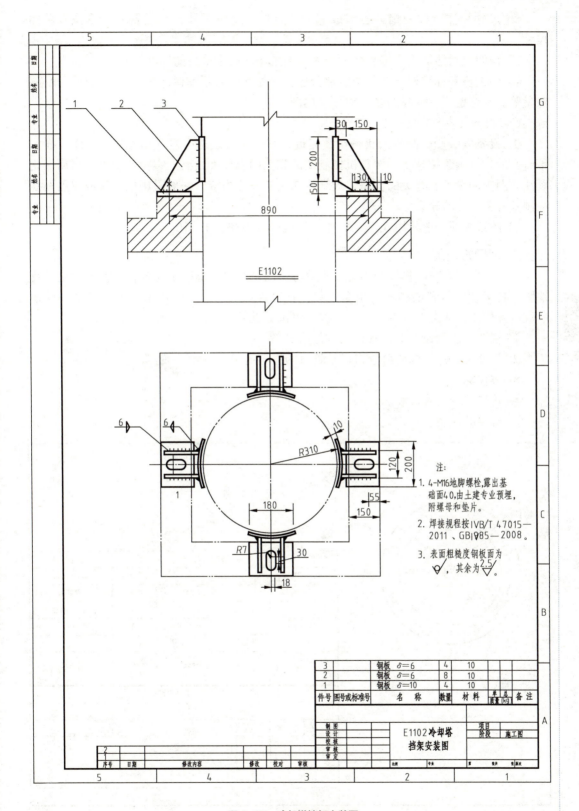

图4-27 冷却塔挡架安装图

② 尺寸标注。标明挡架各组成部分的定形、定位尺寸,与设备安装定位有关的尺寸。

③ 说明或附注。用于编写技术要求或施工要求以及采用的标准、规范。

④ 明细栏和标题栏。对各组成部分进行编号并列出明细栏,注写有关名称、规格、数量等。在标题栏中注写图名、图号、比例等。

(2) 设备安装图的画法

① 设备安装图的画法与机械制图相近,其中主要表达内容(如支架、支座、操作平台)的具体画法按技术制图与机械制图的相关国家标准绘制。螺栓、螺母等采用简化画法。图中的设备和有关的厂房建筑结构属次要表达内容,一般采用细实线或双点画线绘制其有关部分的轮廓。

② 图纸幅面一般采用A3图幅,比例一般为1∶20或1∶10。

2. 管口方位图

(1) 管口方位图的作用与内容　管口方位图是制造设备时确定各管口方位、支座及地脚螺栓等相对位置的图样,也是安装设备时确定安装方位的依据。图4-28是一设备的管口方位图,从图中可看出管口方位图应包括以下内容:

① 视图。表示设备上各管口的方位情况。

② 尺寸及标注。标明各管口以及管口的方位情况。

③ 方位标。

④ 管口符号及管口表。

⑤ 必要的说明。

管口方位图

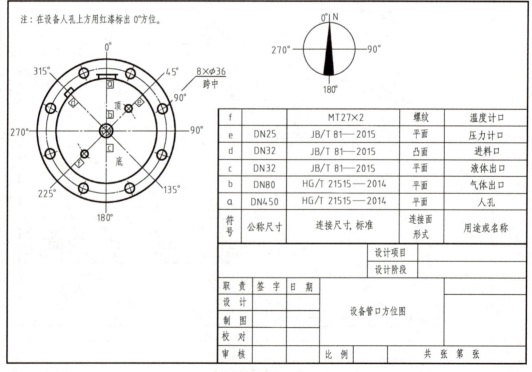

图4-28　管口方位图

⑥ 标题栏。

(2) 管口方位图的画法

① 视图。管口方位图只简化画出一个能反映设备管口方位的视图（立式设备采用俯视图，卧式设备采用左视图或右视图）。每个非定型设备一般绘制一张管口方位图。对于多层设备且管口较多时，则应分层画出管口方位图。用细点画线和粗实线画出设备中心线及设备轮廓外形；用细点画线和粗实线画出各管口、罐耳（吊柱）、支腿（或支耳）、设备铭牌、塔裙座底部加强筋及裙座上人孔、地脚螺栓孔的位置。

② 尺寸及标注。在图上按顺时针方位标出各管口及有关零部件的安装方位角；各管口用小写英文字母加方框（5mm×5mm）按顺序编写管口符号。

③ 方位标。图纸右上角绘制一个方位标，画法同前。

④ 管口符号及管口表。在标题栏上方列出与设备图一致的管口表，以注写各管口的编号、公称直径、公称压力、连接标准、连接面形式及管口用途等内容。在管口表右上侧注出设备装配图图号。

⑤ 必要的说明。在管口方位图上应加两点必要说明：

（a）应在裙座和器身上用油漆标明0°的位置，以便现场安装识别方位。

（b）铭牌支架的高度应能使铭牌露在保温层之外。

课题三　识读与绘制设备布置图

活动一　认识设备布置图的步骤

阅读设备布置图的目的，是为了了解设备在工段（装置）的具体布置情况，指导设备的安装施工以及开工后的操作、维修或改造，并为管道布置建立基础。识读设备布置图的步骤如下：

① 了解概况。根据管道仪表流程图、设备一览表了解基本工艺过程及设备的种类、名称、位号和数量；通过分区索引图了解设备分区情况，以及设备占用建筑物和相关建筑的情况；通过设备布置图上的标题栏了解每张图表达的重点。

② 看懂建筑结构。阅读设备布置图中的建筑结构主要是以平面图、剖视图分析建筑物的层次，了解各层厂房建筑的标高，每层中的楼板、墙、柱、梁、楼梯、门、窗及操作平台、坑、沟等结构情况，以及它们之间的相对位置。由厂房的定位轴线间距可得厂房大小。

③ 掌握设备布置情况。

活动二　识读设备布置图

识读天然气脱硫系统设备布置图，见图4-29。

1. 了解概况

通过项目三阅读天然气脱硫系统工艺流程图，了解基本工艺过程及设备的种类、名称、位号和数量。由图4-29标题栏可知，设备布置图有两个视图，一个为"EL±0.000平

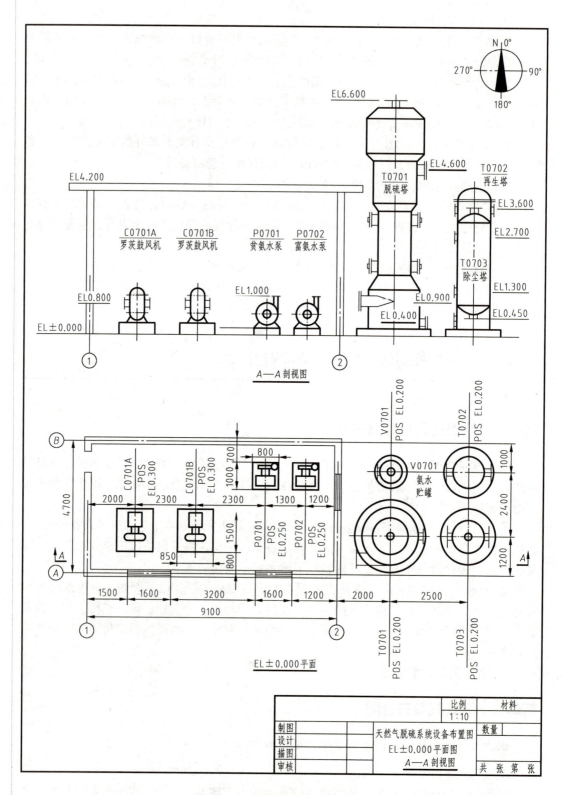

图4-29 天然气脱硫系统设备布置图

面图",另一个为"A—A剖视图"。图中共绘制了8台设备,分别布置在厂房内外,泵区在室内,塔区在室外。

2. 看懂建筑基本结构

天然气脱硫系统的泵区是一个单层建筑物,西面有一个门供操作工人内外活动,南面有两个窗供采光。厂房建筑的定位轴线编号分别为1、2和A、B,横向定位轴线间距为9.1m,纵向定位轴线间距为4.7m,室内外地面标高EL±0.000m,房顶标高EL4.200m。

3. 掌握设备布置情况

图中右上角的安装方位标(设计北向标志),指明了有关厂房和设备的安装方位基准。

(1)罗茨鼓风机(C0701A、B) 罗茨鼓风机的标高为POS EL0.300m,横向定位尺寸为2.0m(以1轴为基准线,该设备的中心线为基准),竖向定位尺寸为2.3m(以A轴为基准线,该设备进出口中心线为基准),相同设备中心线间距为2.3m。

罗茨鼓风机靠南墙部分是驱动电机,北面作为操作空间。

(2)氨水泵(P0702A、B) 氨水泵的标高为POS EL0.250m,横向定位尺寸为1.2m(以2轴为基准线,该设备的中心线为基准),竖向定位尺寸为1.7m(以A轴为基准线,该泵出口中心线为基准),相同设备中心线间距为1.3m。

氨水泵靠南墙部分是驱动电机,北面作为操作空间。

(3)脱硫塔(T0701) 其横向定位尺寸为2.0m、纵向定位尺寸为1.2m(以2、A轴为基准线,该设备中心线为基准),支承点标高是POS EL 0.200m,塔顶标高是EL 6.600m。

(4)氨水贮罐(V0701) 其支承点标高是POS EL 0.200m,横向定位尺寸为2.0m、纵向定位尺寸为3.6m(以2、A轴为基准线,该设备中心线为基准)。

氨水贮罐在脱硫塔的正北面,前后相距2.4m。

(5)除尘塔(T0703) 其横向定位尺寸为4.5m、纵向定位尺寸为1.2m(以2、A轴为基准线,该设备中心线为基准),支承点标高是POS EL 0.200m,塔顶标高是EL 2.700m。

除尘塔在脱硫塔的正东面,左右相距2.5m。

(6)再生塔(T0702) 其横向定位尺寸为4.5m、纵向定位尺寸为3.6m(以2、A轴为基准线,该设备中心线为基准),支承点标高是POS EL 0.200m。

再生塔在氨水贮罐的正东面,左右相距2.5m,在除尘塔的正北面,前后相距2.4m。

活动三 绘制设备布置图

设备布置图可按以下步骤绘制:
① 确定视图配置。
② 选定比例与图幅。
③ 绘制设备布置平面图。
④ 绘制设备布置剖视图。剖视图应完全、清楚地反映设备与厂房高度方向的关系,在充分表达的前提下,剖视图的数量应尽可能少。
⑤ 绘制方位标。
⑥ 标注图上的附注。
⑦ 完成图样。填写标题栏,检查、校核,最后完成图样。

下面以天然气脱硫系统设备布置(图4-29)为例介绍绘图方法与步骤。

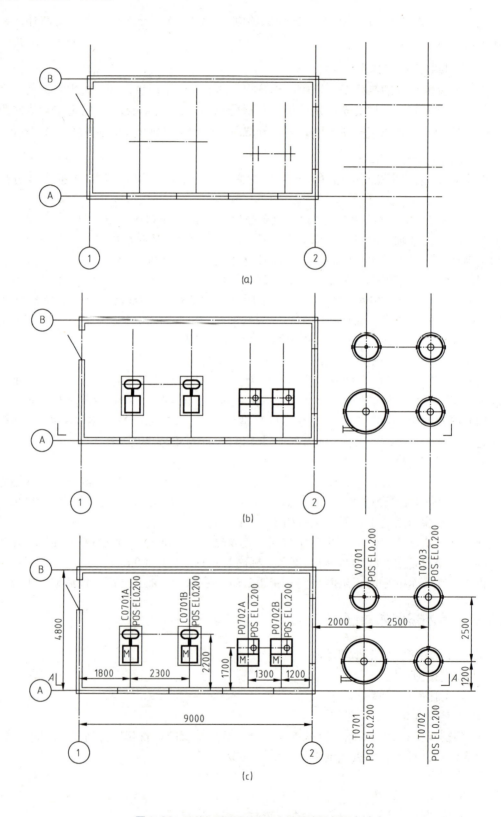

图4-30 天然气脱硫系统设备布置图绘制步骤（一）

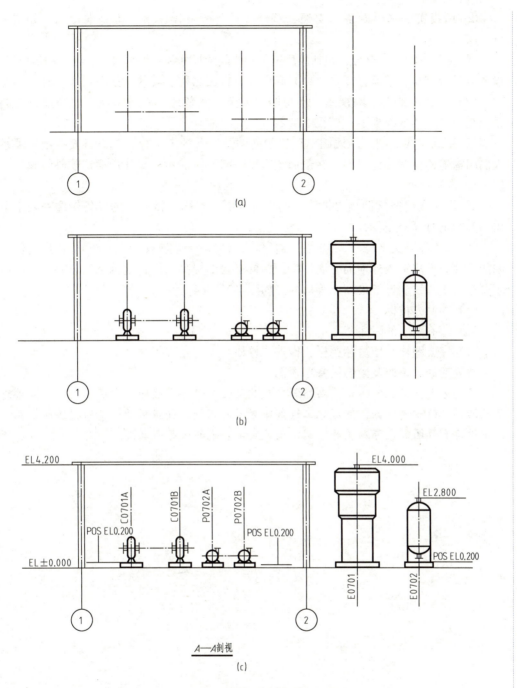

图4-31 天然气脱硫系统设备布置图绘制步骤（二）

（1）确定视图配置
（2）选定比例与图幅
（3）绘制设备布置平面图

① 用细点画线画出建筑定位轴线、设备的定位线，再用细实线画出厂房平面图，表示厂房的基本结构，如墙、柱、门、窗、楼梯等，标注厂房定位轴线编号。如图4-30（a）所示。

② 用粗实线画出设备、支架、基础及设备所带操作平台等基本轮廓。如图 4-30 (b) 所示。

③ 标注各类文字符号，包括厂房定位轴线间的尺寸和厂房总尺寸、设备的定位尺寸、设备位号（应与工艺流程图中一致）和标高、视图名称、其他。如图 4-30（c）所示。

(4) 绘制设备布置剖视图　剖视图应完全、清楚地反映设备与厂房高度方向的关系，在充分表达的前提下，剖视图的数量应尽可能少。

① 用细实线、细点画线画出厂房剖面图及设备的定位线。与设备安装定位关系不大的门窗等构件和墙体材料，在剖面图上则一概不予表示。标注厂房定位轴线编号。如图 4-31（a）所示。

② 用粗实线按比例画出带管口的设备立面示意图，被遮挡的设备轮廓一般不予画出。如图 4-31（b）所示。

③ 标注各类文字符号，包括：设备位号（应与工艺流程图中一致）、厂房定位轴线间的尺寸、厂房室内外地面标高、操作检修平台的标高、设备基础标高。必要时，标注主要管口中心线、设备最高点等标高。如图 4-31（c）所示。

(5) 绘制方位标

(6) 绘制图上的附注

(7) 完成图样　填写标题栏，检查、校核，最后完成图样。

课外活动　识读及绘制设备布置图

活动方式：通过网络、图书馆等查找相关化工设备布置图，参照活动一所提供的步骤及活动二给出的实例，完成化工设备布置图的阅读，并根据活动三所提供的步骤，抄绘该设备布置图。也可测量并绘制学校某实训装置的设备布置图。

项目五
识读与绘制管道布置图

 学习目标

知识目标
1. 掌握管道布置图包含的内容，了解管道布置图的作用。
2. 熟悉化工管道布置图中各种元素的绘制规定。
3. 熟悉管道布置图的绘图规范。
4. 熟悉管道布置图的标注方法。
5. 掌握识读管道布置图的步骤。
6. 掌握绘制管道布置图的方法。

技能目标
1. 能准确说出管道布置图的内容与作用。
2. 能绘制管道、常用管件、阀门、控制点。
3. 能规范绘制简单的管道布置图。
4. 能准确标注管道布置图。
5. 能独立阅读管道布置图。

素质目标
1. 培养不畏困难、细心绘图的习惯。
2. 培养良好的空间立体感。
3. 培养规范绘图、规范标注的职业素养。
4. 培养爱岗敬业的职业精神。
5. 培养重视安全生产的意识。
6. 培养理论与实际相结合，多方面考虑问题的意识。

管道布置设计是在施工图设计阶段进行的，其最终文件就是管道布置图。管道布置图通常主要由化工工艺设计人员完成，是化工工艺、化工设备、仪表控制及自动化、土建等各专业工程技术人员集体劳动成果的综合反映，也是化工装置现场安装施工的重要依据和化工工艺技术人员掌握现场设备和管道配置情况的主要文件。

项目简介

课题一 认识管道布置图的内容和作用

管道布置图也称为配管图，属于化工工艺设计施工图中的一部分，是化工工艺设计

人员在设计过程中已完成全部化工工艺过程物料衡算和能量衡算、设备计算及选型，并已完成了管道及仪表流程图、设备图、设备布置图绘制的基础上进行的。因此，在阅读管道流程图时，往往需要配合管道及仪表流程图、化工设备图、化工车间设备布置图进行阅读；在绘制管道布置图的过程中应注意保持整套图纸的一贯性，要以工艺管道及仪表流程图、化工设备图和化工车间设备布置图为依据，按照管道设计规范和要求，遵循国家和行业标准所规定的表达方式进行绘制。

活动一　认识管道布置图的内容

图 5-1 为某工序的管道布置图，从图中可以看出，管道布置图的主要视图（即平面布置图）的基本结构与设备布置图基本相同。实际上，管道布置图就是在设备布置图的基础上绘制的。一套完整的管道布置图，包括以下内容：

（1）一组视图　按照正投影原理绘制的一组平面和立面剖视图等，以表达出整个车间（装置）的管道、管件、仪表控制点的布置、安装情况以及相关建筑物和设备的基本结构。

（2）尺寸和标注　图中标注出管道、管件、阀门、仪表控制点等的平面尺寸和标高，同时，还表达出了相关建筑轴线编号、设备位号、管段序号及有关控制点代号等相关信息。

（3）分区索引图　也称为分区简图。对于规模较大或者较复杂的系统装置，仅采用单张图纸绘制难以完整表达界区内所有装置的内容。此时，可以将界区进行分区布置设计，将其绘制于多张图纸上。为全面了解界区内分区情况，方便查找阅图，应绘制出分区索引图以表达车间（装置）界区范围内的分区情况。

（4）方向标　与设备布置图相同，在平面图上绘制出方向标以表示管道安装的方位基准。

（5）管口表　注写各设备上管口的有关数据。

（6）标题栏　注写图名、图号、设计阶段等相关信息。

通过本活动的学习，阅读图 5-1，并与图 4-12 所示设备布置图进行比较，找出两种图纸在重点表达内容方面的差异并熟悉管道布置图的内容。

活动二　认识管道布置图的作用

管道布置图一般是在项目施工图设计阶段绘制的，是以管道及仪表流程图、化工设备图、设备布置图以及土建、自动控制、电器仪表等相关专业图样和技术资料为依据，通过对实现工艺过程所需管道进行分析并对其进行空间布置设计后所绘制的图样，用于表达车间或装置内管道及其附件（如阀门、管件、仪表控制点等）的空间位置、尺寸规格及其与设备的连接关系。它是工艺设计人员设计思想的表达，也是设备和管道安装施工人员进行管道安装施工及维修的依据，对于化工操作和管理人员进一步了解工艺生产流程、熟悉设备和管道布置也非常重要。

管道的布置设计一般包括下列图样：

（1）管道布置图　表达车间（装置）内管道空间位置及平面、立面布置的图样。

（2）管道轴测图　也称为管段图或空视图，是表达一台设备至另一台设备（或另一

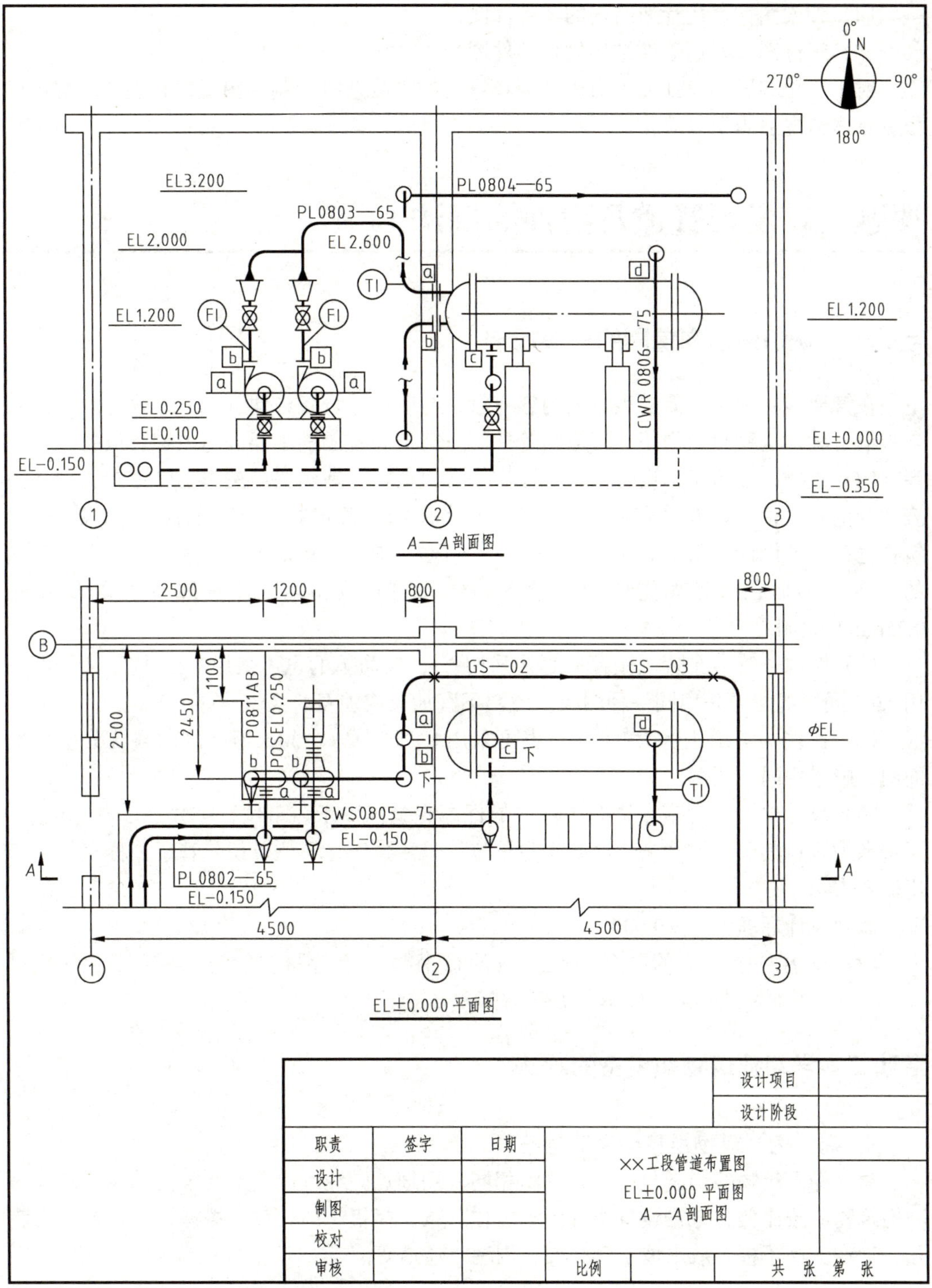

图5-1 管道布置图

管道）间管道安装要求的立体图样。

（3）蒸汽伴管布置图 表达车间内各蒸汽分配管与冷凝液收集管平面、立面布置情况的图样。

(4) 管架图　表达管架结构的零部件图样。
(5) 管件图　表达管件结构的零部件图样。

对于简单装置的设计或者对生产现场进行技术改造时绘制的图纸，其表达内容可以根据具体情况适当予以简化。

课题二　学习管道及附件的画法

活动一　认识管道布置图的一般规定

在管道布置图中，需要表达的内容有管道与管件、设备、建（构）筑物等。管道起连接设备和输送物料的作用，管道与管件等是管道布置图的主要表达内容。设备及有关建（构）筑物，如房屋、设备基础、操作平台、楼梯、地沟等虽然也是管道布置图必须表达的内容，但设备及其布置已通过化工设备图和设备布置图予以详细表达，建（构）筑物也在建筑设计图纸中表达，因此，设备和建（构）筑物都不是管道布置图重点表达的内容。因而在管道布置图中，设备和建（构）筑物均采用细线（线宽为0.15~0.25mm）绘制。

HG/T 20519.4—2009

(1) 图幅　管道布置图图幅应尽量采用A1，较简单的也可采用A2，较复杂的可采用A0，同区的图应采用同一种图幅。图幅不宜加长或加宽。

(2) 比例　常用比例为1∶50，也可采用1∶25或1∶30，但同区的或各分层的平面图，应采用同一比例。

(3) 尺寸单位　管道布置图中标注的标高、坐标以米为单位，小数点后取三位数，至毫米为止；其余的尺寸一律以毫米为单位，只注数字，不注单位。管子公称直径一律用毫米表示。

地面设计标高为EL±0.000。

(4) 图名　题栏中的图名一般分成两行书写，上行写"管道布置图"，下行写"EL××.×××平面"或"A—A、B—B…剖视等"。

活动二　学习建筑物和设备的画法

1. 建（构）筑物及其构件的画法

建（构）筑物的绘制与设备布置图相同，用细点画线画出厂房的定位轴线，建筑物和构筑物应按比例，根据设备布置图画出柱、梁、楼板、门、窗、楼梯、操作台、安装孔、管沟、箅子板、散水坡、管廊架、围堰、通道等。

2. 设备的画法

用细实线按比例在设备布置图所确定的位置画出设备的简略外形和基础、平台、梯子（包括梯子的安全护圈）。按比例画出卧式设备的支撑底座，并标注固定支座的位置，支座下如为混凝土基础时，应按比例画出基础的大小，不需标注尺寸。按比例根据设备布置图所确定的位置采用细点画线画出所有设备的中心线（或定位线），采用细实线按比例绘制设备的简略外形，图中应表达出设备的全部管口。对于立式容器，还应表示出裙座人孔的位置及标记符号。

管道布置图上用双点画线按比例表示出重型或超限设备的"吊装区"或"检修区"及换热器抽芯的预留空地，但不标注尺寸，如图5-2所示。

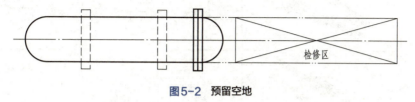

图5-2 预留空地

对于工业炉，凡是与炉子平台有关的柱子及炉子外壳和总管联箱的外形、风道、烟道等，均应采用细实线绘制。

按 PID 给定的符号标注容器上的液面计、液面报警器、放空、排液、取样点、测温点、测压点等，其中某项若有管道及阀门也应画出，尺寸可不必标注。

活动三 学习管道的画法

管道是管道布置图表达的重点内容，管道布置图中应画出全部工艺物料管道、辅助管道及公用系统管道。在管道布置图中，根据管道的直径大小，管道的绘制有单线表达和双线表达两种方式。公称直径（DN）大于等于400mm或16in（1in=2.54cm）的管道用双线表示；DN 小于等于350mm或14in的管道用单线表示。如大口径的管道不多时，则DN大于等于250mm或10in的管道用双线表示；DN小于等于200mm或8in者用单线表示。总的原则是将较大管径和重要管道采用双线表示，其余采用单线表示。但在同一套图纸中，应当遵循相同的规定，不得随意变更。

绘制单线管道时，采用粗实线（线宽为0.6~0.9mm）；绘制双线管道时，采用中实线（线宽为0.3~0.5mm），以便与建（构）筑物、设备轮廓等图形有所区别，做到主次分明、醒目。单线和双线绘制直管的表达方式如图 5-3 所示。

(a) 单线　　　　　(b) 双线

图5-3 管道的单线和双线表示方法

管道的单线和双线表示方法

管道在图样上的规定画法如下。

1. 管道的连接

一般情况下，在管道布置图中不必表示出管道的连接方式，将其置于有关资料中予以说明。如需表达，可采用表5-1中表达的方式绘制。

表5-1 管道的连接方式及规定画法

连接方式	轴测图	装配图	规定画法
法兰连接			单线 双线

续表

连接方式	轴测图	装配图	规定画法
承插连接			单线 双线
螺纹连接			单线 双线
焊接			单线 双线

化工生产中的管道连接方式较为固定，一般工艺管道大多采用法兰连接，其特点是便于连接各种管件和阀门，拆装维修方便，但费用较高；水泥管、陶瓷管、铸铁管等均采用承插式连接，其成本低，但不耐压，容易泄漏，多作为下水管道等密封要求不高的场所连接；小规格的管道如压力表连接管等多采用螺纹连接，其结构简单，拆装方便，但连接处容易泄漏，不宜用于较高压力及密封要求高的场所；高压管道则多采用焊接方式连接，其特点是成本低，方便可靠，但拆装维护不便。各种直管连接方式和规定画法见表5-1。

当采用三通方式连接时，不同方向的视图不相同，在表达上应当注意。三通方式连接表达如图5-4所示。

当管道只画出其中一段时，应在管子中断处画上断裂符号。

三通连接方式的三视图

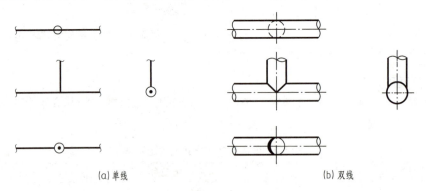

(a) 单线　　　　　　　　　　(b) 双线

图5-4　三通连接方式的三视图

2. 管子转折

管子转折的表示方法，如图5-5中所示。向下90°角转折的管子画法，如图5-5（a）表示，单线绘制的管道，在投影有重影处画一细线圆，直管插入圆的中心。在另一视图上画出转折的小圆角（或直角）。向上转折90°角的管子画法，如图5-5（b）所示，一般在单线管的细线圆中加一小圆点，也可以将小圆点省略不画。双线绘制的管道，则在该部位画一"新月形"剖面符号，也有不画"新月形"剖面符号者。大于90°角转折的管子在实际中应用较少，需表达时采用如图5-5（c）所示方法绘出。

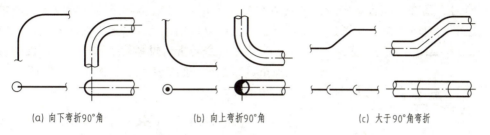

(a) 向下弯折90°角　　　　　(b) 向上弯折90°角　　　　　(c) 大于90°角弯折

图5-5　管道转弯的表示方法

管道的转弯一般应按照实际圆角或直角方式采用投影绘制，管道公称直径不大于200mm或8in的弯头，可用直角表示，双线管用圆弧弯头表示。

3. 管子交叉

当管子空间交叉而造成投影相重叠时，可以把下面被遮盖部分的投影稍微断开，如图5-6（a）所示；也可以将上面管道的投影断裂表示，并在断裂位置加截断线符号，如图5-6（b）所示；对于用双线表达的管道，还可以按照投影规则将下方被遮住的管道采用虚线表达。

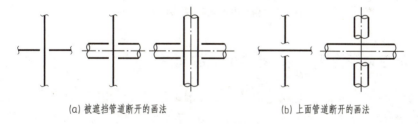

(a) 被遮挡管道断开的画法　　　　　(b) 上面管道断开的画法

图5-6　管道交叉的表示方法

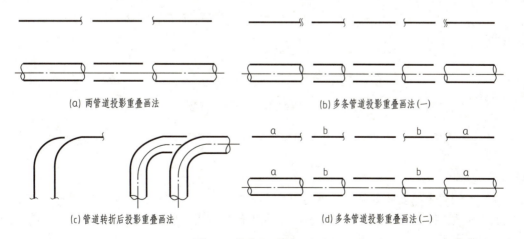

(a) 两管道投影重叠画法　　　　　(b) 多条管道投影重叠画法（一）

(c) 管道转折后投影重叠画法　　　　　(d) 多条管道投影重叠画法（二）

图5-7　管道重叠的表示方法

4. 管子重叠

管道投影重叠时，将可见管道的投影断裂表示，不可见管道的投影则画至重影处稍留间隙并断开，如图5-7（a）所示。当多根管道的投影重叠时，可采用图5-7（b）的表示法，将图中单线绘制的最上一条管道图画以"双重断裂"符号；或不画出"双重断裂"符号，而在管道投影断开的对应处分别注上a、a和b、b等小写字母以表达清楚各管道之间的对应关系，如图5-7（d）所示；也可以分别在相应管道上注出管道代号以便于辨认。管道转折后投影发生重叠时，下面的管子画至重影处给予间断表示，如图5-7（c）所示。

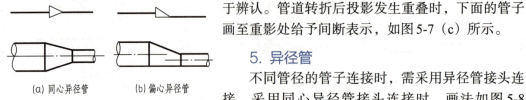

异径管的表示方法

图5-8　异径管的表示方法

5. 异径管

不同管径的管子连接时，需采用异径管接头连接。采用同心异径管接头连接时，画法如图5-8（a）所示；采用偏心异径管接头连接时，画法如图5-8（b）所示。

6. 管道内物料流向

在适当位置画箭头表示物料流向，单线管道可将箭头直接画在管道上或绘于管线的上方，双线管道箭头画在管道的中心线上，如图5-9所示。

图5-9　管道内物料流向箭头的表示方法

活动四　学习常用管件、阀门和控制点的画法

管道上的管件与阀门，按规定符号（无标准图例时可采用简单图形大致按比例画出外形轮廓）绘制。常用的管件与阀门见图5-10，较详细的规定符号可参阅附录二。

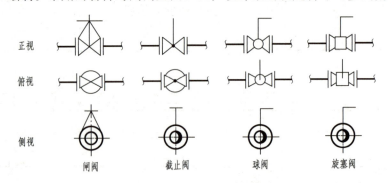

图5-10　阀门的表示方法

对于阀的手轮安装方位，需要时可在有关视图上给予表示，如图5-11所示，其中图5-11（c）是图5-11（d）的另一种表示方法。有时，当手轮安装在正上方时，其俯视图常常不画出手轮图形，如图5-11（e）所示。

主阀所带的旁路阀一般均应画出，如图5-12（a）所示，特殊的阀门与管件还须另绘

阀门手轮方向的表示方法

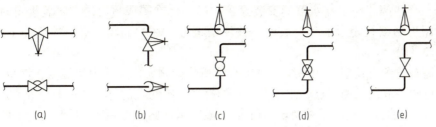

| (a) | (b) | (c) | (d) | (e) |

图 5-11　阀门手轮方向的表示方法

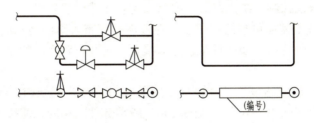

(a) 阀门组表示法　　(b) 有标准图样时的画法

图 5-12　主阀所带的旁路阀表示方法

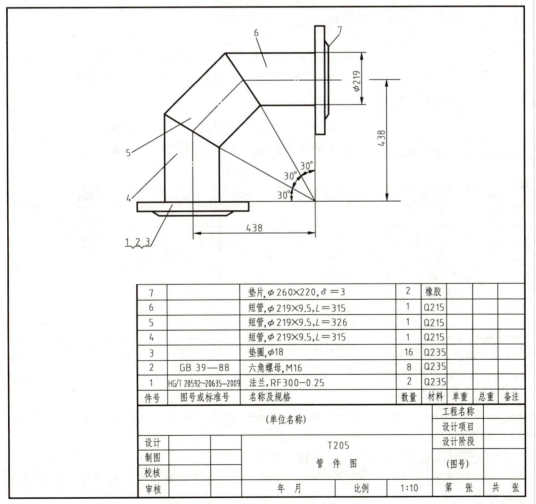

7		垫片,φ260×220,δ=3	2	橡胶			
6		短管,φ219×9.5,L=315	1	Q215			
5		短管,φ219×9.5,L=326	1	Q215			
4		短管,φ219×9.5,L=315	1	Q215			
3		垫圈,φ18	16	Q235			
2	GB 39—88	六角螺母,M16	8	Q235			
1	HG/T 20592~20635—2009	法兰,RF300-0.25	2	Q235			
件号	图号或标准号	名称及规格	数量	材料	单重	总重	备注

图 5-13　管件图

结构图。有些调节阀、疏水器的安装要求，已用标准图或另有统一安装规定时，则可在平面图上用细线矩形框示意表示，并注明编号，在立面图上可以简化而不必画出，如图5-12（b）所示。

管道布置图上还应该用细线画出所有管道的检测元件（压力、温度、流量、液面、分析、料位、取样、测温点、测压点等）的符号，控制点的符号基本上与管道及仪表流程图（PID）的符号相同，采用ϕ10mm的圆圈表示，圆内按PID图检测元件的符号和编号填写。在检测元件的平面位置用细实线和圆圈连接起来，参见图5-1。对于阀门与控制元件组合作为自动控制系统执行器，阀门和控制元件均需画出。

标准管件一般不需要单独绘制图纸，在管道平面布置图编制相应材料表加以说明。非标准或没有标准的管件，如加料斗、方圆接管、安装在管道内的限流孔板组等应绘制单独的管件图。

管件图应完整地表达该管件（包括特殊的阀门）的装配结构、零件形状和有关尺寸，以供制造、安装之用。其内容与画法和一般零部件图相同，需按国家标准与化工设备设计文件编制规定进行绘制。除图样和标题栏外，还应在标题栏上方列出相应的材料表，通常一个管件绘一张图，如图5-13所示。

活动五　认识管架编号及管架的表示法

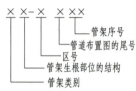

图5-14　管架编号的表示

管道是用各种形式的管架安装并固定在建（构）筑物上的，这些管架的位置，在管道布置图上需要表示出来。

1. 管架编号

管架编号由五个部分组成，如图5-14所示。

（1）管架类别　管架类别和符号见表5-2。

表5-2　管架类别

符号	类别	英文名称	符号	类别	英文名称
A	固定架	anchor	S	弹吊	spring hanger
G	导向架	guide	P	弹簧支座	spring pedestal
R	滑动架	resting	E	特殊架	especial support
H	吊架	rigid hanger	T	停止架	

（2）管架生根部位的结构　管架生根部位的结构和符号见表5-3。

表5-3　管架生根部位的结构和符号

符号	结构类别	英文名称	符号	结构类别	英文名称
C	混凝土结构	concrete	V	设备	vessel
F	地面结构	foundation	W	墙	wall
S	钢结构	steel			

（3）区号　以一位数字表示。

（4）管道布置图的尾号　以一位数字表示。

（5）管架序号　以两位数字表示，从01开始（应按管架类别及生根部位的结构分别编写）。

2. 管架的表示法

管架采用图例在管道布置图中表示，并在其旁标注管架编号，管架表示如图5-15所示，其中图中圆直径为5mm。

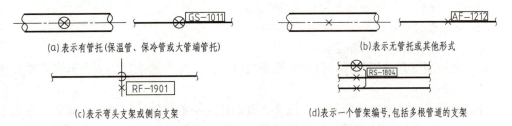

图 5-15　管架表示图

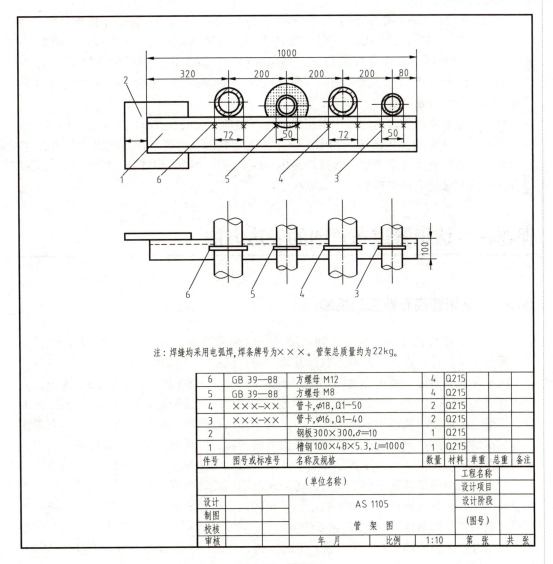

图 5-16　管架图

管廊及外管上的通用型托架，仅注明导向架及固定架的编号。凡未注明编号，仅有管架图例者均为滑动管托。管廊及外管上的通用型托架编号与其他支架不同，通用型托架编号均省去区号和布置图尾号，余下两位数字的序号如下：

    GS-01   表示无管托的导向架在钢结构上。
    GS-11   表示有管托的导向架在钢结构上。
    AS-01   表示无管托的固定架在钢结构上。
    AS-11   表示有管托的固定架在钢结构上。

但非通用型支架或管托类以外的标准形式或加高、加长的管托仍需表示区号和布置图尾号。

管道布置设计中应提供管架施工图样，其图样与一般机械图样相似。标准结构可套用标准图，非标准结构的管架则应参照机械制图的相关国家标准和化工设备设计文件编制的规定另绘管架图。

管架图图幅一般采用A4或A3，比例一般为1∶20或1∶10，为便于图纸复用，通常一个管架绘一张图。管架图应完整地表达管架的具体结构及尺寸等，以供管架制造、安装之用。管架图中还应在标题栏上方列出材料表。图5-16是一种槽钢管架的图样。管架图的表达与一般部件装配图相同，图样包括一组按正投影原理绘制的视图、有关的尺寸、零件的编号及明细栏、标题栏等。

图中管道等非主要表达内容用中实线（也有用细实线或双点画线）表示，同时一些部件也可采用规定的简化画法，如图5-16中圆钢弯制的U形管卡也简化成了单线表示，螺母则用交叉粗短线简化表示。管道需在中心线上标注管段号和管径。管架图中如果选用有标准件，应注出标准件的图号或标准号。

课题三　认识管道布置图的表达方法

活动一　认识管道布置图的视图

管道布置图应能完整地表示车间（装置）内全部管道、阀门、管道上的仪表控制点、部分主要管件、设备的简单形状以及建（构）筑物的轮廓等内容。

（1）平面布置图　管道布置图以平面图为主。如图5-1下部的EL±0.000平面图。在能将管道布置情况完整表达的前提下，管道布置图可以只绘制平面布置图。平面图的配置，一般应与设备布置图中的平面图一致。对于多层建筑物、构筑物的管道平面布置图应按层次绘制，如在同一张图纸上绘制几层平面图时，应从最低层起，在图纸上由下至上或由左至右依次排列，并于各平面图下注明"EL±0.000平面"或"EL××.×××平面"。

当平面图中局部表示不够清楚时，可绘制剖视图或轴测图，该剖视图或轴测图可画在管道平面布置图边界线以外的空白处（不允许在管道平面布置图内的空白处再画小的剖视图或轴测图），或绘在单独的图纸上。

在绘有平面图的图纸右上角，管口表的左边，应画一个与设备布置图的设计北向一致的方向标。

（2）剖视图　剖视图是管道布置图的主要辅助图形，如图5-1上部的A—A剖视图。根据需要，剖视图可以采用局部剖视，也可以采用全剖视，配置的原则是能尽量采用简单的方式将对象表达清楚。剖视图应尽可能与剖切平面所在的管道布置平面图绘于同一张图纸上（但不允许在管道平面布置图内的空白处再绘小的剖视图或轴测图），也可集中于另一张图纸上绘出。剖视图可按 A—A、B—B、…顺序编号，也可以按 1—1、2—2、（或Ⅰ—Ⅰ、Ⅱ—Ⅱ）…顺序编号。

（3）向视图 对于较复杂的系统，如果采用剖视图仍难以将管道布置情况表达清楚时，还可再辅之以向视图、局部放大图等的方式予以补充表达，向视图按 A 向、B 向、……顺序编号。

注意在同一主项设计中，当剖（向）视图和平面图采用分张绘制时，为便于查找，应注明剖切平面（向视箭头）所在平面图图号。剖切平面位置线的画法及标注方式与设备图相同。向视图、局部放大图的标注方法与一般机械图的标注方法相同。

活动二 认识管道布置图的标注

管道布置图上要标注尺寸、位号、代号、编号以及必要的注写文字说明等内容。与设备布置图一样，管道布置图中标注的标高采用米为单位，精确到小数点后三位数，即毫米。其余的尺寸采用毫米为单位，只标注数字，不注单位。管子公称直径一律采用毫米为单位。

基准地平面的设计标高值规定为：EL±0.000，其余标高均以此为基准推算。例如低于设计平面时标注为：EL-×.×××。

1. 建（构）筑物的标注

在管道布置图中，构成建（构）筑物的结构构件常被用作管道布置的定位基准。因此，与设备布置图一样，各平面图和立面剖视图上都应明确标注建筑定位轴线的编号以及各定位轴线的间距尺寸，以便识别，如图 5-1 所示。

地面、楼面、平台面、吊车、梁顶面等应标注标高尺寸。

2. 设备及设备管口表的标注

在管道布置图中设备是管道布置的主要定位基准之一。在管道布置图上的设备中心线上方标注与流程图一致的设备位号，下方标注支承点的标高（如 POS EL××.×××）或主轴中心线的标高（如 ¢ EL××.×××）。剖视图上的设备位号注在设备近侧或设备内。如图 5-1 所示。

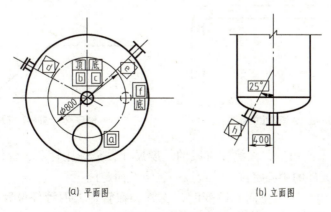

(a) 平面图　　　　　　(b) 立面图

图 5-17 管口标注

按照设备布置图的定位方式和标注方法标注所有设备的定位尺寸和基础面（或中心面、支承面）标高。注意，设备只需标注定位尺寸而不标注定形尺寸。

按照设备图用 5mm×5mm 的方块标注设备管口（包括需要表示的仪表接口及备用接口）符号c及管口的定位尺寸，即由设备中心至管口端面的距离，如图5-17所示。

3. 管道的标注

管道布置图的标注应以平面布置图为主，标注出所有管道的定位尺寸、标高及管道编号。如绘制了立面剖视图，则所有安装标高应在立面剖视图上表示。

管道的定位尺寸以建（构）筑物的定位轴线、设备中心线、设备支撑点、设备管口中心线、分区界线等作为基准进行标注。

管道安装标高均以室内地面标高为基准，按PID在管道上方标注（双线管道在中心线上方）介质代号、管道编号、公称直径、管道等级及绝热形式，下方标注（双线管道在中心线下方）管道标高（标高以管道中心线为基准时，只需标注数字，如EL××.×××，以管底为基准时，在数字前加注管底代号，如BOP EL××.×××）。

管道布置图上所有管道都应标注管段编号，管段编号应与管道及仪表流程图相一致，也可以省略其中的管道等级代号与隔热代号，只标注编号中的前三项，即物料代号、管段序号和公称直径。其编注方式可参见管道及仪表流程图。

通常，将管段编号标注在管线上方或左方，将标高标注在管线下方或右方，如图5-18中所示。写不下时可用指引线引至图纸空白处标注，也可将几条管线一起引出标注。

图5-18 管道的标注

若管道布置图上的局部标注尺寸有困难时，允许在同一张图上另画放大图标注尺寸。

按PID给定的符号标注容器上的液面计、液面报警器、放空、排液、取样点、测温点、测压点等，其中某项若有管道及阀门也应画出，尺寸可不必标注。

对于异径管，应标出前后端管子的公称直径，如：DN80/50或DN80×50。

要求有坡度的管道，应标注坡度（代号为 i）和坡向，如图5-19所示。

非90°的弯管和非90°的支管连接，应标注角度。如图5-20所示。

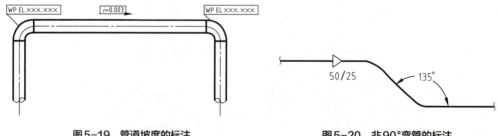

图5-19 管道坡度的标注　　　　图5-20 非90°弯管的标注

在管道布置平面图上，不标注管段的长度尺寸，只标注管子、管件、阀门、过滤器、限流孔板等元件的中心定位尺寸或以一端法兰面定位。

在一个区域内，管道方向有改变时，支管和在管道上的管件位置尺寸应按容器、设备管口或邻近管道的中心线来标注。当有管道跨区通过接续线到另一张管道布置平面图时,为了连续的缘故,还需要从接续线上定位。只有在这种情况下,才出现尺寸的重复。

当管道倾斜时,应标注工作点标高(WP EL),并把尺寸线指向可以进行定位的地方。

带有角度的偏置管和支管在水平方向标注线性尺寸,不标注角度尺寸。

4. 管件、阀门、仪表控制点

图中管件、阀门、仪表控制点在所有位置按规定符号画出后,除须严格按规定尺寸安装者外,一般不再标注定位尺寸。竖管上的阀门和特殊管件有时在立面剖(向)视图中标出安装高度。

对于安全阀、疏水阀、分析取样点、特殊管件有标记时,应在 ϕ10mm 圆内标注它们的符号。

5. 索引的标注

在每张管道布置图标题栏上方用缩小的并加阴影线的索引图表示本图所在装置区的位置,如图5-21所示。当分区较多时,也可以在分区管道平面布置图与立体剖面图的分区边界线的右下方绘制一粗实线的小矩形框,在框内标注本图的分区号(参见图5-21),再另行绘制一张单独的索引图。

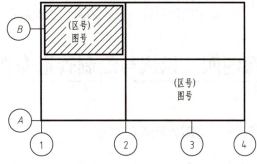

图5-21 索引的标注

活动三 认识管口表和标题栏

1. 管口表

管口表在管道布置图的右上角,表中填写该管道布置图中的设备管口位置及相应参数。管口表格式见表5-4。

表5-4 管口表格式

设备符号	管口符号	公称直径 DN/mm	公称压力 PN/MPa	密封面形式	连接法兰(标准号)	长度/mm	标高/m	方位/(°)(水平角)
T1304	a	65	1.0	RF	HG/T 50592~20635		4.100	
	b	100	1.0	RF	HG/T 50592~20635	400	3.800	180
	c	50	1.0	RF	HG/T 50592~20635	400	1.700	
V1301	a	50	1.0	RF	HG/T 50592~20635		1.700	180
	b	65	1.0	RF	HG/T 50592~20635	800	0.400	135
	c	65	1.0	RF	HG/T 50592~20635		1.700	120
	d	50	1.0	RF	HG/T 50592~20635		1.700	270

管口符号应与管道布置图一致;密封面形式同垫片密封代号可按各类垫片标准中规定的代号填写;法兰标准号中可不写年号。

长度一般为设备中心至管口端面的距离,如图5-22所示中的"L",按设备图标注。

（a）立式设备俯视　　　　（b）卧式设备侧视　　　　（c）立式设备主视

图5-22　设备中心到管口端面的距离

注：带括号的"L"值，应在图中标注，表中填写"见图"二字。

2. 标题栏

格式与设备布置图基本相同，一般需再增加区域号一栏，以便查找。

课题四　识读与绘制管道布置图

活动一　识读管道布置图

在进行审查设计、安装施工、了解生产工艺、熟悉设备和管道的现场布置等都需要识读管道布置图，因此，识读管道布置图是化工工程技术人员和操作人员必须掌握的一项基本技能。为了能在读图过程中搞清楚每一条管道及其管件、阀门、控制点等的设置、安装情况及要求，读图前应做一定的准备，读图时如能采用合理的方法步骤，就能较快地达到预期目的。下面介绍的方法可供参考。只要多识读并认真总结，就一定能总结出较好的读图经验。

1. 读图前的准备工作

管道布置图的绘制是整个化工设计图纸绘制的最后一个步骤。此时，管道及仪表流程图、设备布置图、设备管口图等已经完成。因此在识读管道布置图之前，应通过查阅相关资料，熟悉生产过程的原理，各主要设备的操作原理、特性及使用要求，原材料、中间产品和产品的物理化学性能。然后查阅管道及仪表流程图、设备图和设备布置图，通过识读管道及仪表流程图，对生产过程的工艺流程安排、流程中的设备和管道、各种检测和控制仪表等配置情况进行熟悉了解；通过识读设备图，熟悉设备的基本构造、内部构成、管口布置等情况；再通过识读设备布置图，了解厂房建筑的基本构造，各设备的具体布置情况；通常几种图纸的识读需要交叉进行。同时，还应要熟悉各种图样中所使用的有关国家、行业标准及规定画法。

2. 读图的方法步骤

读图时，应当采用从宏观到微观，然后再逐步深入的方法进行。通过实践可熟能生巧，总结出更好的读图经验。

（1）概括了解　识读管道布置图之前，首先应读懂工艺管道及仪表流程图、设备布置图，熟悉本工序的工艺流程、设备布置及分区情况，做到心中有数。在识读管道布置图时，先通过图纸目录，宏观了解本套图纸中管道布置图样的类型，图纸数量，管道布置平面图、立面剖（向）视图、管道轴测图等的配置情况和视图的数量等，了解图例的含义及设备位号的索引、非标准型管件、管架等图样的提供情况。然后配合立面剖视图、向视图及轴测图等初步浏览各不同标高的平面图，大致熟悉本项目基本情况。一些图上还有相应的施工要求，也应适当了解。

（2）详细分析　依照管道及仪表流程图的流程顺序，按设备位号和管道编号，从主要物料开始，以平面布置图为主，配合立面剖视图，依次逐条弄清管道与各设备的连接关系、分支情况。然后再进行另一种物料的流向关系分析，直至将所有的主要物料和辅助物料的流向情况全部搞清楚。

弄清楚物料的流向后，再对照管道及仪表流程图，了解各管道上安装的阀门、仪表、管件和管架等。

详细识读各管道、阀门、仪表、管件和管架的定位尺寸、代号和各种相关的文字标注和说明。

对于多层结构的复杂管道布置，需反复阅读和认真检查核对，特别是各层图纸间的连接关系是否正确，确保已经完全了解装置内设备、管道、仪表等的整体布置情况。

读图时先弄清各视图配置情况，从第一层平面开始，配合有关的立面剖（向）视图，从位号最小的设备开始，按流程顺序逐条分析各管口连接管段的布置情况，弄清其来龙去脉，分支情况，阀门、管架、控制点的配置部位，同时分析尺寸及其他有关标注。了解一层平面以后，再依次进行其他各层平面上管道布置的分析，直至完全了解透彻。对于只绘有平面布置图的系统，各管道的相对位置及走向均要靠通过平面尺寸标注、标高数据、管道编号、管内物料流向箭头等诸因素综合进行判断。

如果手头缺乏相应的工艺流程图等其他资料，管道布置图的阅读也可以进行，但要困难些。首先，应当了解生产的大致原理，根据设备编号大致了解设备的类别，判断其在工艺流程中所起的作用（后面还需验证是否正确）。然后，按照设备编号，按顺序逐个分析各管口的连接情况，配合管道编号，按编号顺序依次弄清物料的名称、流向顺序，进一步确认前面的判断是否正确，如此反复，直至全部了解。

（3）归纳和总结　阅图后及时进行归纳与总结，是提高识图水平的有效措施。通过归纳和总结不仅可以帮助我们充分了解自己是否确实读懂图纸，并通过图纸的识读弄清车间管道布置的确切情况，同时，举一反三，还能了解和熟悉工艺设计中应当考虑和注意的诸多事项。例如相邻设备的合理距离，管道、仪器仪表安装必须遵循的基本原则等等。还可以发现图纸中存在的不合理之处甚至是遗漏、错误之处。只有多识读、多总结，才能使自己的读图水平不断提高，以适应不同层次的要求。

读图的目的不同，其要求和深度也不尽相同。

如果阅图的目的是对图纸进行校核审定，应根据管道及仪表流程图对图纸进行逐一检查，检查图中所有的设备、管线、阀门、管件及仪表控制点的标定安装位置是否准确，各种标注是否与管道及仪表流程图一致，是否有遗漏或错标，是否存在不合理之处及安全隐患，各种表达方式是否符合国家及行业的相关规定，确认没有问题后，在标题栏相应栏目中签名。

如果只用于化工工艺生产人员熟悉和了解生产流程，则应立足便于工艺操作和管理的角度，认真对照管道及仪表流程图、设备布置图，根据生产原理了解车间的设备、仪

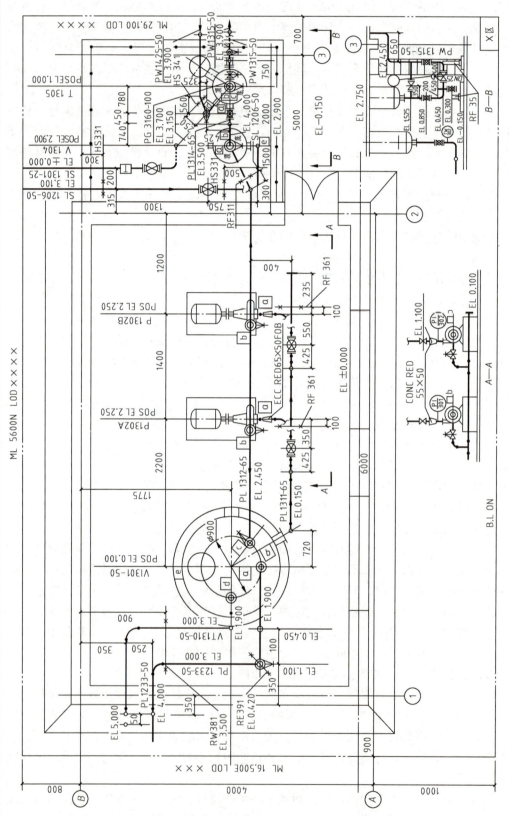

图5-23 管道布置图

表控制点的相对位置，并分析其是否合理，是否为最佳布置，以加深对工艺过程和现场情况的进一步理解。这对于工艺生产和管理人员是非常必要的，可以为日后进行生产现场操作、管理、故障检修和排除、技术改造等方面提供宝贵的素材。

如果是组织指挥现场施工安装，应该在动手之前认真仔细地识读图纸，对所有的管线、阀门、仪表等认真分析，并对照施工要求及所采用的施工方法检查原设计的合理性、可操作性等，为制定合理的施工方案提供依据，确保安装过程的顺利进行。

活动二　管道布置图识读实例

如图5-23为某工序的管道布置图，以此图为例进行识读。

1. 初步了解

从图5-23可以看出，此图是一套图纸中的某个分区（右下角标有"×区"），表达的是EL±0.000室内平面及EL−0.150的室外平面，在本张图纸内并未显示方向标。但根据房屋建筑的一般规律，判断该车间厂房应是南北向布置，也可通过本套图纸中的其他图纸查到方向标而进行确定。图中部分设备置于厂房内，其设备位号为V1301、P1302A及P1302B，从其位号可判断分别为一个容器和两台并联安装的型号、用途均相同的泵（从泵的位号相同，后注A、B可以看出）。室外还有两台设备，位号分别为V1304和T1305，可初步判断分别为一个容器和一个塔设备。

为更清楚表达设备及管道布置情况，图纸下方还配置了 $A—A$ 和 $B—B$ 两个局部剖视图，分别表达出室内两台泵、室外塔与容器的立面管道配置情况。

由于本图仅是同一主项内的一张分区图，难以反映整个生产流程的全貌。如果需要了解整个主项全貌，还需查阅该主项的分区索引和其他的分区布置图。

通过查阅相应的管道及仪表流程图（未列出）可知，上述设备分别为料液槽、输送泵、料液中间槽及精馏塔。

2. 详细阅读与分析

现以料液槽V1301为例说明其管道配置详细情况。

料液槽V1301共有a、b、c、d四个管口，设备支撑点（基座）的标高为EL0.100，其中与管口a相连接的管道代号为PL1233-50，管内输送的为工艺液体，由界外通过PL1233-50穿过墙体引入室内，其引入点标高为EL4.000，经过了标高 EL3.000、EL0.450、EL1.900等不同标高位置转换并转向后再与管口a相连接，进入料液槽，管道上安装了2个控制阀，其立体示意图如5-24所示，管道立体示意图的详细内容可参阅有关教材及《化工工艺设计施工图内容和深度统一规定》（HG/T 20519—2009）。

与管口b相连的管道代号为PL1311-65，由料液槽V1301下部（EL0.150）引出进入两台并联的料液泵P1302A和P1302B，然后从泵出来，经过代号为PL1312-65的管道进入中间槽V1304，另一支管返回连接料液槽管口c重新进入料液槽。与管口d连接的管道代号为VT1310-50，出设备后依次向上、向西（EL1.900）、向上、向北（EL3.000）、向西穿过墙体后再向上排向大气，为一根放空管。

与其他设备相连的管道也可按照上述办法参照管道及仪表流程图依次进行分析，必要时还需参考其他图纸，直至全部了解清楚。

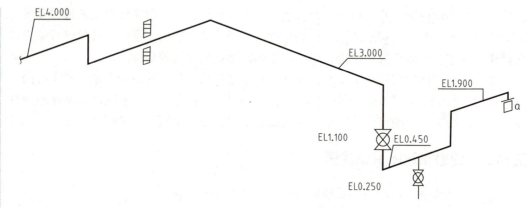

图5-24　PL-50管道的立体示意图

图纸阅读完毕后，还应该进行一次综合性的检查与总结，以全面了解管道及其附件安装与布置的情况。

通过该活动的学习，请学生尝试完成图5-1的阅读。要求通过读图知识和所掌握的化工工艺常识看懂图中的设备、管线中物料种类及其流向，分析图中设备E0812的类型，其在本流程中所起的作用。并根据此图尝试绘制出本系统的管道及仪表流程图。

活动三　绘制管道布置图

绘制管道布置图以前，需做好必要的准备工作，绘图时应按照合理的顺序绘制。

1. 绘图前的准备工作

在两种情况下需进行管道布置图的绘制。第一种是进行化工设计，第二种是对现有的工艺管道布置情况进行改造。现以化工设计方式予以讨论。按照化工设计的步骤，在完成工艺流程设计和工艺计算之后就进入了制图阶段。根据设计项目的基本条件及要求，依次进行管道及仪表流程图绘制、设备图绘制、设备布置图绘制，最后进入管道布置图的绘制阶段。因此，管道布置图的绘制是在管道及仪表流程图、设备图和设备布置图的基础上进行的。在进行管道布置图绘制前，一定要了解清楚整个设计过程的情况，熟悉工艺原理和流程，熟悉设备的构造和用途，熟悉设备的布置情况，只有熟悉上述内容，才具备绘制管道布置图的基础。

绘好管道布置图的另一前提是必须熟悉从工艺角度对管道布置的要求，并熟悉国家和行业标准及制图规范。

因此，进行管道布置图绘制之前，首先要充分了解生产工艺流程、厂房建筑的基本常识、大致结构、设备及其管口等的配置情况，掌握管道布置的一般原则，通过查阅各种技术资料和图纸，熟悉本工程项目对管道及其附件布置的具体要求，根据掌握的情况对本项目管道布置的合理性作出初步考虑，再通过查阅国家标准和行业标准来熟悉制图规范，以使设计绘制的图样符合要求。

图纸绘制过程是设计思想的表达过程，必须要从工程的角度全面考虑问题，否则，将可能出现设计不合理的现象，造成不必要的损失。虽然各种生产过程的具体要求各有差异，但总的来说，还是具有一定的共性。现从通用角度将管道布置的一些主要原则和应考虑的问题简述如下，以供绘图时参考。

(1) 考虑物料因素

① 有腐蚀性物料的管道，应布置在平列管道的下方或外侧。易燃、易爆、有毒和有腐蚀性物料的管道不应敷设在生活间、楼梯和走廊处，并应配置相应的安全阀、防爆膜、阻火器、水封等防火、防爆装置。安全阀和防爆膜的物料排出位置必须指向安全方向，不能影响操作等人员的人身安全及造成设备、厂房等的损坏，放空管应引至室外指定地点或高出屋面2m以上。

② 冷、热管道尽量分开布置。无法避免时，应采用热管在上，冷管在下的铺设方式。其保温层外表面的间距，上下并行时一般不应小于0.5m；交叉排列时，不应小于0.25m。

③ 一般来说管道敷设应考虑保证适度坡度，坡度方向一般均沿着物料流动方向，个别情况下亦有相反者。坡度一般为5/1000~1/100。

④ 输送黏度大的物料管道，坡度要求大些，可至1/100；若物料中含固体结晶时，坡度可高至5/100左右。埋地管道及敷设在地沟中的管道，在停止生产时，若不必考虑放尽积存物料者，则可不考虑敷设坡度。表5-5所列数据可供参考。

表5-5　各种物料敷设的坡度

物料	坡度	物料	坡度
蒸汽	5/1000	生产废水	3/1000
蒸汽冷凝水	3/1000	压缩空气、氮气	3/1000
清水、冷冻水、冷冻回水	3/1000	真空	3/1000

(2) 考虑方便施工、操作、维修

① 管道尽可能沿墙壁、地面安装，管与管之间、管与墙之间的距离应能方便管件、阀门、仪表等的安装、操作与维修。

② 管道应集中架空布置，尽量走直线，少拐弯；不要挡住门窗和妨碍设备、阀门的操作与维修；不妨碍吊车作业；在行走过道地面至2.2m的空间不应安装管道。

③ 支管多的管道应布置在平行管的外侧。气体支管应从上方引出，液体支管应在下方引出。

④ 除工艺上有要求外，管道应避免出现"气袋""口袋"和"盲肠"。集汽系统的布置，应使得蒸汽能方便地向最高点排放，如图5-25所示。

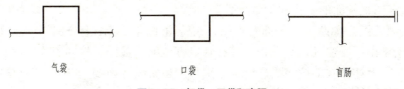

图5-25　气袋、口袋和盲肠

(3) 考虑安全生产

① 阀门要布置在便于操作的部位，操作频繁的阀门应按操作顺序排列。容易开错且会引起重大事故的阀门要拉开间距，并涂刷不同颜色以便于区别。

② 地下管道通过道路或受负荷地区，应加保护措施。

③ 管道与阀门的重量不应支承在设备上，尤其是铝制设备、非金属材料设备、硅铁泵等。

（4）考虑其他因素

① 距离较近的两设备间，管道一般不应直连，其一是垫片不易配准，其二是管道长度也难以准确配准，况且如果设备及管道在高温下操作，由于热胀冷缩可能会产生很大的热应力，难以保证紧密连接。除非设备之一未与建筑物固定或采用了波形伸缩器。建议采用45°斜接或90°弯接，如图5-26所示。

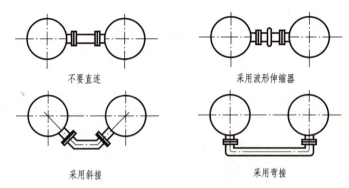

图5-26　设备间的管道连接设计

② 不同金属材料之间的管道连接应考虑是否可能发生电腐蚀问题，例如不锈钢管与碳钢管架不应直接接触，以防电蚀。

③ 管道通过楼板、屋顶或墙时，应安装一个直径够大的管套，管套应高出楼板、平台表面50mm左右。

④ 管道布置应顾及电缆、照明、仪表、暖气通风等其他管道，应全面考虑使其各就其位。

（5）应掌握有关的标准和规定

① 涉及化工工艺配管设计的标准、规定很多，应注意采用最新的标准。

② 关于管子、管件、阀门等的标准画法，可参见附录二。

③ 基本原则是：管线最短；转弯最少；布置美观；安排合理；管径适宜；方便检修；符合规范。

2. 绘图的方法步骤

① 确定表达方案、视图的数量和各视图的比例。

② 确定图纸幅面的安排和图纸张数。

③ 绘制视图。参照设备平面布置图，在管道平面布置图上分别用细点画线、细实线按比例绘制出厂房建（构）筑物、带有管口方位的设备图；按照流程顺序，管道布置基本原则，在上述基础上按照线型要求分别采用粗实线（虚线）、中实线（虚线）、细实线（虚线）绘出管道、管件、阀门、管架、仪表控制点等元素。

④ 标注尺寸、编号及代号等。

⑤ 绘制方向标、附表及注写说明。

⑥ 绘制相应的辅助图纸，如剖视图、向视图等。

⑦ 校核与审定。

3. 绘图举例

以绘制图5-1中的管道布置图为例，绘制过程参见图5-27。

项目五 识读与绘制管道布置图 165

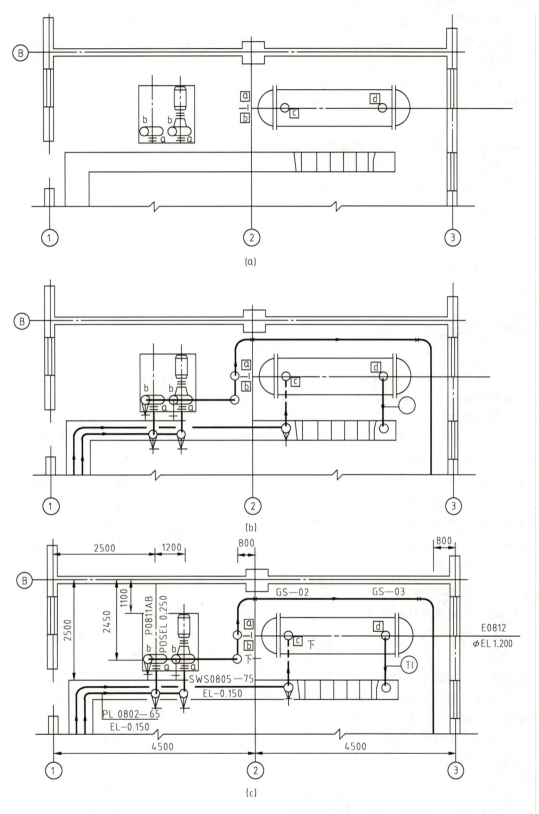

图5-27 管道布置图的绘制

① 参照设备平面布置图，在管道平面布置图上分别用细点画线画出厂房建（构）筑物的建筑定位轴线和设备定位线，以细实线按比例绘制出建筑物和带有管口方位的设备图，如图5-27（a）所示。

② 根据管道布置基本原则，按照流程顺序，采用规定的线型分别绘出管道、管件、阀门、管架、仪表控制点等元素，如图5-27（b）所示。

③ 绘图检查无误后，按照管道及仪表流程图中的统一编号在图中标出设备和管道编号、仪表控制点代号等，然后进行尺寸标注。认真检查图纸中是否所有需要表达的内容全部表达出来了，确定无误，即完成平面图的绘制，完成的图纸如图5-27（c）所示。

④ 最后，在规定位置绘出方向标、填好标题栏、书写注意事项等。

依此方法，分别绘制出剖面图等辅助图纸。

课外活动　巩固管道布置图的绘制与识读

活动方式：通过网络、图书馆等查找相关化工产品某工段管道布置图，参照活动三所提供的步骤，抄绘相应的管道布置图，并参照活动二的内容，完成对抄绘管道布置图的识读。

知识拓展

化工生产现场测绘

在很多情况下需要掌握现场生产情况，并将现场情况适当记录下来，比如学生到生产现场参观实习，生产人员到相关生产厂家进行学习等，都需要进行现场测绘和记录。现场测绘和记录是化工生产工艺技术人员和操作人员要掌握的一项非常重要的基本功，通过测绘和记录，不仅可以更深入地了解生产过程原理和工艺流程，也能提高读图和绘图能力。

要进行生产现场的测绘，需要具备必要的基础，首先是要掌握必需的化工生产基本常识，如化工生产工艺常识、化工设备基本常识、常用电气设备及控制常识、化工仪表和控制基本常识以及其他方面的化工生产现场常识等。其次是需要掌握化工制图知识，熟悉化工生产过程的管道及仪表流程图、化工设备图、化工设备布置图的知识。此外，还要了解该生产流程的原料、中间产品和产品的主要物理化学性质，懂得该产品生产的原理和基本要求。

1. 测绘前的准备

在具体到生产现场进行测绘之前，应做好如下准备：

熟悉该车间的生产流程。通过阅读教科书或查阅相关资料，如操作手册、工艺流程图册等，熟悉生产过程的流程、主要设备、仪表检测及控制原理和方法，使自己在进入车间之前就已经基本掌握该车间的生产情况，做到心中有数。

要有必备的安全知识，按生产企业的安全规定，学生进厂必须经过必要的三级安全教育并通过考核，因此，在下厂之前应学习必要安全知识。

准备必要的测绘工具，如皮尺（卷尺）、计算器、铅笔、橡皮、图纸和记录本、笔、粉笔、绳索、铅垂等，最好能携带一个指南针，以便准确测定车间的方位。

2. 测绘及记录

测绘过程中首先是要弄懂现场的生产工艺流程、设备、管道布置、仪表检测点的布点和安装使用，然后再进行必要的记录，要按照流程、设备及布置安装、管道布置的顺序进行测绘并详细记录。

(1) 工艺管道及仪表流程草图的绘制　熟悉生产流程是所有步骤中的第一步，是整个测绘的基础，也是最重要和最困难的一个步骤，可根据以下步骤进行分析和判断。

① 根据已掌握的生产原理和工艺知识，按照从前往后的原则，首先找到起始点的第一个设备，根据连接管道或是其他输送方式，一个一个设备按顺序向后推进，直至最后一个设备。对于流程较长的生产过程或产品较多的联合生产企业，管道交叉往返多，难以按照上述方法一次弄清楚，可根据已掌握的化工生产常识及设备知识，按不同物料流向分别摸查，并反复进行查对，直至弄清楚。

② 通过判断物料的流向来确定流程。判断物料流向还可以从设备、输送机械、阀门等方面进行。在规范的化工企业，设备位号一般标注于设备之上，根据设备外形及工艺流程图中设备位号标注知识，很容易判断设备的作用、大致结构及其在流程中的顺序。对于塔器等静设备，只要懂得其工作原理，就往往可以判断出物料流向。如在吸收塔中，气体总是下进上出，而液体则一般是上进下出；热交换器中，冷却液或被加热液一般是下进上出，加热蒸汽则是上进下出；对于输送设备，如离心泵、压缩机等，大多数是可以根据其工作原理判断出来的，如离心泵的进口管总是在中心，柱塞泵和压缩机的进出口一般都装有压力表，根据其压力读数值即可判断；一些阀门，如截止阀、止逆阀等具有方向性，在外表上往往标有流向箭头，或根据其形状结构可判断流向。

根据管道颜色的标注可以判断管道内物料。化工设计规范中规定了部分物料的管道外表颜色，如黄色表示氨管，绿色表示水管，红色表示蒸汽管道等，通过颜色判断管内物料，再配合设备知识常可判断出物料流向。现在很多化工企业在管道上都对物料进行了标注，根据标注可以知道每根管道中流动的物料情况。

③ 对于比较复杂的生产现场，自己难以分析判断清楚时，可求教于现场的操作工人或技术人员。

在弄懂流程之后，就可以着手绘制草图了。流程草图的绘制基本原则同管道及仪表流程图，一般从第一个设备开始按照主物料的流向由前往后进行布置和绘制。由于采取手工绘图，在规范上适当降低要求，但一定要表达清楚，不可随意，以免读图时发生误解。

绘制时可按照由粗到细，由主到辅的方式进行。一步一步，以防遗漏，首先绘制好主流程管线，然后加绘各种辅助流程管及其他管线。绘制完毕后，应对照现场进行认真检查，防止出现错误及遗漏，检查无误后，再将现场所有的各种检测点及控制点用规定的符号绘制出来。最后再认真复查一遍，确保无误。

现场草图绘制一定要细心，在搞清楚全部流程后方可进行绘制，部分难以表达清楚之处，可适当辅以相应的文字予以补充说明，以防止误读及搞错，不然等到离开现场后再发现有误往往就来不及了。

(2) 设备布置草图的绘制

① 现场测绘及绘制草图

(a) 采用指南针测定方位，在图纸上标出正北方向；

(b) 测量建（构）筑物的平面尺寸，并按照实际方位记录于平面布置草图上，将主要尺寸标注于图纸上；

(c) 测量设备的大小及各设备之间的距离，将其绘于平面布置图上并进行标注；

（d）在平面图上标注出各设备管口尺寸及方位；

（e）有必要时，再绘制剖面图作为平面图的辅助图形，将标高注于剖面图上。

② 测绘中的注意事项。测绘应当准备好测量工具，如皮尺，卷尺等。圆柱形设备的直径可以采用测量周长然后用圆周率换算直径的方法求得。如果缺乏必要的测量工具，可利用简单的估算方法记录下大致尺寸，如采用步测法测量地面距离，相似三角形法估算设备的高度等。

有条件的话，拍摄部分现场照片作为补充，也不失为记录现场的一种很好的辅助方法。

3. 绘制正式的工作图

在现场记录由于受到绘图条件的限制，只能绘制草图，但这种草图应当内容全面，不能遗漏有效信息。

在绘制正式图纸之前，应对现场记录的草图进行整理，认真核实，检查是否有遗漏，是否存在错误及矛盾的内容，如有，应尽快回忆并修改，当现场不远的情况下，必要时，还需二次到现场检查核对落实。

绘制图纸时，应严格遵守绘图的有关规范，按照国家和行业标准进行绘制。一般还是按照管道及仪表流程图、设备布置图及管道布置图的顺序进行。

项目六
AutoCAD在化工制图中的应用

 学习目标

知识目标
1. 熟悉AutoCAD 2016的工作界面。
2. 掌握AutoCAD 2016绘图前的准备工作。
3. 学会AutoCAD 2016文件的一般操作。
4. 掌握绘图命令的功能与使用方法。
5. 熟悉绘图编辑命令的使用方法。
6. 熟悉绘图的标注方法。
7. 熟悉在绘制工艺流程图前需要进行的基础准备。
8. 掌握工艺流程图的绘制步骤。

技能目标
1. 能新建图层并对颜色、线宽、线型、图层控制状态等进行合理设置。
2. 能对文字样式进行设置。
3. 会进行文字的编辑和坐标的输入。
4. 能熟练使用绘图命令。
5. 能运用绘图命令绘制基本图形,为绘制流程图奠定基础。
6. 能根据任务准确绘制工艺流程图。

素质目标
1. 培养勤学苦练、熟能生巧的工作态度。
2. 培养理论联系实际的习惯。
3. 培养一丝不苟、规范绘图的职业素养。
4. 培养精益求精、追求卓越的工匠精神。
5. 培养良好的职业道德和团结协作精神。

课题一　AutoCAD的基础知识

活动一　认识AutoCAD软件

AutoCAD作为一款通用绘图软件,它功能强大,应用范围广,操作灵活方便,并

且具有结构开放性好、汉化环境较为完善等特点，在国内设计行业得到普遍应用；而且，国内不少厂商、单位也以其为基础二次开发出适合国内市场和本单位使用的软件，如 PIPCAD、PIDCAD、PKPM 等。正因为如此，掌握 AutoCAD 绘图技术已成为各级各类工程技术人员必须具备的基本能力。

AutoCAD 是由美国 Autodesk 公司推出的计算机辅助设计软件，从 1982 年开发的 AutoCAD 第一个版本以来，已经发布了三十几个版本，AutoCAD 的问世，使得计算机辅助设计及绘图技术在许多领域得到了前所未有的发展，其应用范围遍布机械、建筑、化工、航天、轻工、军事、电子、服装等设计领域。AutoCAD 彻底改变了传统的手工绘图模式，把工程设计人员从繁重的手工绘图中解放了出来，极大地提高了设计效率和工作质量。

 结合本活动的学习，请你查一查、看一看国内外还有哪些绘图软件？看看 **AutoCAD 早期版本和 2016 版在功能上有什么异同点？**

活动二　认识工作界面

当正确安装了 AutoCAD 2016 之后，系统就会自动在 Windows 桌面上生成一个快捷图标，双击该图标即可启动 AutoCAD 2016。如图 6-1 所示为中文版 AutoCAD 2016 工作界面，它主要由标题栏、菜单浏览、菜单栏、快速访问工具栏、绘图区、功能区、信息搜索中心、十字光标、命令行、状态栏和文件选项卡等部分组成。

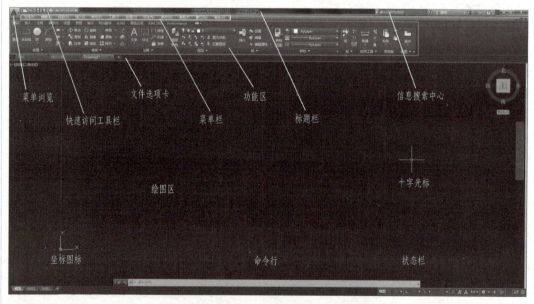

图6-1　中文版AutoCAD 2016工作界面

注意：菜单栏默认为不显示。打开方法：点击快速访问工具栏右侧的 ，在其中点击"显示菜单栏"一项即可调出菜单栏。

AutoCAD 2016 提供了【二维草图与注释】【三维建模】和【AutoCAD 经典】三种工作空间模式，用户在工作状态下可随时切换工作空间。

注：默认作图界面为黑色，如果认为不美观，可在【选项】|【显示】中更改。

1. 标题栏

标题栏在屏幕的顶部部分，显示的是当前图形文件的名称。如中文版 AutoCAD 2016 默认的文件名为 "Drawing1.dwg"。标题栏右上角有 3 个按钮 "-、□、×"，可分别对 AutoCAD 2016 窗口进行最小化、正常化和关闭操作。

2. 菜单浏览

用户可通过访问菜单浏览来进行一些简单的操作。默认情况下，菜单浏览位于软件窗口的左上角，如图 6-2 所示。

菜单浏览可查看、排序和访问最近打开的支持文件。

使用【最近使用的文档】列表来查看最近使用的文件。可以使用右侧的图钉按钮使文件保持在列表中，无论之后是否又保存了其他文件，文件将显示在最近使用的文档列表的底部，直至关闭图钉按钮。

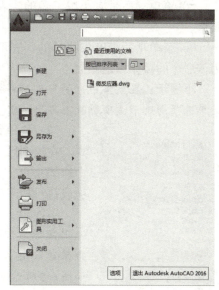

图 6-2　菜单浏览

3. 菜单栏

在 AutoCAD 2016 中的全部命令都可以利用菜单命令来执行。单击菜单栏中某一命令项，将弹出其相应的下拉子菜单，如图 6-3 所示。除了菜单栏以外，AutoCAD 2016 还提供快捷菜单：

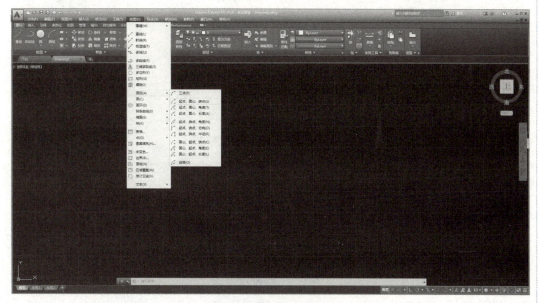

图 6-3　下拉菜单及子菜单

（1）下拉菜单　中文版 AutoCAD 2016 的下拉菜单和以前的版本一样。单击下拉菜单栏上的任一主菜单,即可弹出相应的子菜单。通过单击子菜单中的任一命令选项,即可完成与该项目对应的操作。归结起来,AutoCAD下拉菜单可以分为下述三种类型:

① 菜单项右侧什么也没有的,表示系统将自动执行其相应的命令。

② 菜单项后带有小黑三角的,表示单击该命令,系统将会自动弹出其下一级的子菜单。

③ 菜单项后带有省略号的,表示选取该项后将会打开一个对话框,通过对话框可为该命令的操作指定参数。

小提示: 在菜单中,用黑色字符标明的菜单选项表示该项可用,用灰色字符标明的菜单选项则表示该项暂时不可用,需要选定合乎要求的对象之后才能使用。

(2) 快捷菜单　快捷菜单是AutoCAD 2016的另一种菜单形式。在绘图区、状态栏、工具栏单击鼠标右键,系统都会弹出一个快捷菜单,如图6-4所示。在快捷菜单中提供了常用的命令选项或执行相应操作的有关设置选项。

小提示: 在AutoCAD 2016中,也可设置禁止在绘图区中使用鼠标右键快捷菜单。具体操作方式为:打开选项,在【用户系统配置】中将"绘图区域中使用快捷菜单"前的钩去掉,如图6-5所示。当设置了禁止使用右键快捷菜单后,在作图过程中,单击鼠标右键表示确认选项。完成作图后,单击鼠标右键表示重复上一次操作的命令。此功能在一些以AutoCAD 2016为基础开发的二次软件中,较为常用。

图6-4　右键快捷菜单

图6-5　选项对话框

4. 快速访问工具栏

使用【快速访问工具栏】可以快速访问常用工具,【快速访问工具栏】中还显示用于对文件所做更改进行放弃和重做的选项。

为了使图形区域尽可能最大化，但又要便于选择工具命令，用户便可向【快速访问工具栏】中添加常用的工具命令，如图6-6所示。

5. 绘图区

绘图区也称为视图窗口，位于屏幕中央区域，是进行绘图的主要工作区域，所有的工作结果都显示在该窗口。可以根据需要，关闭一些不常用的工具栏以扩大工作空间。选择【视图】|【全屏显示】命令或Ctrl+0键，AutoCAD将在正常绘图屏幕和全屏幕之间切换。

当移动鼠标时，绘图区会出现一个随光标移动的十字符号，此符号为【十字光标】，它由【拾取点光标】和【选择光标】叠加而成。其中，【拾取点光标】是点的坐标拾取器，当执行绘图命令时，显示为拾点光标；【选择光标】是对象拾取器，当选择对象时，显示为选择光标；当没有任何命令执行时，显示为十字光标。如图6-7所示。

图6-6　添加工具至【快速访问工具栏】

图6-7　鼠标指针

如果要改变鼠标指针的大小，可以在屏幕绘图区中右击鼠标，在弹出的快捷菜单中选择【选项】命令，然后在【选项】对话框中，选择【显示】选项卡。接着在【十字光标大小】区域内调整十字鼠标指针的十字线的长度，如图6-8所示；在【选项】选项卡【拾取框大小】和【夹点大小】中调整十字鼠标指针选择区域的大小，如图6-9所示。

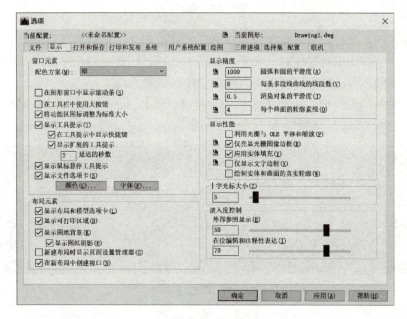

图6-8　调出工具栏图

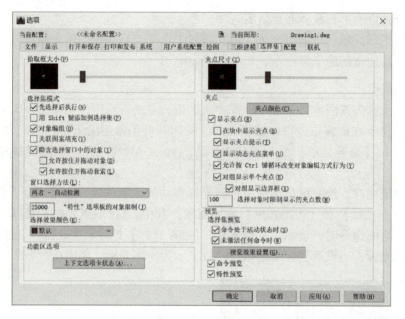

图6-9 调出工具栏

6. 功能区

【功能区】代替了AutoCAD众多的工具栏，以面板的形式将各工具按钮分门别类地集合在选项卡内，如图6-10所示。

图6-10 功能区

用户在调用工具时，只需在功能区中展开相应选项卡，然后在所需面板上单击工具按钮即可。由于在使用功能区时，无需再显示工具栏，因此应用程序窗口变得简介、有序。通过简洁的界面，功能区可以将可用的工作区域最大化。

若仍想要调出工具栏，可在菜单栏中选择【工具】|【工具栏】|【AutoCAD】，根据需要调出相应的工具栏，如图6-11所示。

图6-11 调出工具栏

7. 信息搜索中心

在应用程序的右上方可以使用信息搜索中心，通过输入关键字（或输入短语）来搜索信息、显示【通信中心】面板以获取产品更新和通告，还可以显示【收藏夹】面板以访问保存的主题。【信息搜索中心】中的工具如图6-12所示。

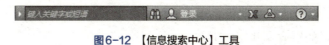

图6-12 【信息搜索中心】工具

8. 命令行/命令窗口

命令行窗口位于图形窗口的下方，它是用户输入 AutoCAD 命令并显示相关提示的区域。使用时，通过键盘、鼠标输入命令，按照相关命令提示进行下一步的操作，命令行可以通过拉宽来显示多行命令，如图6-13所示。

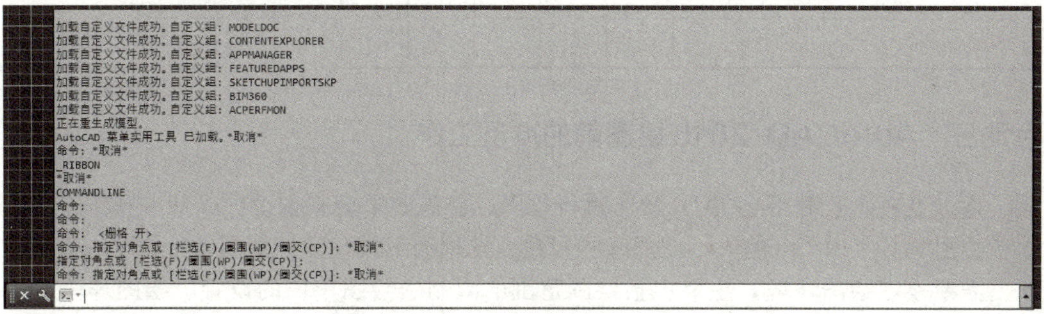

图6-13 命令窗口

9. 状态栏

状态栏位于用户界面的底部，它能显示当前光标位置的坐标值和正交、栅格等各种模式的状态。使用时，移动光标，坐标值自动更新；单击坐标显示区，可以关闭坐标显示。单击正交、栅格等模式按钮，可实现这些模式的开关控制。

在捕捉模式、栅格、极轴追踪、对象追踪等模式按钮上均可单击右键，对模式进行设置。如在极轴追踪（F10）按钮上单击右键，弹出快捷菜单，如图6-14所示，选择【设置】，弹出【草图设置】对话框，如图6-15所示，可对上述模式进行设置。

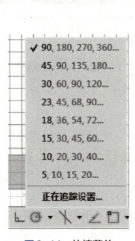

图6-14 快捷菜单

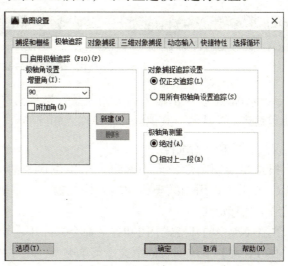

图6-15 【草图设置】对话框

结合本活动的学习，打开AutoCAD 2016软件，结合前文的介绍分别找一下标题栏、菜单栏、功能区、绘图区、十字光标、命令行和状态栏。

看一下菜单栏的组成，并完成下表：

组成	文件	编辑	视图	插入	格式	工具	绘图	标注	修改	参数	窗口	帮助
1												
2												
3												
…												

活动三　AutoCAD 2016绘图前的准备工作

绘图前的准备工作

为了更好地运用AutoCAD 2016进行绘图，首先要学会基本设置或基本操作，就像手工绘图时要考虑图纸的大小、图纸的视角、选用的工具一样，使用AutoCAD 2016之前也需要设定绘图环境。主要包括绘图范围的限制、绘图单位的设置、绘图环境的设置、绘图文件的处理等。这些工作可由用户自己来做，也可以借鉴现有的模板。做好基础准备工作，对以后的绘图可起到事半功倍的作用。

1. 绘图范围的限制

在绘图过程中，为了避免所绘制的图形超出用户工作区域或图纸的边界，必须用绘图界限来标明边界。设置绘图界限的命令是LTMITS。启动该命令有以下两种方式：

① 直接执行LTMITS命令。
② 选择菜单栏中的【格式】|【图形界限】命令。

启动LTMITS命令后，AutoCAD将给出如图6-16所示的提示信息，此时请求输入左下角的坐标。如果直接按下回车键，则默认左下角位置的坐标（0，0）。

图6-16　边界设置命令提示

AutoCAD继续提示输入右上角位置，默认为（420，297），即A3纸张幅面，直接按回车键接受默认值，其他幅面直接输入相应的长、宽数值即可。

2. 绘图单位的选择

根据要绘制图形的大小确定一个单位代表的实际大小，然后据此创建图形。在AutoCAD中可以用二维坐标的输入格式输入三维坐标，同样包括科学、小数、工程、建筑或分数标记法。

选择菜单中的【格式】|【单位】命令，打开【图形单位】对话框，如图6-17所示。

在【长度】下拉列表框中选择菜单类型，在【精度】下拉列表中选择精度类型，此时在【输出样例】区域显示了当前精度下的单位格式的样例。

在【角度】下拉表框中选择角度类型，在【精度】下拉列表中选择精度类型，此时【输出样例】区域显示了当前精度下的角度类型样例。

AutoCAD在默认情况下，是按逆时针方向进行正角度测量的，如要调整为顺时针方向只需勾选【顺时针】复选框即可。

3. 绘图环境的设置

绘图环境是指绘图时所遵循或参照的标准。对大部分绘图环境的设置，最直接的方法是使用【选项】对话框。在绘图区右击鼠标，在快捷菜单中选择【选项】命令，打开【选项】对话框。

（1）设置命令行字体 选择【格式】选项卡，单击【文字样式】按钮，将打开【命令行窗口字体】对话框，如图6-18所示。在该对话框中可以对命令行中的字体、字形、字号

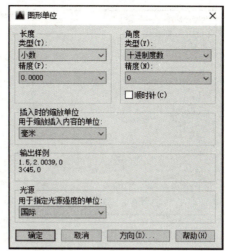

图6-17 【图形单位】对话框

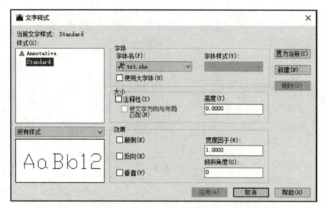

图6-18 命令行窗口字体

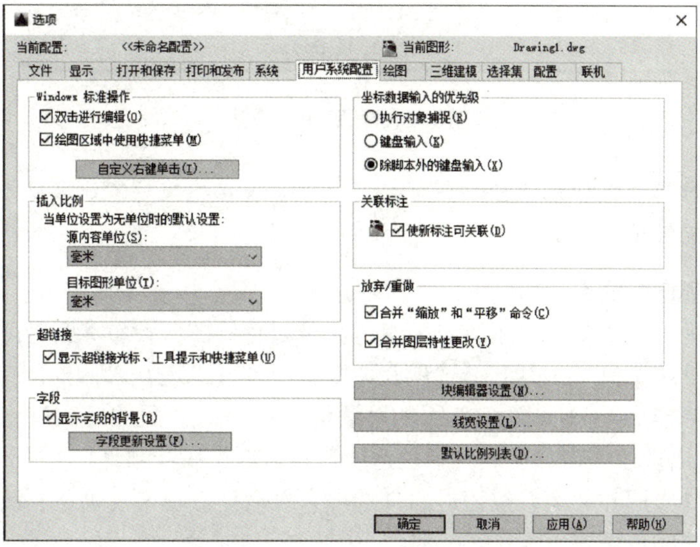

图6-19 选项卡中的【用户系统配置】

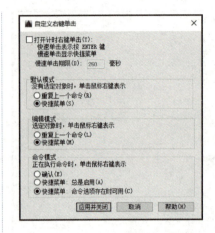

图6-20 【自定义右键单击】对话框

进行设置。设置完后单击【应用并关闭】按钮。

(2) 设置右击的功能 选择【用户系统配置】选项卡，如图6-19所示。然后单击【自定义右键单击】按钮，将打开如图6-20所示的【自定义右键单击】对话框。

在该对话框中，可以设置在各种工作模式下右击的功能，设定后单击【应用并关闭】按钮，此时右击的功能已启动。

(3) 捕捉功能的设置 在菜单栏选择【工具】，单击【绘图设置】选项卡，弹出【草图设置】对话框，根据绘图需要进行选择，如图6-21所示。在左下方【选项】中可以设置捕捉功能、捕捉标记以及捕捉标志颜色，设置好后单击【确定】按钮即可退出。

图6-21 捕捉功能的设置

小提示：自动捕捉标记不应设置太大，以免导致在捕捉时不能准确定位，当图形被缩放时自动捕捉标记不会变化。

4. 绘图背景的设置

在绘图区中，系统默认显示颜色为黑色。可以将绘图区设置为其他颜色，其操作步骤如下：选择下拉菜单【工具】|【选项】命令，出现【选项】对话框，在该对话框中单击【显示】选项卡，出现如图6-22所示对话框。在该对话框的【窗口元素】栏中单击【颜色】按钮，出现如图6-23所示【颜色选项】对话框。在【颜色】下拉列表框中选择所需颜色。单击【应用并关闭】按钮返回【选项】对话框。单击【确定】按钮，退出【选项】对话框完成颜色设置。

图6-22 【选项】对话框

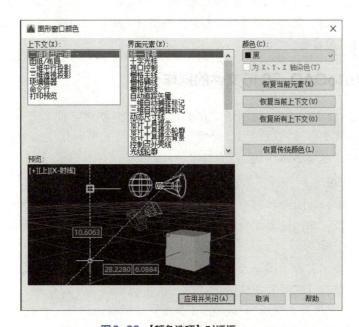

图6-23 【颜色选项】对话框

　　结合本活动的学习，新建一张新图，设置大小为A4，而且把绘图窗口的背景改为白色。

提示：

（1）开始一张新图　选择【标准】工具栏【新建】按钮，从【选择样板】对话框中选择样板图"acad.dwt"新建一个空白图形文件。当然，在2016版中，新建一张图纸有多种方式，可以直接点击左上角新建文件，也可点击左上角的菜单预览，点击"新建"以创建文件；还可在下拉菜单中点击【文件】，点击"新建"创建文件。

（2）图形区域设置　选择菜单栏【格式】菜单/【图形界限】命令，打开格栅模式，设置297×210的绘图区域。

——指定左下角点或［开（ON）/关（OFF）］<0.0000，0.0000>：【Enter】（执行默认值）；

——指定右上角点<420.0000，297.0000>：297，210【Enter】（设置A4大小的图形界限）；

——命令：ZOOM【Enter】；A【Enter】（将所设图形界限放至最大）。

（3）绘图单位和精度设置　选择菜单栏【格式】菜单/【单位...】命令，屏幕弹出"图形单位"对话框。

——在"长度"区内选择单位类型为："小数"，精度为："0.0"；

——在"角度"区内选择角度类型为："十进制小数"，精度为："0"；

——在"用于缩放插入内容的单位"列表框中选择图形单位，默认为"毫米"。

（4）将背景颜色设置为白色　在绘图区右击，从快捷菜单中选择【选项】命令，打开【选项】对话框。在该对话框中选择【显示】选项卡，单击【颜色】按钮，打开【颜色选项】对话框。在【窗口元素】下拉列表框中，选择【模型空间背景】选项。在【颜色】下拉列表框中选择白色。【模型】预览区域中的颜色将变为白色。单击【应用并关闭】按钮，关闭【颜色选项】对话框。最后单击【确定】按钮关闭【选项】对话框，AutoCAD主窗口背景颜色将由黑色转变为白色。

活动四　AutoCAD 2016文件的操作

文件的操作

在AutoCAD 2016中，对图形文件的操作主要有创建文件、打开文件、保存文件、自动保存、查找文件、缩放图形、使用帮助功能等。其中前几项和Windows的其他应用软件基本一致，这里不再讲述。

1. 查找文件

设计过程中，有时文件很多，很难快速准确地知道图形文件的名称、定位。这就需要使用查找工具，使用查找工具时，可以通过名称、类型及位置或时间过滤器来进行查找或搜索图形文件。

（1）通过指定名称、类型及位置来查找图形文件　启动OPEN命令后，在【选择文件】对话框中单击【工具】按钮旁边的黑三角，将出现其下拉菜单。在下拉菜单中选择【查找】命令，将打开如图6-24所示的【查找】对话框，选择【名称和位置】选项卡。

在该选项卡上，可以通过名称、类型及位置过滤器来进行搜索图形文件。单击【开始查找】按钮，AutoCAD便开始自动查找，被找到的文件名及其路径将被列举在最下边的列表框内。

查找完毕单击【确定】按钮，返回【选择文件】对话框，被找到的文件或文件夹已显示在【选择文件】对话框中。选择文件，该文件将显示在预览框中，单击【打开】按钮或直接双击文件图标将打开文件。

（2）通过指定时间来查找图形文件　在刚才的对话框中选择【修改时间】选项，出现如图6-25所示的【修改日期】选项卡。

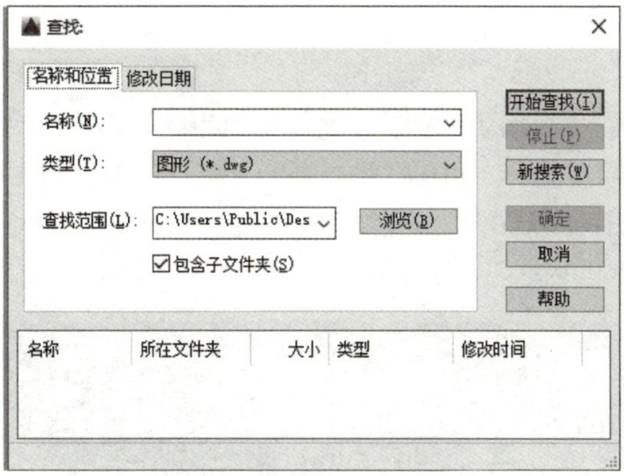

项目六 AutoCAD在化工制图中的应用 181

图6-24 【查找】对话框

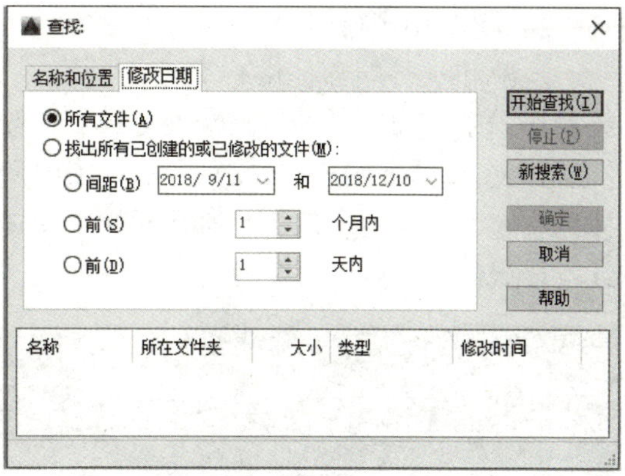

图6-25 【修改日期】选项卡

在该选项卡中单击【所有文件】按钮表示将查找所有图形文件；单击【找出所有已创建的或已修改的文件】单选按钮，则表示可以指定一个具体到某月或某日的过滤器。然后单击【开始查找】按钮进行查找。

如果单击了【新搜索】按钮，AutoCAD将打开询问对话框，提示将清除当前的搜索结果。如果单击【确定】按钮将清除当前的搜索结果。

2. 缩放图形

按一定比例、位置和方向显示的图形称为视图。利用视图的缩放功能，可以改变图形实体在视窗中显示的大小，从而方便地观察一些过大或过小的图形。如图6-26（a）、(b) 所示。

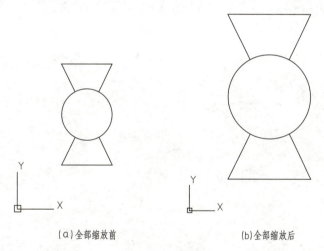

(a)全部缩放前　　　　　　(b)全部缩放后

图6-26 缩放图形

调整图形显示大小的命令是ZOOM。启动该命令有以下四种方式：
① 直接执行ZOOM命令。
② 选择菜单栏中选择【视图】|【缩放】命令，然后再选择具体命令。
③ 在【标准】工具栏中单击相应的ZOOM命令按钮。
④ 直接利用鼠标滚轮的滚动进行缩放调整。

小提示：使用缩放功能改变的只是图形的显示比例，不会改变其绝对大小。

3. 漫游和飞行

漫游和飞行能够提供一个独立的窗口显示图形，实现快速平移、缩放图形。在菜单栏中选择【视图】|【漫游和飞行】，选择【漫游】或【飞行】后弹出【漫游】或【飞行】窗口，如图6-27（a）所示。图中左侧对话框的小窗口为视口边界，在大窗口上按住左键可以移动视角，此时在左侧小窗口中会出现一个绿色三角以及一个红点，拖动红点及绿色三角可以改变视角，如图6-27（b）所示。

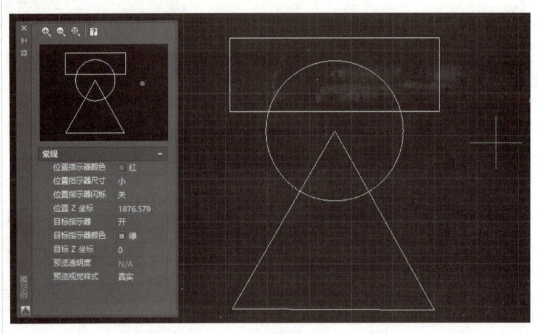

(a) 漫游/飞行视图

(b) 调整红点位置后视图

图6-27　图形的漫游和飞行

小提示：除了漫游和飞行，还有【相机】功能可以使用，可从三维视角观察图纸。建议打开栅格。

4. 使用帮助功能

在菜单栏中有【帮助】项，点击可以了解AutoCAD 2016的阅读用户手册、命令参考等信息，如图6-28所示。在绘图操作中，借助对话框中（如图6-29所示）的【帮助】按钮，可以列出对操作的注释等信息。

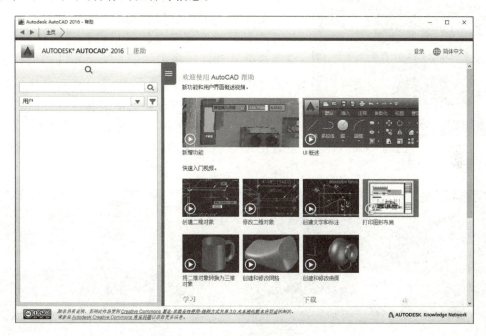

图6-28 【帮助】对话框

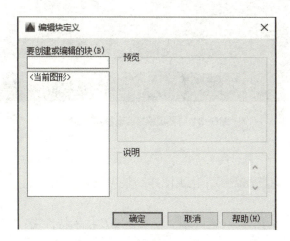

图6-29 绘图中使用【帮助】功能

结合本活动的学习，上机查找一个CAD文件（后缀为.Dwt），阅读其内容后，另存为"活动四作业"，放入D：/我的作业文件夹中。

活动五　AutoCAD 2016 图层设置

在AutoCAD中，图层相当于手工绘图中使用的透明重叠图纸，将具有相同特性的图形元素放置在同一个图层，然后统一设置每个图层。这样，在图层上绘制的图形都具有它所在的图层的特性。图层的使用主要是方便图形特性的设置和将来的修改。

在AutoCAD中，设置图层一般有两种方法，一种方法是通过选择菜单栏【格式】|【图层】命令，或者在默认功能区单击如图6-30所示【图层】模块中的【图层特性管理器】按钮。两种方法均弹出图6-31所示的对话框。在【图层特性管理器】对话框中可以完成许多工作，如根据具体需要添加图层，设置图层颜色、线型、线宽及图层的上锁、冻结、关闭等工作。

图6-30　【图层】模块

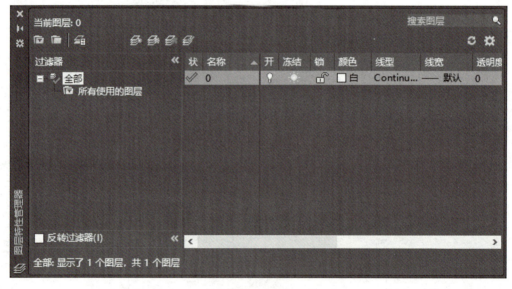

图6-31　【图层特性管理器】对话框

1. 新建图层

根据化工制图的特点及需要，化工图样一般可设置8个图层：
0图层为图纸框；
1图层为标题栏、明细栏、管口表、技术要求及技术特性表；
2图层为中心线及基准线；
3图层为结构线或设备；
4图层为主物料管线；
5图层为辅助物料管线；
6图层为仪表与控制点；

7图层为尺寸标注。

要完成上述工作,只需点击7次图6-31中间偏左位置的【新建】按钮，在图6-32的下方就会有图层0至图层7共8个图层,如图6-32所示。

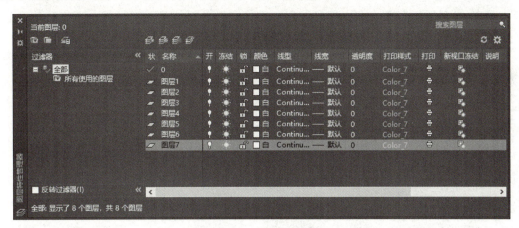

图6-32 设置8个图层

2. 设置图层颜色

设置图层颜色后,在该图层所绘制的图形就具备了所设置的颜色。通过颜色可以方便地辨别图形属于哪个图层。设置的方法是在图6-32中,点中图层1,然后在颜色下所对应位置点一下,系统会弹出【选项颜色】对话框。如图6-33所示,选择相应的颜色,按【确认】按钮即可,依次类推,设置其他图层的颜色。为方便起见,建议0图层为原色,1图层为原色,2图层为浅绿,3图层为红色,4图层为黄色,5图层为土黄,6图层为浅蓝,7图层为洋红。

3. 设置图层线宽

通过改变图形对象的线型宽度,可以在显示和打印时进一步区分图形中的对象。在图6-32中,点中图层1,然后在【线宽】下所对应位置点一下,系统会弹出【线宽】对

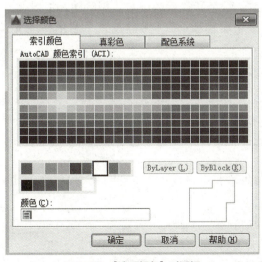

图6-33 【选项颜色】对话框

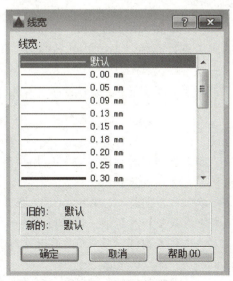

图6-34 【线宽】对话框

话框。如图6-34所示。选择相应的线宽，按【确认】按钮即可，依次类推，设置其他图层的线宽。线宽最好符合手工绘图中的相应要求。

4. 设置线型

单击线型图标"Continuous"，弹出如图6-35【选择线型】对话框，点击【加载】，弹出如图6-36【加载或重载线型】对话框，选择所需要的线型。

图6-35 【选择线型】对话框

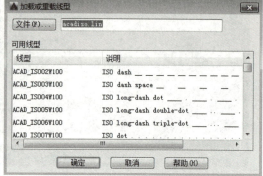
图6-36 【加载或重载线型】对话框

5. 设置图层控制状态

图层的控制状态共有图层关闭、图层冻结、图层锁三个按钮，在选中图层后，可直接选取，点击一次改变状态，点击两次恢复原来的状态，具体作用如下：

① 图层关闭（打开/关闭）。关闭图层后，该层上的实体不能在屏幕上显示或由绘图仪输出。在重新生成图形时，层上的实体仍将重新生成。

② 图层冻结（冻结/解冻）。冻结图层后，该层上的实体不能在屏幕上显示或由绘图仪输出。在重新生成图形时，冻结层上的实体将不被重新生成。

③ 图层锁（上锁/解锁）。图层上锁后，用户只能观察该层上的实体，不能对其进行编辑和修改，但实体仍可以显示和绘图输出。

结合本活动的学习，练习图层、线型、颜色和线宽的设置。把除图纸框以外的图层进行冻结、上锁。改名称为"工艺流程图模板一"，保存在D：/我的作业文件夹中。

提示：单击工具栏/按钮，打开【图层管理器】对话框。

单击按钮，新建8个图层，依次起名：图纸框、标题栏或明细栏、中心线及基准线、设备、主物料管线、辅助物料管线、仪表与控制点、尺寸标注。

单击颜色图标方块，在【选择颜色】对话框中，依次为原色、原色、浅绿、红色、黄色、土黄、浅蓝、洋红。

单击线型图标"Continuous"，在【选择线型】对话框中，点击【加载】，弹出【加载或重载线型】对话框，选择所需要的线型。

单击线宽图标"默认"，弹出【线型】对话框，选择线型的宽度，粗线0.9mm，中线0.6mm，细线0.3mm。

在【图层管理器】对话框右框内，把除图纸边框以外的所有图层所对应的【图层冻结】☼、【图层锁】🔓分别点击一下，使其分别变为 ❄、🔒状态。

最后在【文件】的【另存为】对话框中在【文件名】处改为"工艺流程图模板一"，选择D：/我的作业文件夹进行存盘。

活动六　AutoCAD 2016文字设置

通常，在工程设计中，有时仅从图形上并不能完全表达出设计者的意思，或者设计的图形可能有多种解释。这就需要标注大批量的常规文字，比如技术要求、资源搭配说明、设计计算书等，以便进一步说明对图形设计的技术要求。这样就需要进行文字标注，在对图形文件进行文字标注前，需要先给文本文字定义一种样式，主要包括对字体、高度、比例等属性的设置。

文字设置

1. 文字样式的设置

在AutoCAD中，启动文字设置 A 可以通过默认功能区【注释】模块的下拉菜单进行，也可单击文字工具栏中的【文字样式】按钮 A 或选择【格式】|【文字样式】命令。当启动命令后，将打开【文字样式】对话框如图6-37所示，AutoCAD默认当前字体样式为Standard。单击【新建】按钮将打开【新建文字样式】对话框。该对话框主要用于命名新建的文字样式，其默认为【样式1】，如图6-38所示。

图6-37 【文字样式】对话框

在图6-37【文字样式】对话框中的字体选项区域中，如选中【使用大字体】复选框，则在其上的列表框名称为【SH3字体】，该列表框中只列举出AutoCAD 2016特有的后缀为.sh3的字体文件，同时【字体样式】下拉列表框被激活。如未选中【使用大字体】复选框，则在其上的下拉列表框名称为【字体名】，该下拉列表框中列举出Windows系统中所有文字文件和AutoCAD 2016特有的文字文件。

图6-38 【新建文字样式】对话框

在【效果】选项区域中，可以编辑文字的具体特征，包括显示方式、宽度比例及倾斜角度。该选项区域中各选框的含义是：

① 【颠倒】复选框用于设备文字倒过来书写。
② 【反向】复选框用于设备文字反向书写。
③ 【垂直】复选框用于设备文字垂直书写。

小提示：文字的3种效果框可以同时选择多个，绘图时根据需要进行合理的选择即可。

① 【宽度比例】文本框用于设备文字字符的高度和宽度比值。系统默认的【文字宽度】比值为1，当输入的【宽度比例】的比值小于1时，文字会变窄，反之则变宽。

② 【倾斜角度】文本框用于设备文字的倾斜角度。系统默认的角度为0，文字不倾斜；若输入的角度为正值时，文字将以顺时针方向倾斜；若输入的角度为负值时，文字将以逆时针方向倾斜。

2. 文字的输入

在AutoCAD 2016中提供文字标注功能。可以根据需要灵活选用单行文字A或多行文字A。

（1）输入单行文字标注　在默认功能区中点击【文字】按钮A，或在菜单栏中选择【绘图】|【文字】|【单行文字】命令，将在命令行显示如图6-39所示的提示。依次输入文字的高度、文字行的旋转角度后，即可开始输入文字。如果没有精确要求，用鼠标也可完成上述操作：单击第一下确定文字开始具体位置，单击第二下确定文字高度（文字大小），单击第三下确定文字旋转角度。

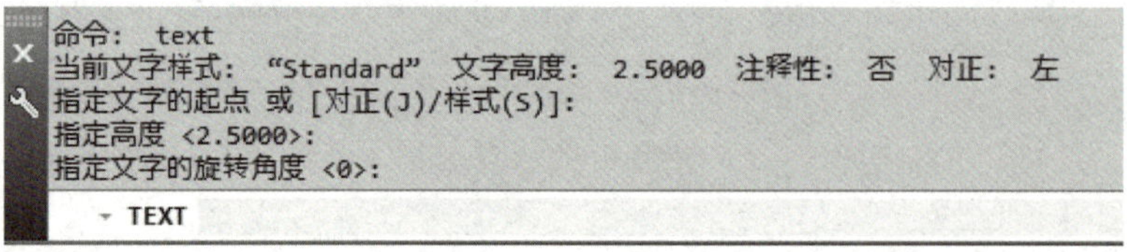

```
命令: _text
当前文字样式: "Standard"  文字高度: 2.5000  注释性: 否  对正: 左
指定文字的起点 或 [对正(J)/样式(S)]:
指定高度 <2.5000>:
指定文字的旋转角度 <0>:
▼ TEXT
```

图6-39 【单行文字】命令行

小提示：文字的角度为0°时，文字方向垂直水平向右；文字的角度为90°时，文字方向垂直向上；文字的角度为180°时，文字方向颠倒向左；文字的角度为270°时，文字方向垂直向下。效果如图6-40所示。

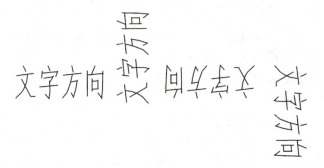

图6-40　文字不同角度时的效果

（2）创建多行文字标注　多行文字又称段落文字，可由两行以上的文字组成，在菜单栏中选择【注释】|【文字】，选择【多行文字】命令或点击默认功能区中的【文字】|【多行文字】按钮 A，将出现如图6-41（a）所示的命令行。与单行文字类似，用户可以通过鼠标在绘图区域内单击或直接在命令窗内输入数据来指定第一角点的位置坐标，当指定好第一角点的位置坐标后，将在命令行给出如图6-41（b）所示的提示。

图6-41　创建多行文字标注命令

括号内各选项的含义如下：
① 高度（H）：用于指定所输入文字的高度。
② 对正（J）：它的功能同输入单行文字时的提示相同。
③ 行距（L）：用于设置所输入文字的行间距。
④ 宽度（W）：用于设置文字行的宽度。

3. 编辑文字

对于所标注文字，随时可以进行编辑，编辑的方法是双击单行文字对象或在文字工具栏中的【编辑文字】按钮，将打开如图6-42所示的文本编辑框。此时，文本编辑框亮显，跟随光标的插入点，可以在该文本框中直接添加、删除、修改内容。

图6-42　文本编辑框

结合本活动的学习，在D：/我的作业文件夹中打开"工艺流程图模板一"文件，学习文字的输入和编辑。
① 打开"工艺流程图模板一"文件。
② 选择菜单栏中的【格式】|【文字样式】命令，打开【文字样式】对话框。
③ 新建文字样式，在弹出的【新建文字样式】对话框的【样式名】文本框中输入【文字1】，单击【确认】按钮。
④ 回到【文字样式】对话框，在该对话框中取消选中【使用大字体】复选框，在【字体名】下拉列表框中选择【宋体】，设置字体样式为【常规】，设置字体高度为10。
⑤ 单击【应用】按钮，然后再单击【关闭】按钮。
⑥ 单击工具栏中的【多行文字】按钮 A，在结构平面图右下角指定输入文字的适当形式，打开【文字格式】对话框，即多行文字编辑器。在此对话框中，将文字样式

【文字1】置于当前。开始输入"工艺流程图模板一、班级、学号、机位号、日期"文字,并进行编辑。

⑦ 单击右键,从弹出的快捷菜单中选择【查找和替换】选项,将图形文字中的【学号】替换为【姓名】。

⑧ 单击【确定】按钮。

⑨ 在【文件】选【存盘】保存文件。

活动七　AutoCAD 2016坐标输入

当执行绘图命令时,需要在命令行中输入点的坐标。输入点的坐标有以下几种方法。

1. 绝对直角坐标

绝对直角坐标,是从点(0,0)或(0,0,0)出发的位移,表示点的X、Y、Z坐标值,X坐标值向右为正增加,Y坐标值向上为正增加。当使用键盘键入点的坐标时,在输入值之间用逗号","隔开,不能加括号,坐标值可以为负。

2. 绝对极坐标

绝对极坐标:也是从点(0,0)或(0,0,0)出发的位移,但它给定的是距离和角度,其中距离和角度用"<"分开,且规定"角度"方向以逆时针为正,即X轴正向为0°,Y轴正向为90°。

3. 相对坐标

相对直角坐标和相对极坐标是指相对于某一点的X轴和Y轴的位移或距离和角度。它的表示方法是在绝对坐标表达方式前加上"@"号。其中,相对极坐标中的角度是新建点和上一点连线与X轴的夹角。

完成以上工作后,就可以进入正式绘图工作了。当然,对于一些较简单的图形,也可边绘制边做一些具体的设置工作。不过,对于内容较复杂的装配图,还是建议先完成一系列的设置工作,并将其作为图样模板,在下一次绘制同类图样时,可将其调出使用。

坐标输入

课题二　AutoCAD的操作

活动一　学习绘图命令的使用

在中文版AutoCAD 2016中,基本的绘图工具主要有直线、射线、构造线、矩形、多边形、圆、圆弧、椭圆、椭圆弧、圆环工具等,掌握它们的使用方法是整个AutoCAD绘图的基础。

在功能区的默认选项区有所有基本的绘图工具,可以方便地进行使用。

如果习惯于使用旧版的【绘图】工具栏,也可以从菜单栏调出。【绘图】工具栏的每个工具按钮都对应于【绘图】菜单中相应的绘图命令,单击它们可执行相应的绘图命

绘图命令的使用(一)

项目六 AutoCAD在化工制图中的应用 191

图6-43 绘图工具栏

1. 创建直线

直线是最简单的二维图形，在几何学中，两点决定一条直线。选取默认功能区的【直线】选项 或绘图工具栏中的 后，即可画出一条线段，或是在命令行中输入命令LINE。然后指定直线起点和终点的位置或坐标，从而绘制出直线对象，如图6-44所示。

例如在使用坐标绘制图6-44时，可以首先在【绘图】工具栏内单击【直线】按钮，这时将光标拖到绘图区指定位置单击确定的某点，然后再根据提示使用极坐标依次确定A、B、C点位置，命令行如图6-45所示。

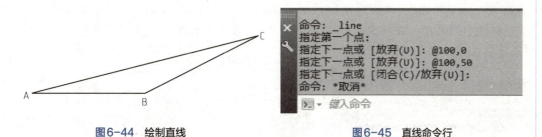

图6-44 绘制直线　　　　　　图6-45 直线命令行

2. 创建射线与构造线

射线是只有起点没有终点或终点无穷远的直线。构造线是一条没有起点也没有终点的直线。射线与构造线主要用于绘制辅助参考线，以方便绘图。

在绘制射线时，选取默认功能区中【绘图】模块内的【射线】按钮 或在菜单栏选择【绘图】|【构造线】命令或在命令行输入XLINE命令。选取完成后命令行将出现如图6-46所示的提示。

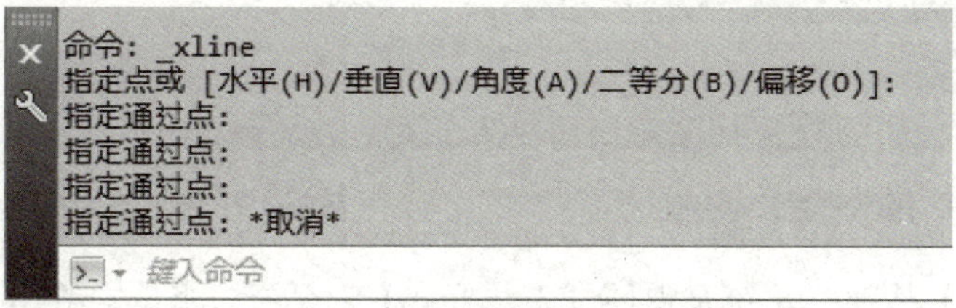

图6-46 构造线命令行

3. 创建多线

多线是由多条平行线的组合对象，平行线之间的间距和数目是可以调整的，在绘制化工布置图中建筑图的墙体轮廓时非常实用。

创建多线与创建直线的方法基本相似，但需要在菜单栏选择【绘图】|【多线】命令，或在命令行内输入MLINE使用，命令行将出现如图6-47所示的提示，然后指定起

点和端点即可。多线可以由两条或两条以上的平行直线组成，每条多线都对应一个已定好的多线样式。

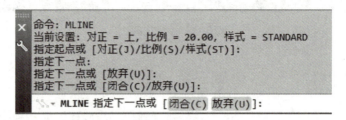

图6-47 多线命令行

在开始创建多线前，都要先设置多线样式，比如选择多线的数目，给出多线指定比例因子等。在设置多样式时可以在菜单栏选择【格式】|【多线样式】命令，或在命令行内输入MLINE命令，将弹出【多线样式】对话框，如图6-48所示。

单击【新建】按钮，将弹出【创建新的多线样式】对话框，在此对话框的新样式名中输入"建筑轮廓线"，如图6-49所示，单击【继续】，这时弹出【新建多线样式：建筑轮廓线】对话框，在【说明】文本框输入对该多线的说明。并在【图元】区域中单击【确定】按钮，如图6-50所示。

图6-48 【多线样式】对话框

图6-49 【创建新的多线样式】对话框

单击【确定】按钮，系统又返回【多线样式】对话框。此时，在【多线样式】栏中多了一项【窗口线】，在下面的【预览】栏中显示出新设置的样式，这样多线就创建完毕了。

小提示：设置的新样式只要按【保存】按钮，就可以用于其他图形的绘制，方法是在绘制其他图形时单击【加载】按钮，将此样式加载到所绘图像中即可。

4. 创建二维多段线

多段线由相连的直线段与弧线段组成，可以为不同线段设置不同的宽度，甚至每个

项目六　AutoCAD在化工制图中的应用　　193

绘图命令的使用（二）

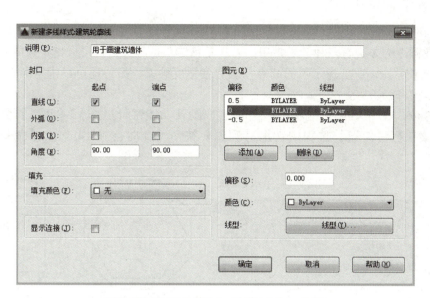

图6-50　【新建多线样式：建筑轮廓线】对话框

线段的开始点和结束点的宽度都可以不同。同时，由于多段线是作为单一对象使用的，因此，可方便地对其进行统一处理。

创建多段线可以在默认功能区选取【多段线】选项，或单击菜单栏【绘图】|【多段线】命令，或在命令行内输入PLINE命令。多段线命令行如图6-51所示。

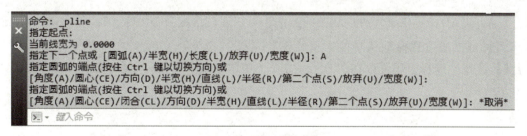

图6-51　多段线命令行

5. 创建正多边形线

在AutoCAD中，绘制正多边形有两种方法，即内接正多边形法和外切正多边形法。其中，内接正多边形法是绘制整个多边形于一个虚构的圆中。外切多边形是整个多边形外切于一个虚构指定半径的圆外。

可以通过选择默认功能区【绘图】|【多边形】命令，还可以在菜单栏【绘图】选项内单击【多边形】按钮，或直接在命令行中输入POLYGON命令来绘制正多边形。这时命令行提示输入多边形的边数，在这里输入8后按回车键，接着提示指定多边形的中心点或边，在当前绘图区中任意位置单击作为当前正多边形的中心。这时命令行提示所创建的多边形是内接于圆还是外切于圆，直接按回车键后表示绘制于圆的正多边形。这时命令接着提示输入圆的半径，在这里输入35后按回车键，这样就绘制出一个八边形。然后再以绘制好的八边形中心为中心点，绘制一个半径为30的正六边形，命令行

如图6-52，图形如图6-53所示。

6. 创建圆弧

创建圆弧的方法有多种，最常用的方法是指定三点画弧，也可以指定弧的起点、圆心和端点来画弧，或是指定弧的起点、圆心和角度画弧，另外还可以指定圆弧的角度、半径、方向和弦长等方法来画弧。

在AutoCAD中，要创建圆弧，可以选取默认功能区【绘图】|【圆弧】命令，还可以在菜单栏【绘图】选项中选取【圆弧】按钮（此时会弹出），或在命令行输入ARC。

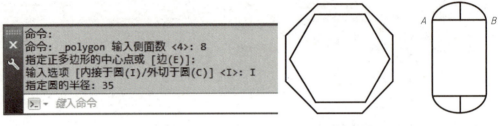

图6-52　正多边形命令行　　图6-53　所绘图形　　图6-54　罐体封头的画法

例如在绘制化工罐体的封头时，如图6-54所示，首先单击【圆弧】按钮，然后分别单击A、B、C三点，就能够创建罐体的上封头，依此方法，可以绘制罐体的下封头。

7. 创建圆

AutoCAD中提供了多种创建圆的方法，可以通过指定圆心坐标、3点绘制等。在创建圆时可以通过选择默认功能区【绘图】|【圆】命令，或者在菜单栏【绘图】|【圆】选项中选择，还可以在命令行中输入CIRCLE命令。此时命令行将出现如图6-55所示的提示。

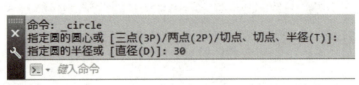

图6-55　圆的命令行

然后，在命令行输入圆心位置，这时命令行提示指定圆的半径，输入半径30，按回车确定。效果如图6-56所示。

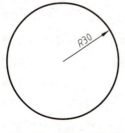

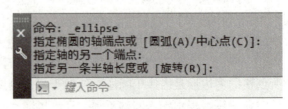

图6-56　半径为30的圆　　　　图6-57　椭圆绘制的命令行

8. 创建椭圆

绘制椭圆的默认方法是通过指定椭圆的圆心和主轴的两个端点及副轴的半轴长度创建椭圆。

创建椭圆，可以选择默认功能区【绘图】|【椭圆】命令◎，或者在菜单栏【绘图】|【椭圆】选项中选择，还可以在命令行内输入 ELLIPSE 命令，如图 6-57 所示。

9. 创建填充图案

要使用图案填充，可以在默认功能区【绘图】中单击【图案填充】按钮，或在菜单栏选择【绘图】|【图案填充】命令。功能区会弹出如图 6-58 所示的内容。

图 6-58 【图案填充和渐变色】功能区

在【图案填充创建】功能区的【图案】模块中可选择合适的填充图案，选择好之后分别在如图 6-59（a）中的 1、2、3、4、5 处内的空白处点一下，右击确认所选区域，功能区会回到默认界面。此时会出现如图 6-59（b）所示效果。

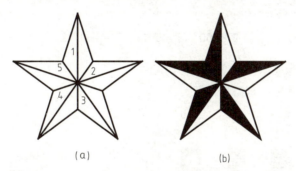

(a)　　　　　　　　(b)

图 6-59 填充前后效果对比

除此之外，通过调取【图案填充】的设置也可以实现上述功能。点击【图案填充】按钮后输入"T"，按回车可调出图 6-60 对话框。首先选取填充的图案，在此对话框中，单击【图案】后的 按钮，系统会弹出如图 6-61 所示【填充图案选择项】对话框，选择合适的填充图案，然后按【确认】。然后单击在【边界】中的【添加：拾取点】按钮，分别在如图 6-59（a）中的 1、2、3、4、5 处内的空白处点一下，右击确认所选区域，系统会回到图 6-60 所示界面，然后按【确认】会出现如图 6-59（b）所示效果。

　　　　结合本活动的学习，尝试绘制某车间的卫生间平面图，如图 6-62 所示。
提示：

① 在命令行中输入 LIMITS 命令，命令行提示指定左下角，按回车键后命令行接着提示指定右上角，在该提示后输入 2500，4000 并按回车键。

② 在命令行中输入 ZOOM 命令，输入选项 S 后按回车键，系统显示输入比例因子的提示，在此提示后输入 0.01。

图6-60 【图案填充和渐变色】对话框

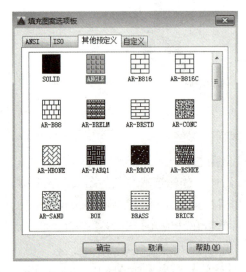

图6-61 【填充图案选择项】对话框

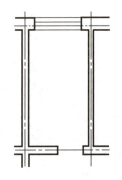

图6-62 某车间卫生间平面图

③ 通过菜单栏中的【格式】|【图层】命令,创建中心线、墙体线及设施线三个图层。如图6-63所示。

④ 选择菜单栏中的【格式】|【多线】命令,弹出【多线样式】对话框。从中新建三种墙体多线样式。分别是120墙、240墙及370墙。

下面来创建370墙体多线样式,单击【新建】按钮,在弹出的【创建新的多线样式】对话框中输入"370"。如图6-64所示。

项目六 AutoCAD在化工制图中的应用 197

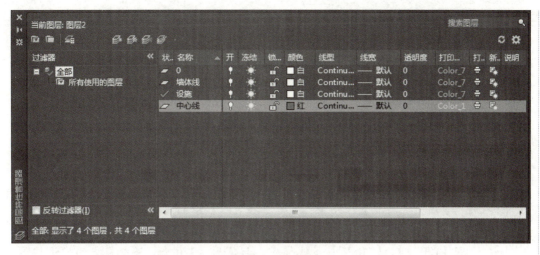

图6-63 设置图层

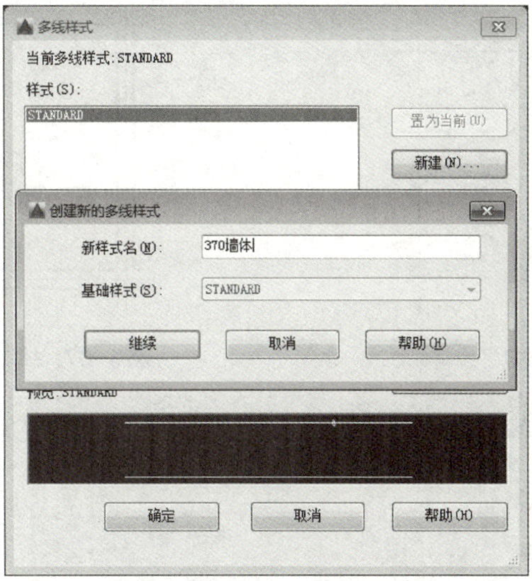

图6-64 新建370墙体多线

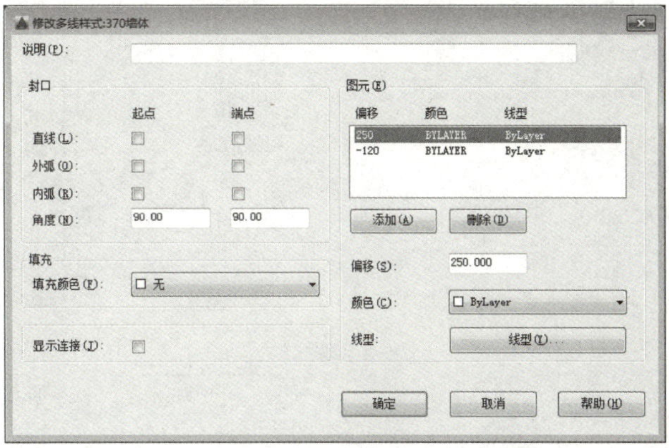

图6-65 设置370墙体多线

输入新样式名后,单击【继续】按钮,系统将弹出【新建多线样式:370墙】对话框,在此对话框中可以设置多线的特性,如图6-65所示。

设置墙体多线时,均是以中心线为基线,向两边偏移。设置完成这些特性后,单击【确定】按钮,系统返回【多线样式】对话框。此时可以发现【多线样式】对话框的【样式】栏中显示出新建的多线样式。使用同样的方法创建出120墙和240墙。

⑤ 调用【中心线】图层,单击功能区【绘图】中的【直线】按钮，绘制各墙体的中心线。在绘图区域上选取一点,然后输入相对坐标值@2100,0、@0,-3800、@-2100,0,最后输入C,将直线闭合。将各条直线适当调长,如图6-66所示。

⑥ 选择菜单栏中的【格式】|【多线样式】命令,从弹出的【多线样式】对话框中选择【370墙】多线,并将其置于当前,然后选择菜单栏中的【绘图】|【多线】命令,此时,在命令行中显示提示信息,输入S,指定多线的比例为1,按回车键确认。

⑦ 使用【120墙】、【240墙】多线样式,与使用【370墙】多线样式的方法相同,效果如图6-67所示。

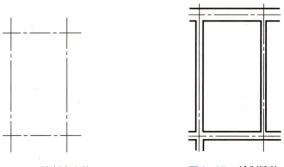

图6-66　绘制中心线　　　　图6-67　绘制墙体

图6-68　【多线编辑工具】对话框

⑧ 选择菜单中的【修改】|【对象】|【多线】命令，打开【多线编辑工具】对话框，要使用此对话框种的工具，只需选择一种编辑多线样式，然后选择要编辑的多线即可。选择【T形合并】图标，如图6-68所示。

⑨ 编辑成T形交叉的多线，再次打开【多线编辑工具】对话框，从中选择【十字合并】图标，编辑十字交叉的多线。效果如图6-69所示。

⑩ 利用默认功能区【修改】中的【偏移】按钮，将120墙体中心线向右分别偏移250，1050。通过单击默认功能区【修改】中的【分解】按钮，将多线水平240墙体线分解，然后利用单击【修剪】按钮，将多余的直线进行修剪，创建房间的门口，如图6-70所示。

图6-69 编辑多线

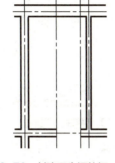
图6-70 创建卫生间的门（一）

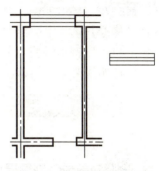
图6-71 创建卫生间的门（二）

⑪ 单击默认功能区【绘图】中的【矩形】按钮，绘制边长为1500×370、1500×120的矩形，利用对象捕捉功能中的捕捉中点工具将两个矩形一侧向边的中点对齐，创建出窗体。然后将两矩形通过【修改】工具栏中的【移动】工具移动到370墙的中线上，绘制出卫生间平面图，如图6-71所示。

⑫ 最后在【文件】的【另存为】对话框中将【文件名】改为"车间卫生间平面图"，选择D:/我的作业文件夹进行存盘。

活动二　学习使用图形编辑功能

在绘图时，很难一次就把图形绘制得很圆满，在绘制过程中往往需要进行很多次的编辑，才能达到比较理想的效果。所谓编辑对象，也就是对已有图形对象进行移动、旋转、缩放、复制、删除等操作。灵活熟练掌握这些技巧，不但可以快速地绘制复杂的图形，而且可以大大提高绘图速度。因此学习图形编辑就显得十分必要。

图形编辑
（一）

1. 选取对象

在进行AutoCAD图形对象编辑时，应当首先选取需要编辑的对象即选择集。选择集可以包含单个对象，也可以包含多个复杂的对象。选取对象大致上分为以下几种方法：

（1）直接选取对象　将光标置于备选对象上面，单击该对象即可完成操作。被选取后的对象边缘变为蓝色，表示该对象已被选中。

（2）使用选择窗口　将鼠标放在被选取图形的左上方单击，然后再向右下角拖动鼠标，直到将所选取的图形完全框在一个矩形框内，最后单击以确定选取范围，这时所有出现在矩形框内的对象就被选取。备选项仍然以虚线表示被选中。

（3）交叉选择窗口　交叉选择窗口与选择窗口的操作方法大致相同，只是在确定选取对象时，框选的方向有所不同。交叉选择窗口是先确定右上角或右下角，然后向左侧拖动来定义选取范围。当确定选取范围后，所有完全或部分包含在交叉选择窗口中的对象均被选中。

在中文版 AutoCAD 2016 中，使用默认功能区【修改】菜单中的命令，可以对图形对象进行移动、旋转、缩放、复制、删除和参数修改等操作。中文版 AutoCAD 2016 提供了强大的图形编辑功能，可以帮助用户合理地构造和组织图形，保证绘图的准确性，简化绘图操作。常用的图形编辑命令都在如图 6-72 所示的【修改】模块中。用户也可以通过选择【修改】模块中适当的命令来对图形进行编辑和修改。

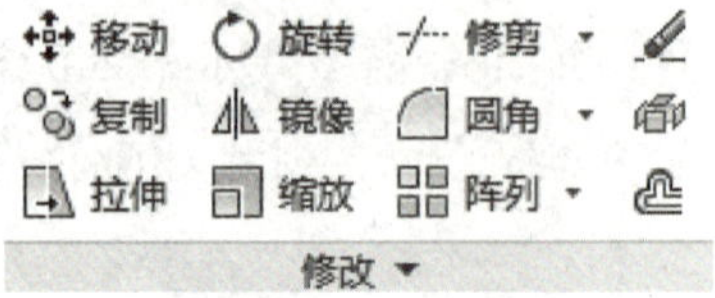

图6-72　【修改】模块

用户也可以调出【修改】工具栏，其作用与功能区中的修改相同，如图 6-73 所示。下面我们按照修改命令的顺序进行介绍。

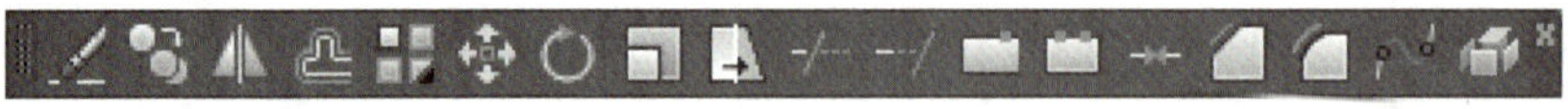

图6-73　【修改】工具栏

2. 删除对象或者恢复操作

绘图过程中往往有多余或者操作失误的时候，这时需要执行删除或恢复操作，删除一个对象可以在功能区或工具栏内单击【删除】按钮，然后选择所要删除的图形对象，最后按回车键就完成了删除操作。也可以先选择所要删除的图形对象，然后单击【删除】按钮。

在操作完后如果需要恢复以前的操作，可以使用 进行恢复，也可以使用取消命令 UNDO 进行连续向前恢复以前的操作。

小提示：按 Ctrl+Z 可以撤销你的上一步操作。

3. 复制对象

复制对象，就是将指定对象复制到指定位置。该命令一般用在需要绘制多个相同形状的图形操作中。调用【复制】命令可以单击功能区或工具栏中的【复制】按钮，或选择菜单栏中的【修改】|【复制】命令，也可以直接在命令行中输入 COPY 命令。

例如在复制图 6-74 中的列管式换热器时，首先选取换热器，再单击【复制】按钮，这时命令接着提示指定基点或位移。在确定第一点的位置后，命令行将有指定第二点（或用第一点代替）的提示，如果这时再确定一点，那么 AutoCAD 将在第二点的位置复制一个相同的图形。如果这时还需要在其他位置复制对象，那么直接拖动鼠标到指

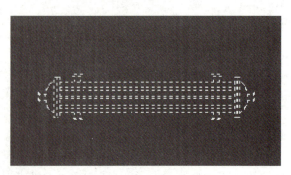

图6-74　选中单台换热器

定的位置单击即可。当复制操作完成时，按回车键，如图6-75、图6-76所示。

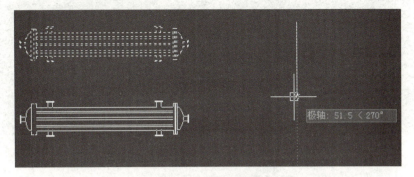

图6-75　复制单台换热器

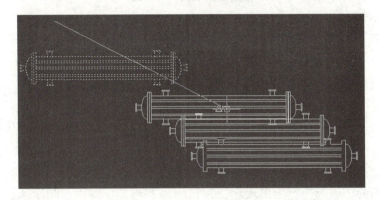

图6-76　同时复制多台换热器

4. 镜像图形

在作图过程中，在绘制对称型的图形时，使用【镜像】命令非常有用，它可以方便地将指定对象按指定的镜像线作对称图。调用【镜像】命令可以单击功能区或【修改】工具栏中的【镜像】按钮，或选择菜单栏中的【修改】|【镜像】命令，也可以在命令行中输入MIRROR命令。

在绘制换热器时，首先选取需要镜像的图形，如图6-77中虚线部分，然后使用【镜像】命令以换热器的中线为对称轴创建镜像图形，如图6-78所示。这样可以实现快速制图。在创建镜像时，要指定临时镜像线的两端点。执行此操作后，系统提示是否删

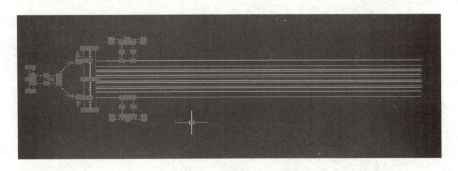

图6-77　选取需要镜像的图形

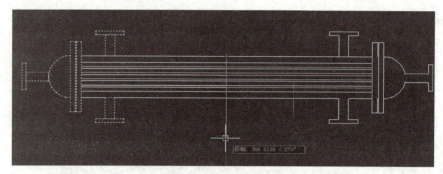

图6-78 绘制镜像图形

除或保留原对象，然后进行相应的选择，按回车键即可。

5. 偏移对象

偏移对象是将选定的图形，如直线、圆弧、圆、椭圆和椭圆弧、二维多段线、构造线、射线和样条曲线等移动一定位置，来创建与其形状一致的平行新对象。偏移可以单击功能区或【修改】工具栏中的【偏移】按钮 ，或选择菜单栏中的【修改】|【偏移】命令，也可直接在命令行中输入OFFSET命令。

例如绘制一个法兰，首先绘制直径210mm圆作为法兰的外轮廓，如图6-79所示，通过调用【偏移】命令来绘制法兰的内轮廓，选中外轮廓，点【偏移】按钮 ，系统将在窗口下方的命令中显示指定偏移距离的提示，在这里输入36，按回车键确定，最后在所要偏移的一侧单击，会出现直径为138mm的内圆，如图6-80所示。重复以上过程，绘制法兰螺栓孔的中心线直径为186mm，如图6-81所示。

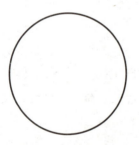 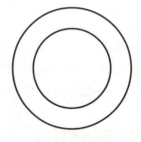 

图6-79 绘制法兰外圆　　图6-80 绘制法兰内圆　　图6-81 绘制螺栓孔中心线

6. 阵列对象

阵列对象就是按矩形或环形的方式多重复制对象，调用【阵列】命令可以单击功能区或【修改】工具栏中的【阵列】按钮 ，或选择菜单栏中的【修改】|【阵列】命令，也可以直接在命令行中输入ARRAY命令。阵列命令包括三种：矩形阵列、环形阵列和路径阵列。

例如偏移操作中法兰螺栓孔在绘制时，调用【阵列】命令，首先选择【环形阵列】，系统会弹出【阵列】功能区，如图6-82所示。然后选中阵列中的蓝色中心点，选中后可输入坐标或直接用鼠标拖动以改变中心点位置；在【项目数】一栏中输入阵列个数8，在【填充】文本框内输入360进行阵列，如图6-82所示。绘制出的法兰螺栓孔如图6-83所示。

图6-82 【阵列】功能区

7. 移动对象

移动仅仅是将所选的对象位置平移,并不改变对象的方向和大小。可使用捕捉模式、坐标、夹点和对象捕捉模式的方式进行移动。调用【移动】命令可以单击功能区或【修改】工具栏中的【移动】按钮,或选择菜单栏中的【修改】|【移动】命令,也可以直接在命令行中输入MOVE命令。

选取所要移动的对象,按【移动】命令后,命令行将出现确定基点或位移的提示,在确定一点作为基点后拖动鼠标。当所选择对象移动到指定位置时单击,效果如图6-84所示。

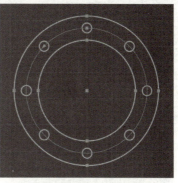

图6-83 绘制出的法兰螺栓孔

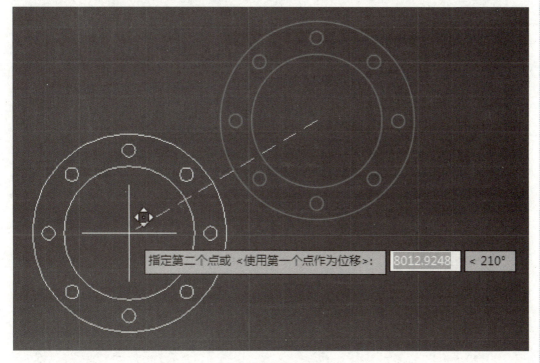

图6-84 移动法兰

8. 旋转对象

旋转对象是指定对象绕基点旋转一定的角度。调用【旋转】命令可单击功能区或【修改】工具栏中的【旋转】按钮,或选择菜单栏中的【修改】|【旋转】命令,也可以直接在命令行中输入ROTATE命令。

选取需要旋转的一组管路,如图6-85,单击【旋转】按钮,然后单击并确定一点为对象所要旋转的基点。最后在命令行内输入所要旋转的角度90°后按回车，或在确定基点后拖动鼠标，任意拾取亮点以指定新角度，如图6-86所示。

在AutoCAD 2016中旋转对象的同时可以创建对象的复制。调用【旋转】命令后，在命令行显示的提示信息中选择【复制】选项，然后执行旋转操作。效果如图6-87所示。

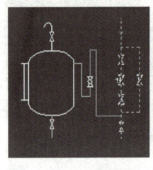 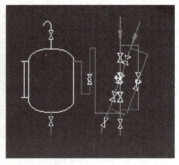

图6-85　选中需要旋转的图形　　　图6-86　被选图形旋转90°　　　图6-87　旋转并复制的图形

9. 延伸对象

延伸功能能够使其精确地延长到其他定义的图形上。在功能区中延伸位于修剪功能的子菜单中。在延伸对象时，可单击【延伸】按钮，或是选择【修改】|【拉伸】命令，然后选择要延伸到的边界后按回车键，接着再选择要延伸的边，这时AutoCAD将自动延伸到所指定的边界上，如图6-88所示。

(a) 延伸前　　　　　　　(b) 使用延伸功能　　　　　　　(c) 延伸后

图6-88　使用延伸功能

10. 修剪对象

修剪对象，使它们精确地终止于由其他对象定义的边界。剪切的图形可以是直线、圆弧、圆、多线段、椭圆等等。下面以在一段管路中添加转子流量计为例介绍修剪的方法，如图6-89所示。

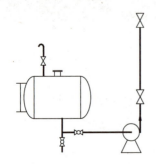 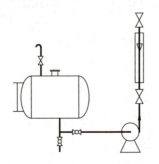 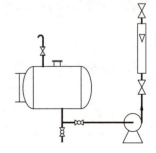

图6-89　在管路上添加转子流量计

在泵的出口管路中，插入转子流量计，单击【修剪】按钮或选择【修改】|【修剪】命令，在命令行提示选择对象，这里的对象是指作为剪切边的对象，点击选择流量计的外轮廓。然后再点击转子流量计内部的管线，此时中间的线被剪切，转子流量计添加成功。

小提示：如果被剪对象没有与剪切边交叉，在该提示下按shift键，然后选择被剪对象，AutoCAD则可以延伸该对象到剪切边，此功能和延伸功能相当。

11. 打断与打断于点

打断是删除部分对象或将对象分解成两部分。打断对象可以是直线、圆、圆弧、椭圆、参照线等。在功能区中打断功能在【修改】模块的子菜单中。下面仍然以添加转子流量计为例，如图6-90所示，欲打断流量计外轮廓内部的管线时，可以在功能区或工具栏内单击【打断】按钮，或选择【修改】|【打断】命令，然后选择流量计外轮廓内部的管线所要打断的对象，这时命令行将提示确定第二个打断点或第一点（F），此时输入F按回车键，分别选取A、B两点作为第一、第二打断点。命令行如图6-91所示，到此转子流量计添加成功。

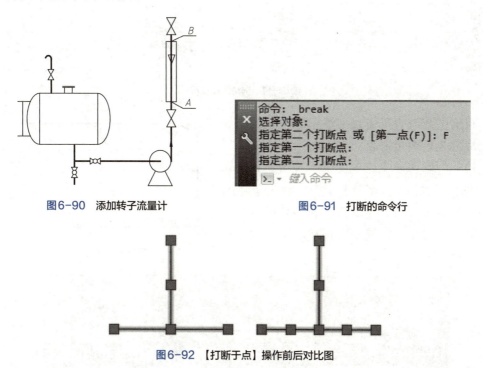

图6-90　添加转子流量计　　　　图6-91　打断的命令行

图6-92　【打断于点】操作前后对比图

【打断于点】按钮是【打断】命令的后续命令，它是将对象在一点处断开成两个对象。例如图6-92所示下面的直线在没有执行【打断于点】操作之前，在选取时是整体，在执行完【打断于点】后，就是两个部分了。但是如果不选取对象时，是看不出什么差别的。

12. 倒角与倒圆

可以进行倒角、圆角处理的对象有直线、构造线、射线、圆弧等，并且直线、构造线和射线在相互平行时也可以进行圆角。

执行倒角操作可以有两种方法，一种是距离方法，它能指定需要倒角的被修剪或延伸的距离。另外一种是角度方法，他可以指定倒角的长度以及它与第一条直线形成的角度。

小提示：倒角距离（D）就是所要执行倒角的直线与倒角之间的距离。如果两个倒角距离都为零，那么倒角操作将修剪或延伸这两个对象，直到相接，但不绘制倒角线。

要通过指定长度进行倒角。具体方法是首先在功能区或工具栏单击【倒角】按钮，然后输入命令D，接着指定第一个倒角距离输入10，然后在指定第二倒角距离处输入5，选择需要进行倒角的第一个对象与第二个对象即可，倒角效果如图6-93所示，命令行如图6-94所示。

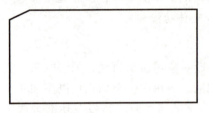

图6-93　倒角效果

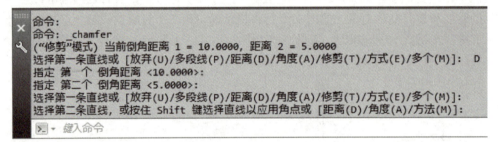

图6-94　倒角的命令行

利用圆角命令可通过一个指定半径的圆弧来光滑地连接两个对象。例如对图6-93的矩形右下角执行圆角命令，可以单击【圆角】按钮或选择【修改】|【圆角】命令，输入命令R，再输入圆的半径10，接着再选择需要进行圆角操作的两个对象，效果如图6-95所示，命令行如图6-96所示。

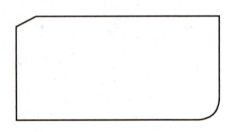

图6-95　倒圆的效果

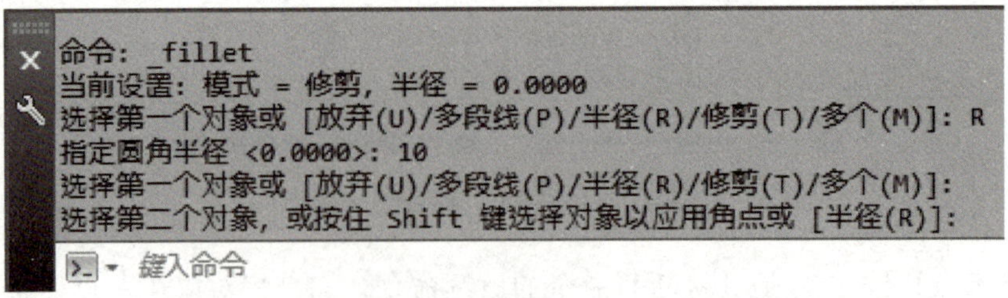

图6-96　倒圆的命令行

13. 缩放对象、分解对象

利用AutoCAD的比例缩放功能，可在X轴和Y轴方向使用相同的比例因子进行缩放，在不改变对象宽高比的前提下改变对象的尺寸。

单击【缩放】按钮后，单击所要缩放的对象，按回车键，AutoCAD将出现如

图6-97的【比例】命令行。比例因子：0<比例因子<1时缩小对象；比例因子>1时放大对象。

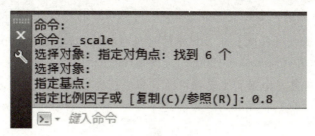

图6-97 【比例】命令行

当对矩形、块等由多个对象组成的一个整体对象进行编辑时，就要先将其分解。分解的方法是单击【分解】按钮，然后选择所要分解的对象，最后按回车键即可，或者先选择要分解的对象，然后点击【分解】按钮。分解的效果如图6-98所示。

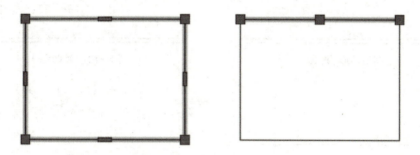

图6-98 矩形在分解前后的效果

 结合本活动所学习的常用编辑命令，绘制某车间立面图，如图6-99所示。

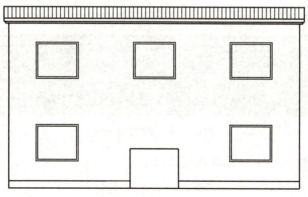

图6-99 某车间立面图

步骤提示：

① 创建一幅新图，在命令行中输入LIMITS命令，这时命令行提示指定左下角，按回车键后命令行接着提示指定右上角，在该提示后输入420，297并按回车键。

② 在命令行中输入ZOOM命令，输入选项S后按回车键，系统显示输入比例因子的提示，在此提示后输入0.01，表示绘制图形比例为1：100。

③ 单击功能区或【绘图】工具栏中的【直线】按钮，开始绘制一条水平线，作为地平线。靠水平线的左边绘制一条垂直线，作为墙体的外边线。

④ 单击功能区或【修改】工具栏中的【偏移】按钮，将水平直线分别向上偏移450、10000；垂直线向右偏移18000，如图6-100所示。

⑤ 单击功能区或【绘图】工具栏中的【矩形】按钮以点1为起点，绘制边长为2400×2000的矩形，然后使用偏移命令将这个矩形向外偏移100，作为窗户，如图6-101所示。

图6-100 边线

图6-101 绘制窗户

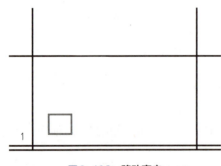
图6-102 移动窗户

⑥ 单击功能区或【修改】工具栏中的【移动】按钮，将左边的矩形以点1为基点，在命令行输入相对坐标为@1800，1300，移动到右上方，效果如图6-102所示。

⑦ 选择窗体，单击功能区或【修改】工具栏中的【阵列】按钮，选择"矩形阵列"，功能区显示如图6-103所示内容，设置图6-103中所示参数，按回车键确认，效果如图6-104所示。

图6-103 【阵列】功能区

⑧ 选中B窗体，单击功能区或【修改】工具栏中的【删除】按钮，删除该窗户。效果如图6-105所示。

⑨ 使用偏移工具将直线A向右分别偏移7500、10500，然后将直线B向下分别偏移7600，如图6-106所示。

⑩ 单击功能区或【修改】工具栏中的【修剪】按钮，修剪偏移的直线，效果如图6-107

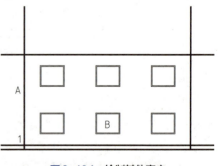
图6-104 绘制其他窗户

所示。

⑪ 单击功能区或【修改】工具栏中的【复制】按钮，将直线B分别向上复制100、300，再向下复制，将直线A向左复制210、300，如图6-108所示。然后将偏移的直线进行修剪，如图6-109所示。

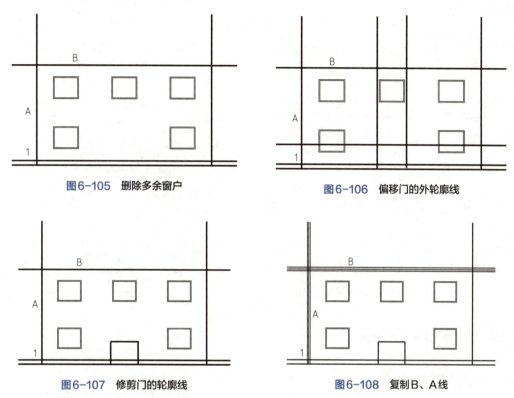

图6-105　删除多余窗户　　　　　　　图6-106　偏移门的外轮廓线

图6-107　修剪门的轮廓线　　　　　　图6-108　复制B、A线

⑫ 单击功能区或【修改】工具栏中的【移动】按钮，将直线C向左移动9000，将移动后的直线作为界线进行修剪，如图6-110所示。

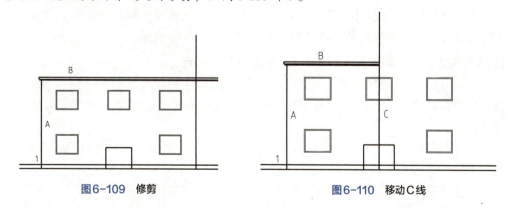

图6-109　修剪　　　　　　　　　　　图6-110　移动C线

⑬ 选中界线C左面的所有线及线A，单击功能区或【修改】工具栏中的【镜像】按钮，以线C为对称轴绘制另一半屋顶，如图6-111所示。

⑭ 单击功能区或【修改】工具栏中的【修剪】按钮，对车间下部裙线进行修剪，效果如图6-112所示。

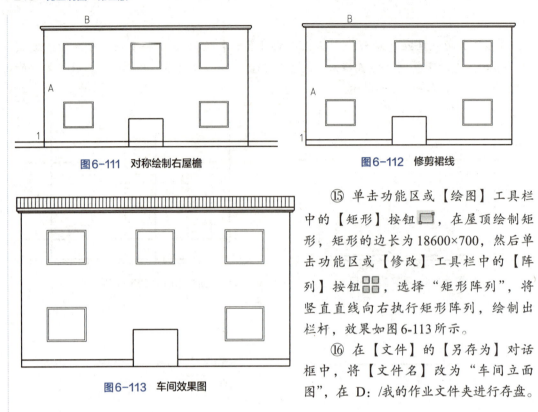

图6-111 对称绘制右屋檐　　图6-112 修剪裙线

图6-113 车间效果图

⑮ 单击功能区或【绘图】工具栏中的【矩形】按钮，在屋顶绘制矩形，矩形的边长为18600×700，然后单击功能区或【修改】工具栏中的【阵列】按钮，选择"矩形阵列"，将竖直直线向右执行矩形阵列，绘制出栏杆，效果如图6-113所示。

⑯ 在【文件】的【另存为】对话框中，将【文件名】改为"车间立面图"，在 D:/我的作业文件夹进行存盘。

活动三　学习绘图的标注

1. 创建标注样式

标注样式的格式和外观可以被设置。用户可以通过使用【标注样式管理器】来设置尺寸标注的外观。【标注样式管理器】是一组用于控制尺寸标注变量的尺寸标注格式集合，每个尺寸标注格式包含多个尺寸标注变量。

在功能区中，【标注样式】功能位于默认功能区中【注释】模块的子菜单内，用户可在此或点击菜单栏中的【格式】|【标注样式】命令，或单击工具栏【标注样式】按钮打开如图6-114所示的【标注样式管理器】对话框。

通过【标注样式管理器】对话框，可以完成新建标注样式、设置当前标注样式、修改现有标注样式、替代标注样式中的值、比较标注样式、重命名标注样式及删除标注样式。

① 【当前标注样式】区域用于显示AutoCAD当前正在使用的标注样式，AutoCAD 2016默认标注样式为ISO-25。

② 【样式】区域用于显示当前图形可供选择的所有标注样式。对当前使用的标注样式，在该选项区域内突出显示。在【样式】选项区域内右击一样式名称，系统将弹出一个快捷菜单，如图6-115所示。利用该快捷菜单可以设置为当前、重命名和删除所选的标注样式，若标注样式正在使用，将无法删除该样式。

③ 【列出】下拉列表用于标注样式的选择。主要有所有样式和正在使用的样式两个选项。其中，选择所有样式，在【样式】区域中显示所有的标注样式；选择正在使用的

样式则在区域中显示当前图形引用的标注样式。

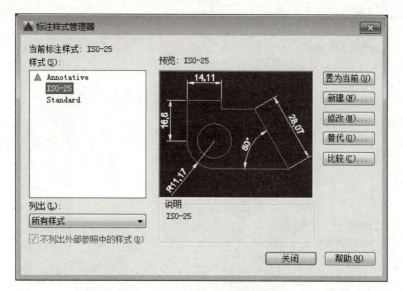

图6-114 【标注样式管理器】对话框

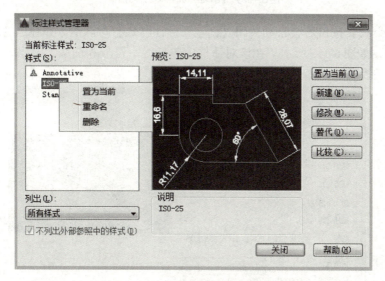

图6-115 样式快捷菜单

④【不列出外部参照中的样式】复选框用于选择是否在【样式】区域中显示外部参照图形中的标注样式。

⑤【置为当前】按钮用于将选中的标注样式设置为当前标注样式。

⑥【新建】按钮用于创建新的标注样式。

⑦【修改】按钮用于修改已创建的标注样式。

⑧【替代】按钮用于设置当前样式的临时替代值。

⑨【比较】按钮用于比较两种标注样式的特性或浏览标注样式的特征。

⑩ 在【标注样式管理器】对话框中单击【新建】按钮，打开如图6-116所示的【创建新标注样式】对话框。输入新样式名称，选择新样式的基础样式。如果未创建样式，

只能将ISO-25作为基础创建新样式。在【用于】下拉列表框中选择使用新样式的标注类型，默认为【所有标注】。

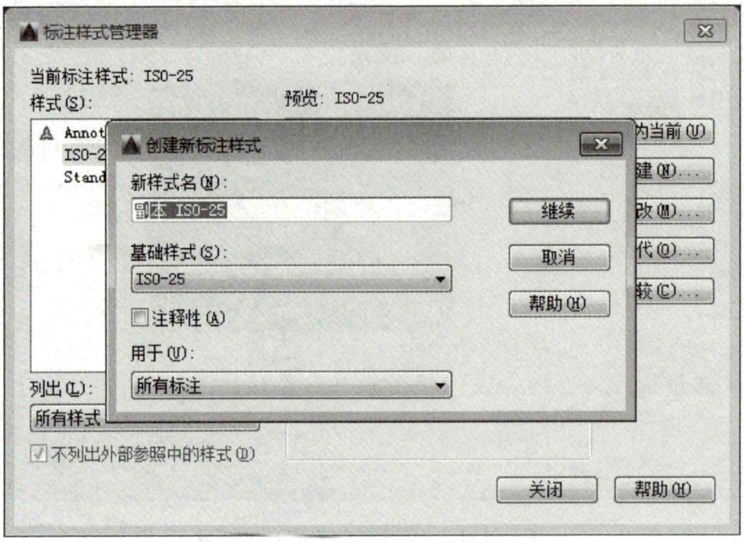

图6-116 【创建新标注样式】对话框

单击【继续】按钮后会自动关闭【创建新标注样式】对话框，并弹出【新建标注样式】对话框，如图6-117所示。在该对话框中包括线、符号和箭头、文字、调整、主单位、换算单位及公差共六个选项。

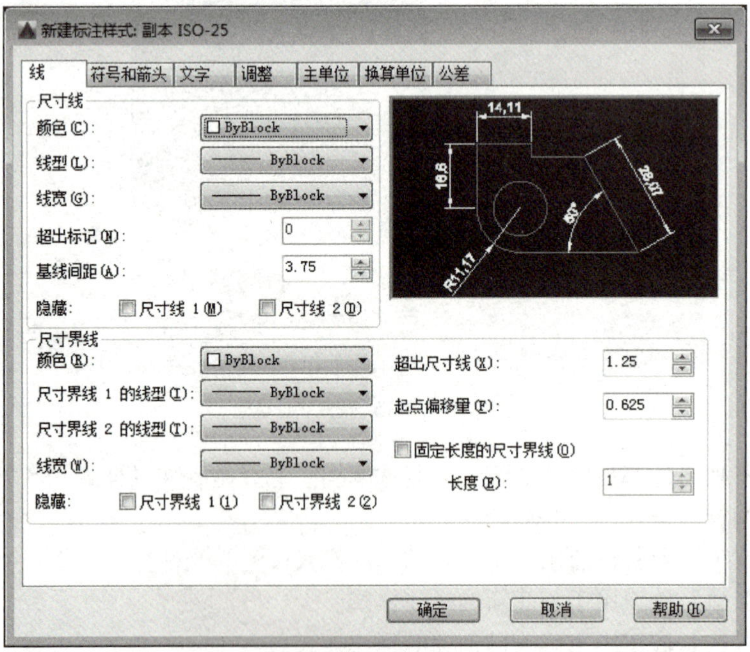

图6-117 【新建标注样式】对话框

（1）【线】选项卡　用于设置尺寸线、尺寸界线，如图6-117所示。【尺寸线】选项区域用于设置尺寸线的颜色、线型、线宽、超出标记、基线间距及控制是否隐藏尺寸线；【尺寸界线】选项区域用于设置尺寸线的颜色、线型、线宽、超出尺寸线的长度、起点偏移量以及控制是否隐藏尺寸线。

(2)【符号和箭头】选项卡　用于设置箭头格式和特性、圆心标记格式和大小、圆弧符号格式及半径折弯符号格式，如图6-118所示。

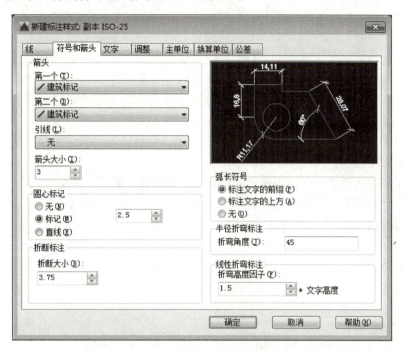

图6-118　【符号和箭头】选项卡

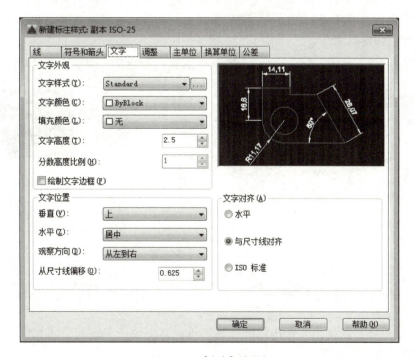

图6-119　【文字】选项卡

①【箭头】选项区域用于选择尺寸线和引线箭头的种类及定义它们的尺寸大小。在

工艺流程图中可以选用默认的设置,在绘制平面布置图时可以在【箭头】下拉列表框中,在第一、第二个选项里选择【建筑标记】;【引线】下拉列表框,选择【无】;【箭头大小】微调框,设为3。

②【圆心标记】选项区域用于控制圆心标记的类型和大小,此项一般选用默认设置。

③【弧长符号】选项区域有3个单选按钮,用于控制与圆弧符号相对应标注文字的位置,分别是【标注文字的前缀】【标注文字的上方】【无】。此项一般选用默认设置。

④【半径折弯标注】选项区域用于控制折线角度的大小。

(3)【文字】选项卡　用于设置所标注文字的外观、位置和对齐方式,如图6-119所示。

①【文字外观】选项区域用于设置文字样式、颜色、高度和分数高度比例,以及控制是否绘制文字边框。

②【文字位置】选项区域用于控制标注文字的垂直、水平位置及距尺寸线的偏移量。

③【文字对齐】单选按钮用于控制标注文字是否保持水平或是与尺寸线平行。

(4)【调整】选项卡　用于控制标注文字、箭头、引线和尺寸线的位置,如图6-120所示。

①【调整选项】选项区域,根据尺寸界线之间的空间放置标注文字或箭头的位置,其默认设置为【文字或箭头(最佳效果)】。当两条尺寸线之间的距离足够大时,AutoCAD总是把文字和箭头放在尺寸界线之间。

②【文字位置】选项区域用于标注文字无法放置在尺寸界线之间的位置时,可通过此处选择设置标注文字的放置位置。

③【标注特征比例】选项区域,用于设置全局标注比例或图纸空间比例。

④【优化】选项区域,利用【手动放置文字】和【尺寸界线之间绘制尺寸线】复选框来设置相应调整选项。

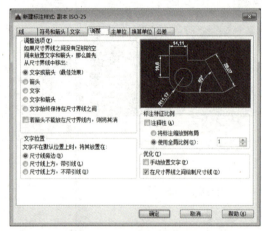

图6-120　【调整】选项卡

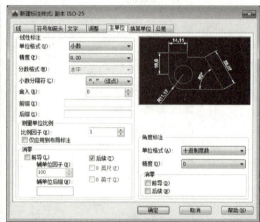

图6-121　【主单位】选项卡

(5)【主单位】选项卡　使用该选项卡,可设置主标注单位的格式和精度、标注文字的前缀和后缀等,如图6-121所示。

①【线性标注】选项区域用于设置线性标注的格式和精度。

②【测量单位比例】选项区域用于设置比例因子及控制该比例因子是否仅应用到布

局标注。该项一般可以设置为绘图比例。

③【消零】选项区域用于控制前导和后续 0，以及英尺和英寸中的 0 是否输出。如果选择【前导】选项，则系统不输出十进制尺寸的前导 0，例如 0.06 变为 .06；如果选择【后续】选项，则系统不输出十进制尺寸的后续 0，例如 50.000 变为 50、14.400 变为 14.4。

（6）【换算单位】选项卡 选择该选项卡用于对换算单位进行设置，如图 6-122 所示。

①【显示换算单位】复选框用于控制是否显示经过换算后标注文字的值。如果选中该复选框，在标注文字中将同时显示以两种单位标识的测量值。

②【换算单位】选项区域用于控制经过换算后的值。

③【位置】选项区域用于控制换算单位相对于主单位的位置。

图 6-122 【换算单位】选项卡

图 6-123 【公差】选项卡

（7）【公差】选项卡 选择该选项卡用于控制标注文字中公差的格式，如图 6-123 所示。此项设置一般在精确绘制设备图时用到，作为工艺专业的学生不再要求，一般选择默认设置即可。

2. 线性标注

提供水平、垂直甚至旋转方向上的长度尺寸标注。操作步骤如下。

在功能区【注释】模块选择【线性】按钮┣┫或在【标注】工具栏点击┣┫按钮，还可点击菜单栏【标注】|【线性】命令。调用该命令后，按照命令行提示，分别指定第一条尺寸线的原点，第二条尺寸线的原点及尺寸线的位置，如图 6-124 所示。

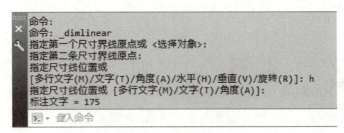

图 6-124 【线性】标注对话框

在【指定尺寸线位置或】提示中各项的含义为：

尺寸标注（一）

① 【多行文字（M）】和【文字（T）】选项可以修改系统自动测量的标注文字；
② 【角度（A）】选项可以修改标注文字的旋转角度；
③ 【水平（H）】选项用于绘制水平方向的尺寸标注；
④ 【垂直（V）】选项用于绘制垂直方向的尺寸标注；
⑤ 【旋转（R）】选项用于绘制指定尺寸线偏转角度的尺寸标注。

执行了这些操作后，一条带标注文字的尺寸线即被放置在图形的指定位置，如图6-125所示的标注线。

3. 对齐标注

使用对齐标注可以方便地标注出斜线、斜面的尺寸。其标注方法与线性标注方法基本相同。操作如下：

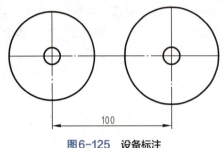

图6-125 设备标注

在功能区中，【对齐】功能位于【线性】功能的子菜单中，用户可由此或选择【标注】工具栏按钮，或者在菜单栏选择【标注】|【对齐】调用对齐标注命令。命令行如图6-126。对齐标注效果如图6-127所示。

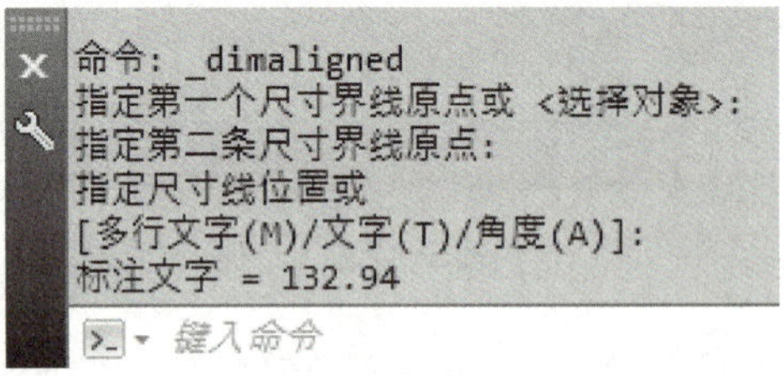

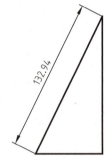

图6-126 【标注】命令行

图6-127 对齐标注的效果

4. 角度标注

角度标注主要用来测量圆、圆弧、两条直线或三个点之间的夹角。

在功能区中，【角度】功能位于【线性】功能的子菜单中，用户可由此或选择【标注】工具栏按钮，或者在菜单栏执行【标注】|【角度】命令，当启动角度标注命令后，将在【命令行】给出如图6-128所示的提示。标注的效果如图6-129所示。

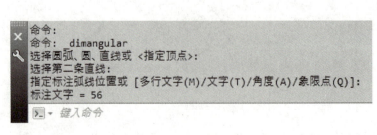

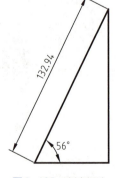

图6-128 【角度】命令行

图6-129 角度标注

5. 弧长标注

弧长标注主要用来测量圆弧或多段线圆弧的弧线长度。与打开其他标注命令一样，弧长标注可在默认功能区【注释】模块中使用，可以通过菜单栏执行【标注】|【弧长】命令，也可以单击【标注】工具栏上的【弧长】按钮。根据【命令行】提示，指定要标注尺寸的圆弧及标注线的位置，即可完成弧长的标注，如图6-130、图6-131所示。

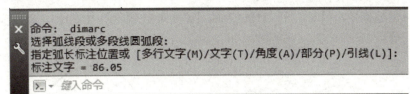

图6-130 【弧长】命令行

6. 基线标注与连续标注

（1）基线标注　基线标注是以从某一点引出的尺寸界线作为第一条尺寸界线来标注多个对象的尺寸标注，每个对象的其他尺寸都按该基准进行定位或画线。下面以图6-132为例介绍基线标注的方法。

首先在设备布置中对A、B两设备的中心线进行线性标注，在功能区中，基线标注位于【注释】功能区【标注】模块、【连续】的子菜单中，可由此使用，或通过菜单栏执行【标注】|【基线】命令，也可以单击【标注】工具栏上的【基线】按钮。系统默认以A点为第一条尺寸界线起点，然后依次捕捉B、C、D、E、F点进行标注。

（2）继续标注命令　继续标注也是按某一基准进行标注尺寸的，但其不同于基线标注的是，该基准不是固定的。第一个尺寸标注从基准标注的第二个尺寸界线引出，然后下一个尺寸标

图6-131 【弧长】的效果

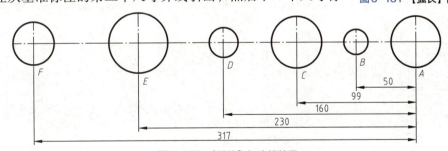

图6-132 【基线】标注的效果

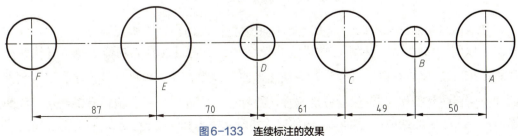

图6-133 连续标注的效果

注从前一个继续标注的第二个尺寸界线处开始测量，如图 6-133 所示。

7. 标注半径、直径与圆心

半径和直径标注用于标注圆和圆弧的半径或直径，圆心标注用于标注圆和圆弧的圆心，如图 6-134 所示。调用标注半径、直径与圆心的方法为，通过默认功能区｜【注释】｜【线性】的子菜单执行，可以通过菜单栏【标注】｜【半径】、【直径】、【圆心标记】执行命令，也可以分别单击【标注】工具栏上的【半径】按钮⊙、【直径】按钮⊙、【圆心标记】按钮⊕。

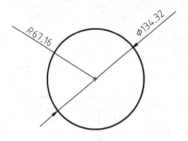

图 6-134　标注半径、直径与圆心的效果

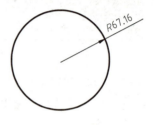

图 6-135　快速引线标注

8. 多重引线标注

引线是连接注释和图形对象的一条带箭头的线，可从图形的任意点或对象上创建引线。引线可由直线段或平滑的样条曲线组成，注释文字就放在引线末端，引线可以通过菜单栏执行【标注】｜【多重引线】命令，也可点击【注释】功能区【引线】模块中的【多重引线】按钮，或单击【标注】工具栏上的【多重引线】按钮。如图 6-135 所示。

9. 快速标注

快速标注的命令可以一次性标注多个对象。执行该命令并选择对象后，将在命令行给出如图 6-136 所示的提示。其中给出了一系列选项，这些选项与前面讲述的标注类型具有相同的使用方法。

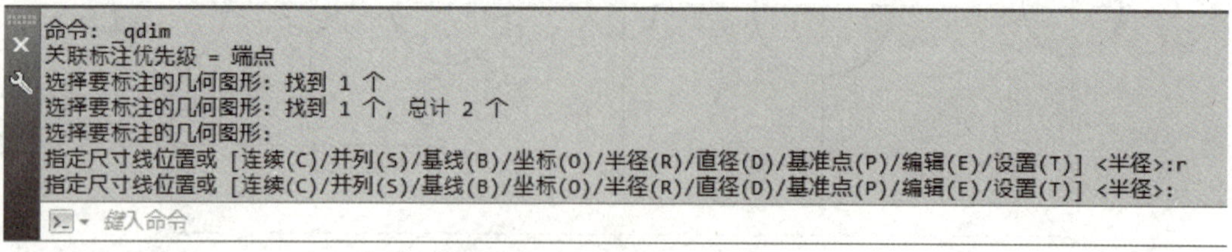

图 6-136　【快速标注】的命令行

直接按回车键，AutoCAD 将按当前选项进行快速标注，否则要选择一个选项才能标注。以图 6-137 为例，对同心圆进行快速标注。通过【注释】功能区执行【快速标注】或通过菜单栏执行【标注】｜【快速标注】命令，还可以单击【标注】工具栏上的【快速标注】按钮，然后分别选择所要标注的内外圆。单击鼠标右键结束对象的选择，输入相应的选项进行标注，例如输入字母 R 标志标注半径。接着将光标移至适当

的位置并单击，完成对象的尺寸标注。

结合本活动的学习，尝试练习三种常用标注样式的设置

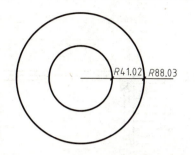

图6-137　快速标注在同心圆的标注效果

在绘制的工程图中，通常都有多种尺寸标注形式，要提高绘图速度，应把绘图中所采用的尺寸标注形式都一一创建为尺寸标注样式，这样在绘图中标注尺寸时，只需调用所需尺寸标注样式，从而避免了尺寸变量的反复设置，且便于修改。

工程图中常用三种尺寸标注样式：线尺寸标注样式、圆型尺寸标注样式、角度型尺寸标注样式。下面进行三种标注样式的创建操作。

1. 线型尺寸标注样式

在默认功能区【注释】下拉菜单中选择【标注样式】按钮，或在命令行执行DIMSTYLE命令，打开【标注样式管理器】对话框。在弹出的【标注样式管理器】对话框中，选择已有的标注样式【建筑标注】，单击【新建】按钮，在弹出的【创建新标注样式】对话框【用于】下拉选项列表中，选择【线性标注】单击【继续】按钮。

在弹出的【新建标注样式】对话框中各选项卡的设置如下：

① 【线】选项卡：基线间距10；超出尺寸线3；起点偏移量3。

② 【符号和箭头】选项卡：箭头形式为建筑标记、箭头大小3；其余选项默认。

③ 【文字】选项卡：文字高度3.5；选择与尺寸线对齐，并且从尺寸线偏移1。

④ 【调整】选项卡：全局比例与绘图比例一致，设为1。

⑤ 【主单位】选项卡：精度0，输入50，其余选项默认。

⑥ 【换算单位】选项卡：选项默认。

⑦ 【公差】选项卡：选项默认。

单击【确定】，关闭对话框，完成设置。

2. 圆型尺寸标注样式

与上述方法相同，打开【标注样式管理器】对话框。在弹出的【标注样式管理器】对话框中，选择已有的标注样式【建筑标注】，单击【新建】按钮。在弹出的【创建新标注样式】对话框的【用于】下拉选项列表中，选择【半径标注】单击【继续】按钮。

在弹出的【新建标注样式】对话框中各选项卡的设置如下：

① 【线】选项卡：基线间距10；超出尺寸线3；起点偏移量0。

② 【符号和箭头】：箭头大小3。

③ 【文字】选项卡：文字高度3.5；ISO标准；从尺寸线偏移1。

④ 【调整】选项卡：选择箭头、手动设置文字、全局比例设为1。

⑤ 【主单位】选项卡：精度0，其余选项默认。

⑥ 【换算单位】选项卡：选项默认。

⑦ 【公差】选项卡：选项默认。

单击【确定】，关闭对话框，完成设置。

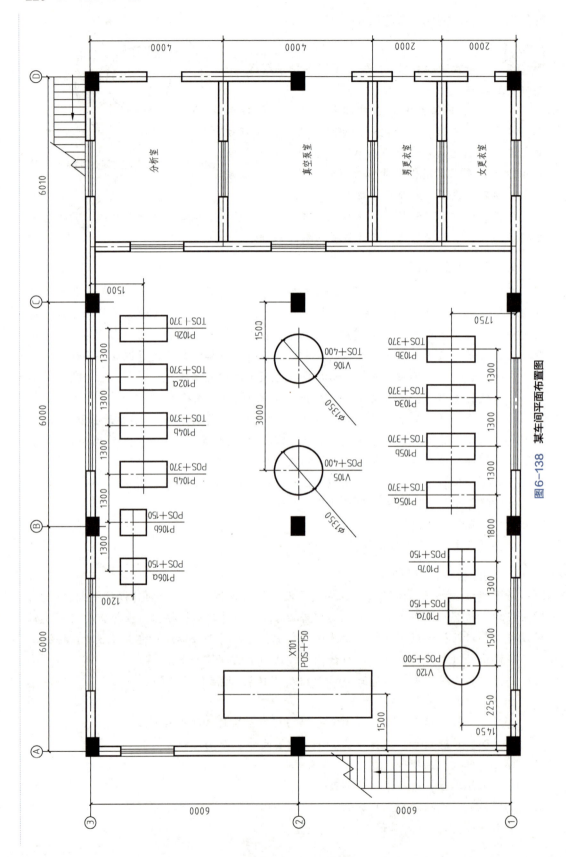

图6-138 某车间平面布置图

3. 角度型尺寸标注样式

与上述方法相同，打开【标注样式管理器】对话框。在弹出的【标注样式管理器】对话框中，选择已有的标注样式【建筑标注】，单击【新建】按钮。在弹出的【创建新标注样式】对话框的【用于】下拉选项列表中，选择【角度标注】，单击【继续】按钮。

在弹出的【新建标注样式】对话框中各选项卡的设置如下：

① 【线】选项卡：基线间距10；超出尺寸线3；起点偏移量0。
② 【符号和箭头】选项卡：箭头大小3。
③ 【文字】选项卡：文字高度3.5；水平；从尺寸线偏移1。
④ 【调整】选项卡：选择箭头、手动设置文字、全局比例设为1。
⑤ 【主单位】选项卡：精度0。
⑥ 【换算单位】选项卡：选项默认。
⑦ 【公差】选项卡：选项默认。

单击【确定】，关闭对话框，完成设置。

活动四　上机练习标注

图6-138是某车间的平面布置图，模仿图中的标注，自己上机练习标注。

课题三　AutoCAD 2016绘制工艺流程图实例

活动一　绘图前的准备

1. 基础准备工作

绘制前应先确定工艺流程图中各种设备、管道、仪表及相关各种数据，并将要绘制的工艺流程图的大致内容在纸上绘制好。在此基础上，启动AutoCAD 2016，开始绘制工作。

2. 绘图范围的限制

按工艺车间或工段，原则上一个主项画一张图，其幅面一般采用1号或2号图纸，如流程复杂，可分成几部分进行绘制。在AutoCAD 2016绘制过程中，图框的大小可自行规定，然后根据具体的绘制过程进行调整，再次体现了计算机绘图比手工绘图的优越性。本例采用A1图幅。

3. 绘制边框

按照A1图纸大小绘制边框，结果如图6-139所示。

4. 绘制标题栏

标题栏也可以先在Word文档中做表格编制完毕，再插入到AutoCAD图中。但是一般是在AutoCAD 2016中直接绘制，然后存成块以便使用，如图6-140所示。

5. 设置图层

图层设置要根据具体的需要，在本例中图层按课题一活动五设置8个图层，0图层

图6-139 绘制边框

图6-140 绘制标题栏

为图纸框，1图层为标题栏、技术要求，2图层为中心线及基准线，3图层为设备，4图层为主物料管线，5图层为辅助物料管线，6图层为仪表控制点，7图层为尺寸标注。中心线用细实线（0.3mm）表示，物料管道用粗实线（0.9mm）表示，辅助物料管道用中粗实线（0.6mm）表示，其余用细实线（0.3mm）表示，以符合化工工艺流程图对线宽的要求，具体内容见图6-141。

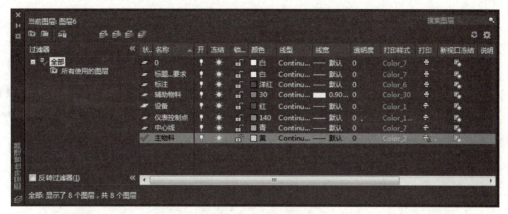

图6-141　图层设置

6. 文字设置

工艺流程中的设备标注、工艺说明等都需要输入文字，这样就需要进行文字标注，在对图形文件进行文字标注前，需要先给文本文字定义一种样式，主要包括对字体、高度、比例等属性的设置。最好提前设置以方便以后的绘图，如图6-142所示。

图6-142　文字样式设置

活动二　绘制工艺流程图

① 绘制设备中心线，确定设备位置在整体图纸中的布局是否合理，如图6-143所示。

② 绘制设备。位置确定后，在相应的位置上开始绘制设备轮廓，相同或相似的设

备可以复制，以求节约时间，如图6-144所示。

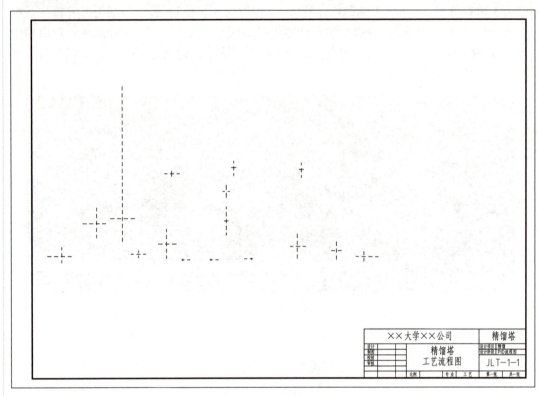

图6-143 绘制设备中心线

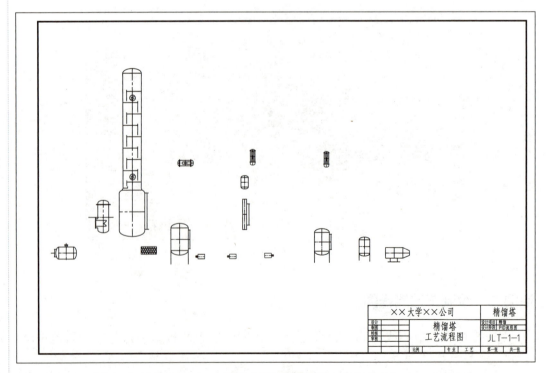

图6-144 绘制设备

项目六 AutoCAD在化工制图中的应用 225

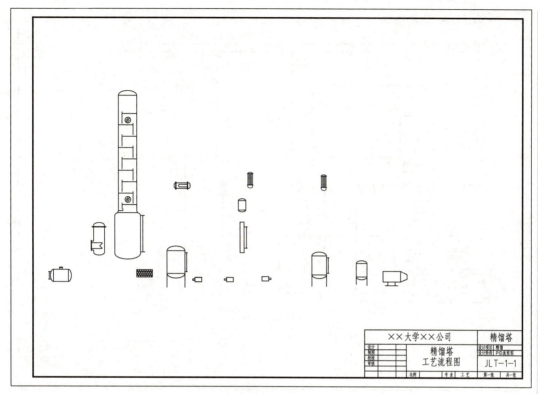

图6-145 去除中心线

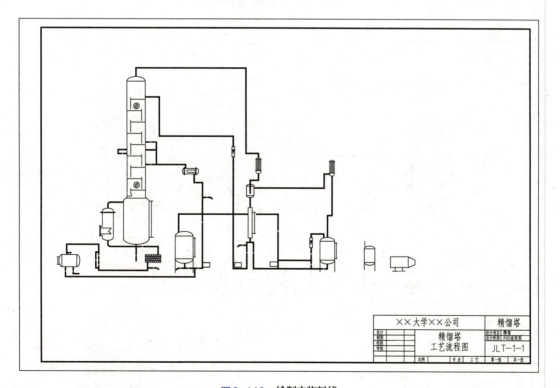

图6-146 绘制主物料线

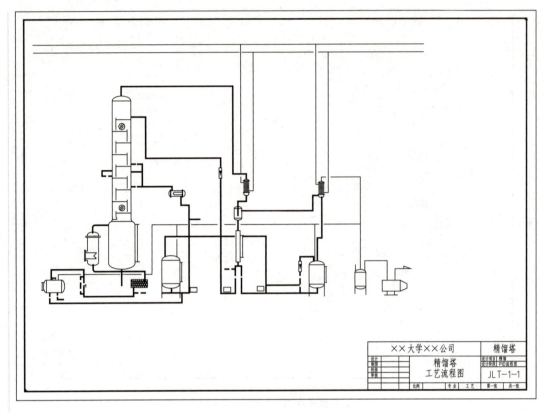

图6-147 绘制辅助物料线

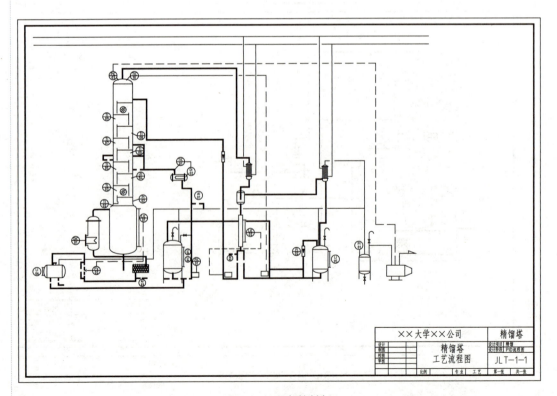

图6-148 添加控制点

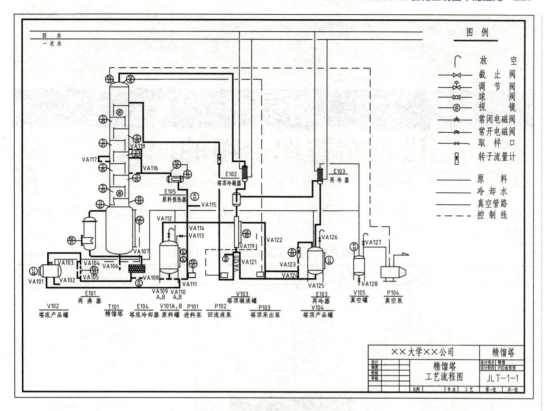

图6-149 对设备、管线等进行标注

③ 去除中心线。在工艺流程中一般不需要中心线,可以打开中心线图层,把该图层关闭即可,如图6-145所示。

④ 绘制主物料线,如图6-146所示。

⑤ 绘制辅助物料线,如图6-147所示。

⑥ 添加控制点,如图6-148所示。

⑦ 进行标注,如图6-149所示。

⑧ 存盘到D:/我的作业文件夹中。此时,整张工艺流程图绘制完成。

附录一
设备布置图上用的图例

摘自《化工工艺设计施工图内容和深度统一规定 第3部分 设备布置》(HG/T 20519.3—2009)。

附表1 设备布置图上用的图例

名称	图例	备注
方向标		圆直径为20mm
砾石(碎石)地面		
素土地面		
混凝土地面		
钢筋混凝土		
安装孔或地坑		剖面涂红色或填充灰色
电动机		
圆形地漏		
仪表盘、配电箱		
双扇门		剖面涂红色或填充灰色
单扇门		剖面涂红色或填充灰色
空门洞		剖面涂红色或填充灰色
窗		剖面涂红色或填充灰色
栏杆		
花纹钢板		

续表

名称	图例	备注
箅子板		
楼板及混凝土梁		剖面涂红色或填充灰色
钢梁		剖面涂红色或填充灰色
楼梯		
直梯	平面　　　　立面	
地沟混凝土盖板		
柱子	钢筋混凝土　　钢柱	剖面涂红色或填充灰色
管廊		按柱子截面形状表示
单轨吊车	平面　　　　立面	
桥式起重机	平面　　　　立面	
悬臂起重机	平面　　　　立面	
旋臂起重机	平面　　　　立面	
铁路	平面	线宽0.6mm
吊车轨道及安装梁	平面　　　　T.B.	
平台和平台标高	ELXXXX	

附录二
管道布置图上的管子、管件、阀门及管道特殊件图例

摘自《化工工艺设计施工图内容和深度统一规定 第4部分 管道布置》(HG/T 20519.4—2009)。

附表2　管子、管件和法兰

名称		单线	双线
管子			
现场焊		F.W	F.W
伴热管(虚线)			
夹套管(举例)			
地下管道(与地上管道合画一张图时)			
异径法兰(举例)	螺纹、承插焊、滑套	80×50	80×50
	对焊	80×50	80×50
法兰盖	与螺纹、承插焊或滑套法兰连接		
	与对焊法兰连接		
同心异径管(举例)	螺纹或承插焊	C.R40×25	
	对焊	C.R80×50	C.R80×50
	法兰式	C.R80×50	C.R80×50
偏心异径管(举例)	螺纹或承插焊 平面	E.R25×20 FOB	E.R25×20 FOT
	螺纹或承插焊 立面	E.R25×20 FOB	E.R25×20 FOT

续表

名称			单线		双线	
偏心异径管（举例）	平焊	平面	E.R80×50 FOB	E.R80×50 FOT	E.R80×50 FOB(FOT)	
		立面	E.R80×50 FOB	E.R80×50 FOT	E.R80×50 FOB	E.R80×50 FOT
	法兰式	平面	E.R80×50 FOB	E.R80×50 FOT	E.R80×50 FOB(FOT)	
		立面	E.R80×50 FOB	E.R80×50 FOT	E.R80×50 FOB	E.R80×50 FOT
90°弯头	螺纹或承插焊连接					
	对焊连接					
	法兰连接					
45°弯头	螺纹或承插焊连接					
	对焊连接					
	法兰连接					

名称		单线	双线
U形弯头	对焊连接		
	法兰连接		
斜接弯头(举例)			
		（仅用于小角度斜接弯）	
三通	螺纹或承插焊连接		
	对焊连接		
	法兰连接		
斜三通	螺纹或承插焊连接		

续表

名称		单线	双线
斜三通	对焊连接		
	法兰连接		
焊接支管	不带加强板		
	带加强板		
半管接头及支管台	螺纹或承插焊连接		
	对焊连接		（用于半管接头或支管台）（用于支管台）
管帽	螺纹或承插焊连接		
	对焊连接		
	法兰连接		
堵头	螺纹连接	DN×× DN××	
四通	螺纹或承插焊连接		
	对焊连接		

续表

名称		单线	双线
四通	法兰连接		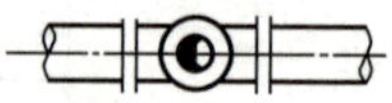
螺纹或承插焊管接头			
螺纹或承插焊活接头		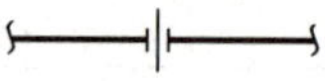	
软管接头	螺纹或承插焊连接		
	对焊连接		
快接接头	阳	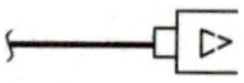	
	阴	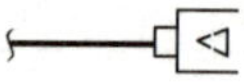	

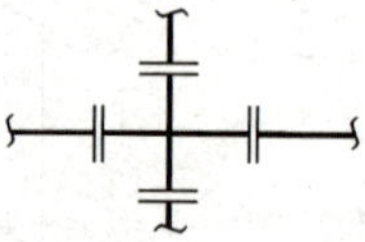

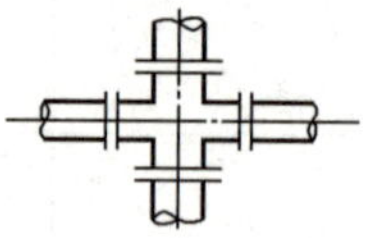

附表3　阀门

名称	管道布置各视图			备注
闸阀	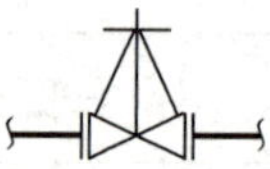			
截止阀		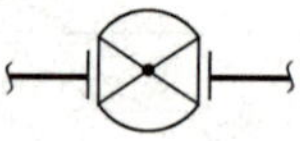		
角阀	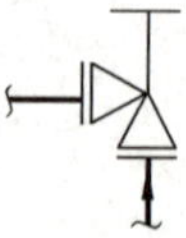	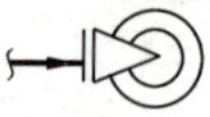		
节流阀	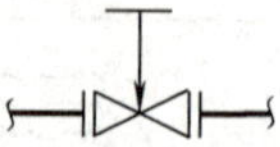			
"Y"形阀	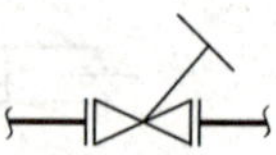	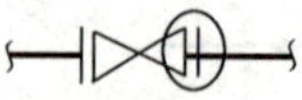	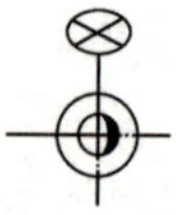	

附录二 管道布置图上的管子、管件、阀门及管道特殊件图例

续表

名称	管道布置各视图			备注
球阀	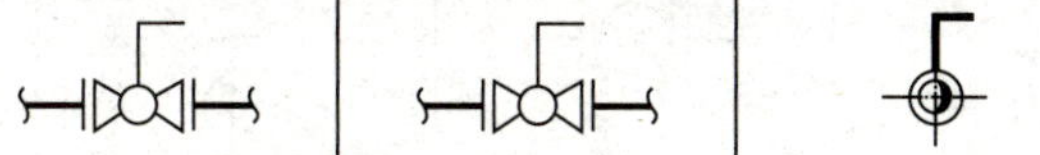			
三通球阀	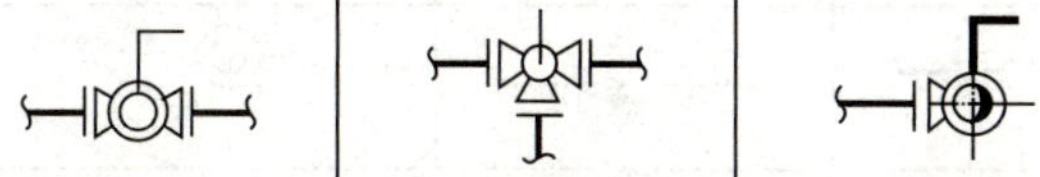			
旋塞阀（COCK及PLUG）	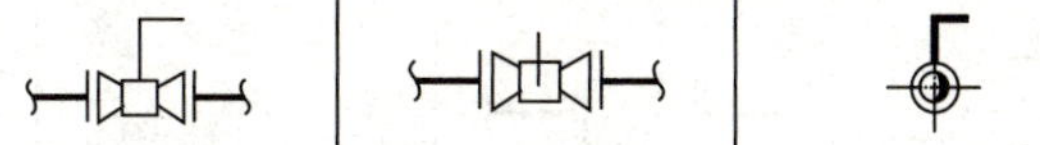			
三通旋塞阀	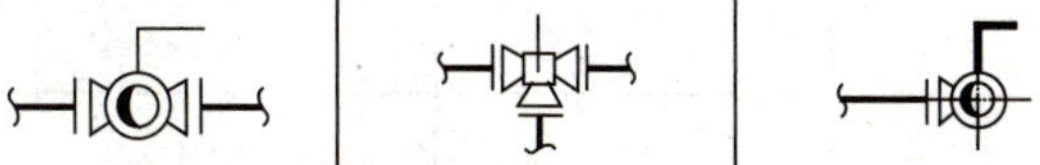			
三通阀	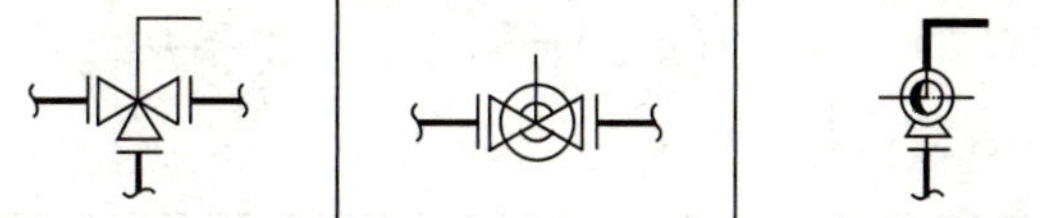			
对夹式蝶阀	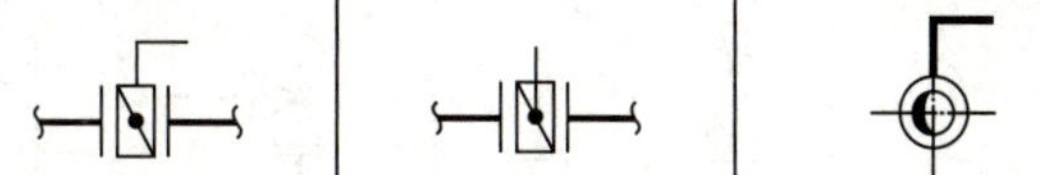			
法兰式蝶阀				
柱塞阀	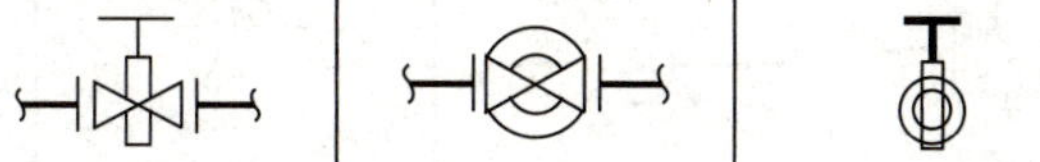			
止回阀	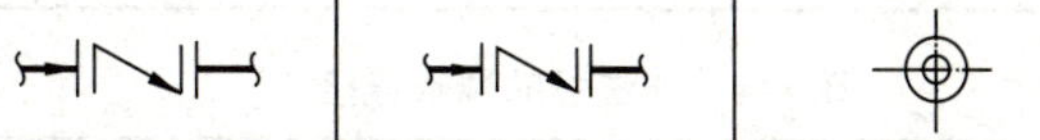			
切断式止回阀				
底阀				
隔膜阀	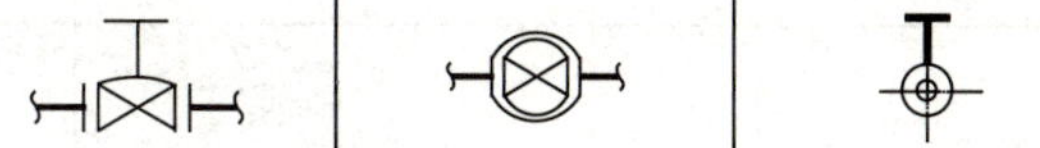			
"Y"形隔膜阀	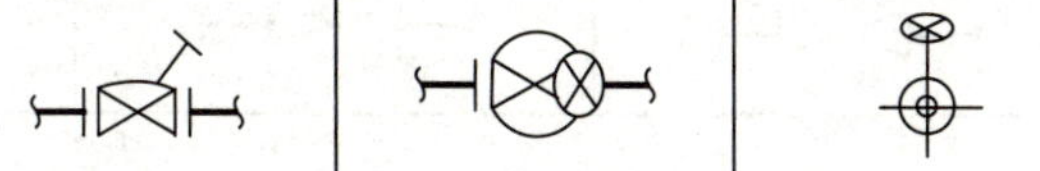			
放净阀	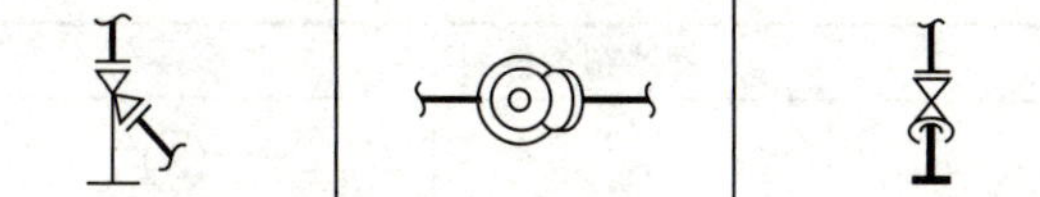			
夹紧式胶管阀	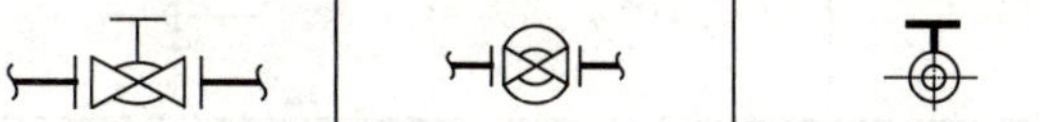			

续表

名称	管道布置各视图			备注
夹套式阀		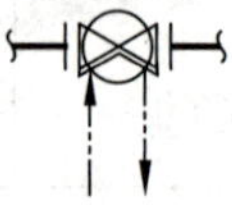		
疏水阀	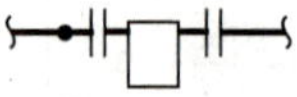			
减压阀	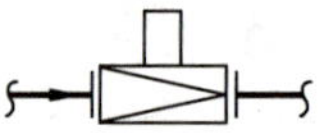	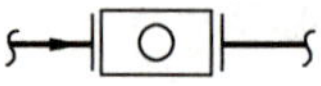		
弹簧式安全阀	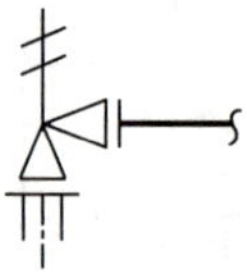	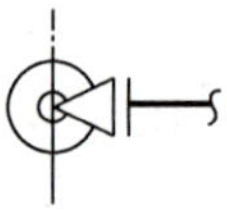		
双弹簧式安全阀	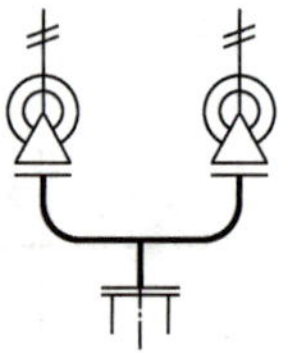	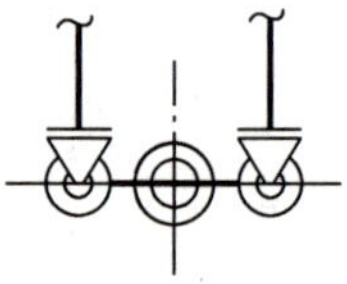		
杠杆式安全阀	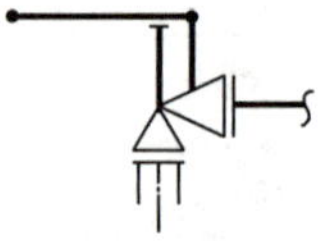			杠杆长度应按实物尺寸的比例画出

附表4　非法兰的端部连接

名称	螺纹或法兰连接	对焊连接	
	单线	单线	双线
闸阀	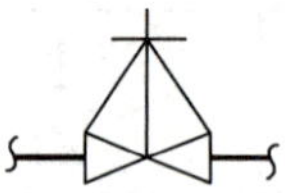	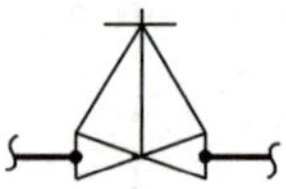	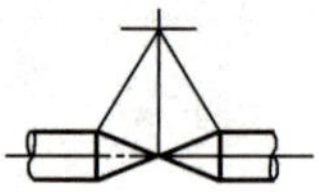
截止阀	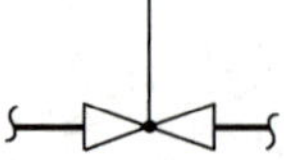	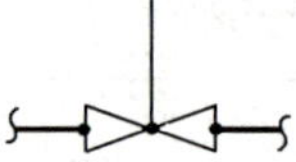	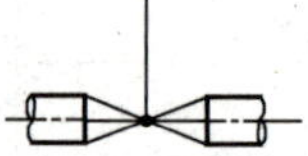

附表5　传动机构

名称	管路布置各图			备注
电动式			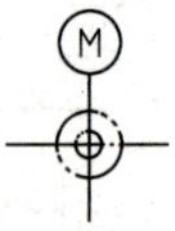	①传动机构形式适合于各类型的阀门

续表

名称	管路布置各图			备注
气动式	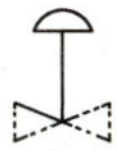	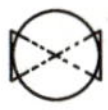	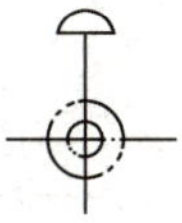	②传动结构应按实物的尺寸比例画出，以免与管道或其他附件相碰 ③点划线表示可变部分
液压或气压缸式	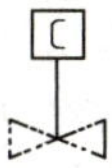	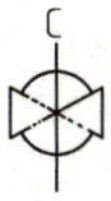	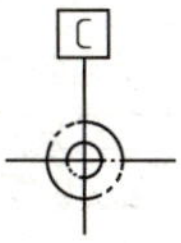	
正齿轮式	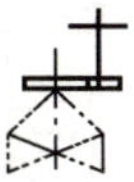	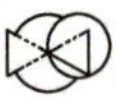	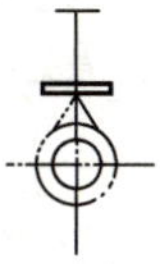	
伞齿轮式	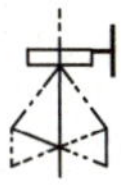	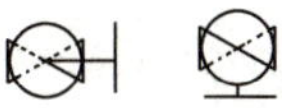	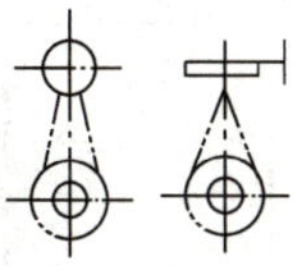	
伸长杆用于楼面 普通手动阀门	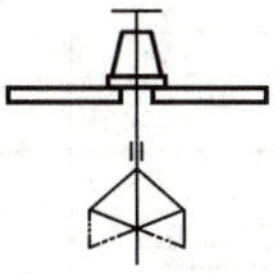	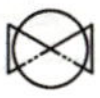	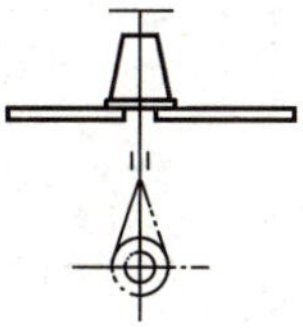	
伸长杆用于楼面 正齿轮式阀门	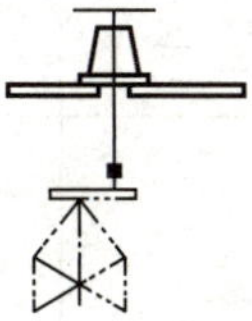	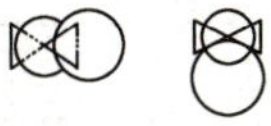	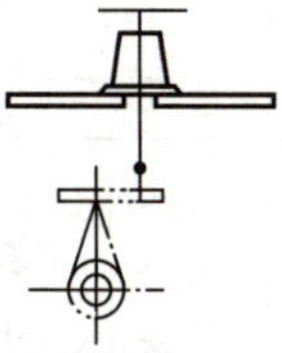	
链轮阀	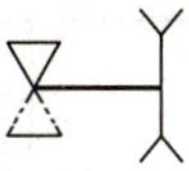	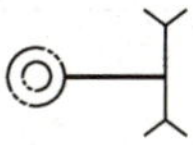	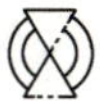	

附表6　管道特殊件

名称	单线	双线	备注
漏斗	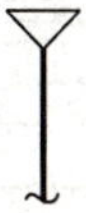	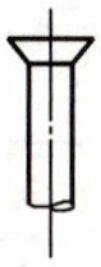	带盖的漏斗画法 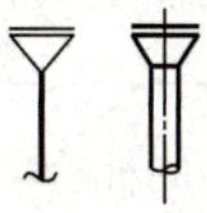

续表

名称		单线	双线	备注
视镜				玻璃管式视镜画法举例
波纹膨胀节				
球形补偿器				也可根据安装时的旋转角表示
填函式补偿器				
爆破片				
限流孔板	对焊式	RO	RO	
	对夹式	RO	RO	
插板及垫环				
8字盲板				正常通过 正常切断
阻火器				
排液环				
临时粗滤器				

续表

名称	单线	双线	备注
Y形粗滤器		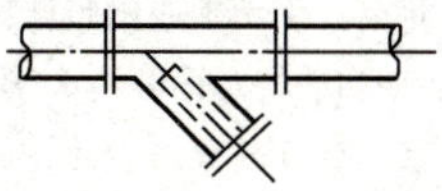	
T形粗滤器	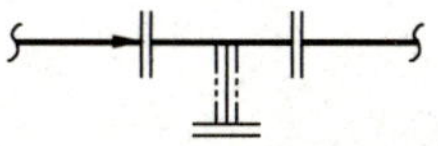	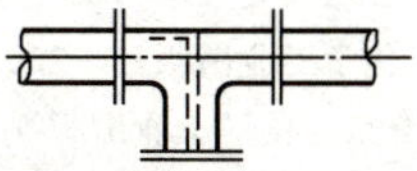	
软管		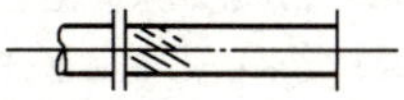	
喷头	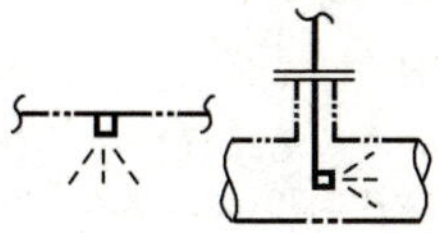	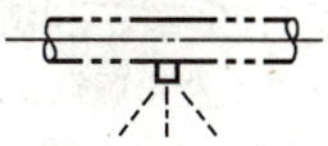	
洗眼器及沐浴		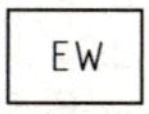 EW （平面用） 立面图按简略外形画	

注：1. C.R—同心异径管，E.R—偏心异径管，FOB—底平，FOT—顶平；

2.其他未画视图按投影相应表示；

3.点划线表示可变部分；

4.消声器及其他未规定的特殊件可按简略外形表示。

参 考 文 献

[1] 董振珂. 化工制图. 3版. 北京：化学工业出版社，2010.
[2] 张颖，郝东升. 化工设计. 呼和浩特：内蒙古大学出版社，2005.
[3] 陆英. 化工制图. 3版. 北京：高等教育出版社，2018.
[4] 严竹生. 化工制图. 上海：上海交通大学出版社，2005.
[5] 熊洁羽. 化工制图. 北京：化学工业出版社，2007.
[6] 季阳萍. 化工制图. 4版. 北京：化学工业出版社，2022.
[7] 周大军，揭嘉. 化工工艺制图. 2版. 北京：化学工业出版社，2012.
[8] 林大钧. 简明化工制图. 3版. 北京：化学工业出版社，2016.
[9] 靳士兰，邢风兰. 化工制图. 北京：国防工业出版社，2006.
[10] 胡建生. 化工制图. 5版. 北京：化学工业出版社，2021.
[11] 董月芬. 化工识图. 北京：化学工业出版社，2008.
[12] 熊放明，曹咏梅. 化工制图. 2版. 北京：化学工业出版社，2018.
[13] 赵少贞. 化工识图与制图. 2版. 北京：化学工业出版社，2019.
[14] 叶琳，邱龙辉. 化工工艺识图100例. 北京：化学工业出版社，2006.
[15] 刘立平. 化工制图. 2版. 北京：化学工业出版社，2021.
[16] 马瑞兰，金玲. 化工制图. 上海：上海科学技术文献出版社，2000.
[17] 韩玉秀. 化工制图. 北京：高等教育出版社，2001.
[18] 郑晓梅. 化工制图. 北京：化学工业出版社，2002.
[19] 张德泉. 仪表工识图. 北京：化学工业出版社，2006.
[20] 陈声宗. 化工设计. 3版. 北京：化学工业出版社，2012.
[21] 夏素民，温玲娟. AutoCAD 2006中文版标准教程. 北京：清华大学出版社，2006.
[22] 胡建生，汪正俊. AutoCAD 2004中文版绘图及应用教程. 北京：机械工业出版社，2004.
[23] 杨滔，张晶，路遥. 新世纪AutoCAD 2005中文版应用教程. 北京：电子工业出版社，2005.
[24] 李志尊. AutoCAD 2005中文版实例教程. 北京：清华大学出版社，2004.
[25] 曹咏梅. 化工制图与测绘. 3版. 北京：化学工业出版社，2020.
[26] 李平，钱可强，蒋丹. 化工工程制图. 北京：清华大学出版社，2011.
[27] 吕安吉，郝坤孝. 化工制图. 2版. 北京：化学工业出版社，2020.
[28] 林大钧，于传浩，杨静. 化工制图. 3版. 北京：高等教育出版社，2021.

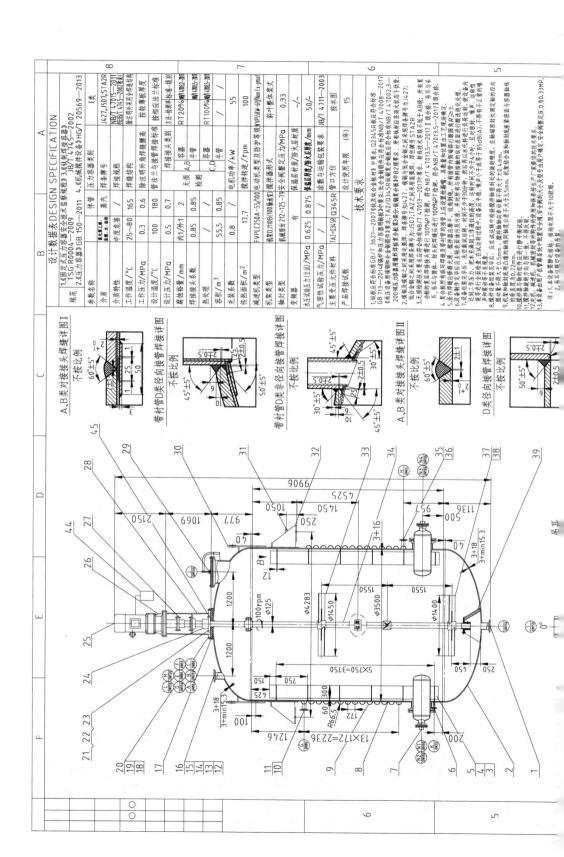

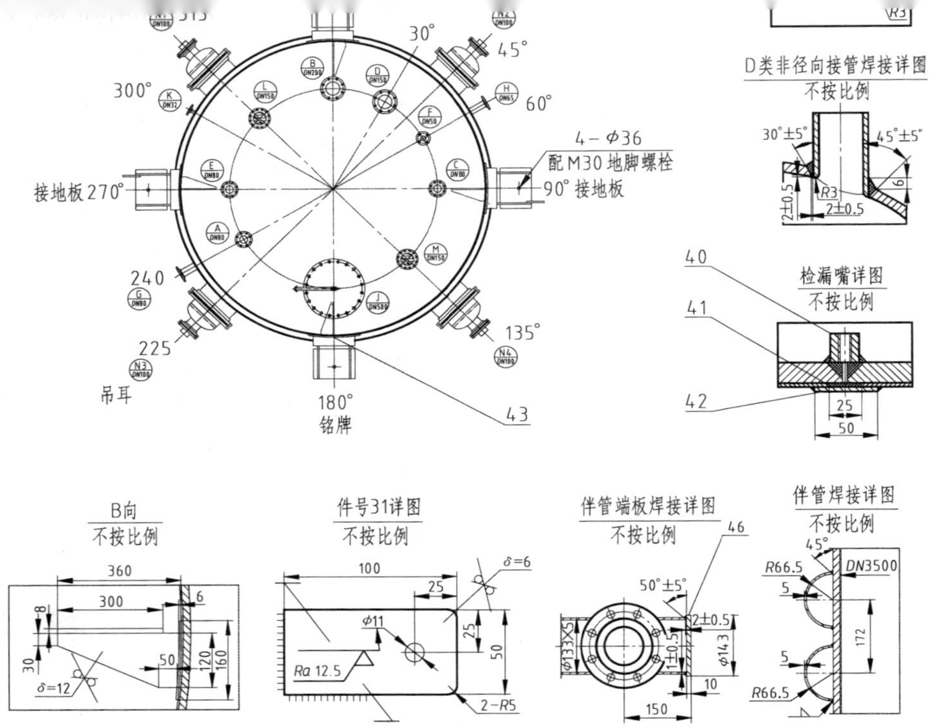

管口表

符号	公称尺寸	公称压力	连接标准	法兰型式	连接面型式	用途或名称	接管外伸高度/mm
A	80(B)	16	HG/T 20592—2009	SO	RF	进水口	200
B	200(B)	16	HG/T 20592—2009	SO	RF	进料口	200
C	80(B)	16	HG/T 20592—2009	SO	RF	压缩空气口	200
D	150(B)	16	HG/T 20592—2009	SO	RF	预留口	200
E	80(B)	16	HG/T 20592—2009	SO	RF	放空口	200
F	50(B)	16	HG/T 20592—2009	SO	RF	压力表口	200
G	80(B)	16	HG/T 20592—2009	SO	RF	蒸汽入口	150
H	65(B)	16	HG/T 20592—2009	SO	RF	蒸汽出口	150
I	150(B)	16	HG/T 20592—2009	SO	RF	出料口	200
J	500	/	/	/	/	人孔	250
K	32(B)	16	HG/T 20592—2009	SO	RF	温度计口	150
L	150	/	/	/	/	视镜口	/
M	150	/	/	/	/	视镜口	/
N1～4	100(B)	16	HG/T 20592—2009	/	/	滤液出口	50

件号	图号或标准号	名称	数量	材料	单件质量	总计质量	备注
46		伴管端盖φ143 δ=10	2	Q345R	1.26	2.52	
45		机封垫片φ220/φ160 δ=2	1	PTFE		/	
44		变频器	1	组合件		/	外购
43	按厂标	铭牌及支架	1	组合件		3.4	
42		贴条δ=3	n	TA2		/	
41		垫板δ=3	n	TA2		/	
40	按厂标	检漏嘴	n	Q235-B		/	
39	图号11-R06-05	底轴承SZ125	1	TA2		34	
38	参照GB/T 1096-2003	平键32×180	3	TA2	0.46	1.38	
37	图号11-R06-04	搅拌器XJ1400-125	2	TA2	34	68	
36	HG/T 20592—2009	法兰SO 65(B)-16 RF	1	20Ⅱ		3	H
35		接管φ76×4	1	20		1.49	H
34	图号11-R06-06	搅拌轴φ125	1	TA2		400	
33	图号11-R06-04	搅拌器XJ1450-125	1	TA2		34.5	
32	NB/T 47065.3—2018	耳式支座B8	4	Q235-A/Q345R	146	584	
31	见本图	接地板δ=6	2	0Cr18Ni9	0.15	0.3	
30	HG/T 21574—2018	侧壁板式吊耳SP-20	2	Q235-A/Q345R	56	112	
29	图号11-R06-03	人孔组件	1	组合件		292	J
28		机架DJ110B(100轴承室)	1	组合件		537	外购
27		联轴器GT100	1	组合件		99	外购
26		减速机FVPLC250A-55/100	1	组合件		378	外购
25		电机YVP55KW-6P	1	组合件		125	外购
24		机械密封212-125-79	1	组合件		70	外购
23	GB/T 97.1—2002	垫圈16	8	140HV	0.01	0.03	
22	GB/T 6175—2016	螺母M16	8	35CrMo	0.1	0.8	
21	GB/T 20613—2009	全螺纹螺柱M16×85	8	35CrMo	0.14	1.12	
20	GB/T 97.1—2002	垫圈24	16	140HV	0.01	0.15	
19	GB/T 6175—2016	螺母M24	16	35CrMo	0.1	1.6	
18	HG/T 20613—2009	全螺纹螺柱M24×95	16	35CrMo	0.14	2.24	
17	图号11-R06-04	机架凸缘	1	组合件		147	
16	图号11-R06-01	视镜组件	2	组合件	25.5	51	L,M
15	图号11-R06-01	接管法兰	1	组合件		20.11	B
14	图号11-R06-01	接管法兰	1	组合件		4.11	F
13	图号11-R06-01	接管法兰	1	组合件		14.9	D
12	图号11-R06-01	接管法兰	3	组合件	7.38	22	A,C,E
11	HG/T 20592-2009	法兰SO 80(B)-16 RF	1	20Ⅱ		4	G
10		接管φ89×4	1	20		1.76	G
9		伴管φ133×5	1	Q345R		1218	
8		筒体DN3500 δ=3+16	1	TA2+Q345R		674/6289	H=4525
7	图号11-R06-02	过滤器组件	4	组合件	332	1328	N1～4
6	图号11-R06-01	接管法兰	1	组合件		3.48	K
5		垫板160×80 δ=6	24	TA2	0.34	8.16	
4		筋板δ=12	24	TA2	1.58	37.9	
3		挡板4000×300 δ=8	4	TA2	43.3	173.2	
2	GB/T 25198—2010	封头EHA3500×(3+18)	2	TA2+Q345R	130/1905	360/3810	h=40
1	图号11-R06-01	接管法兰	1	组合件		15.2	1

设备净质量	/kg	16900
其中		
空质量	/kg	17600
操作质量	/kg	58430
盛水质量	/kg	73130
最大可拆件质量	/kg	/

版次	说明	设计	校核	审核	批准	日期
0	施工图					

		资质等级	证书编号
项目	/	图名	中和釜 V=55.5m^3 装配图
用户			
专业 设备	比例 1:30 第1张 共7张	图名	图号11-R06-00

图2-69 中和釜